刘敦桢全集

第五卷

中国建筑工业出版社

图书在版编目(CIP)数据

刘敦桢全集.第五卷/刘敦桢著.—北京：中国建筑工业出版社，2006
ISBN 978-7-112-08832-4

Ⅰ.刘... Ⅱ.刘... Ⅲ.古建筑-中国-文集 Ⅳ.TU-092.2

中国版本图书馆CIP数据核字(2006)第140424号

　　本卷收录了1961年至1964年期间刘敦桢先生关于古代建筑、古典园林等的讲话稿、信函等。主要内容有：《鲁班经》校勘记录、《印度古代建筑史》（未完稿）、漫谈苏州园林、编史工作中之体会、苏州园林讲座、有关《中国古代建筑史》编辑工作之信函等。

　　本书可供有关专业师生、建筑设计人员、建筑历史及理论研究人员等参考。

责任编辑：许顺法　王莉慧
责任设计：冯奕诤　董建平
责任校对：刘　钰　陈晶晶

刘 敦 桢 全 集

第五卷

*

中国建筑工业出版社出版、发行(北京西郊百万庄)
各地新华书店、建筑书店经销
北京广厦京港图文有限公司制作
北京盛通印刷股份有限公司印刷

*

开本：880×1230毫米　1/16　印张：11¾　字数：360千字
2007年10月第一版　2007年10月第一次印刷
印数：1—2500册　定价：43.00元
ISBN 978-7-112-08832-4
　　　　　(15496)

版权所有　翻印必究
如有印装质量问题，可寄本社退换
(邮政编码 100037)

出版说明

刘敦桢先生（1897—1968年）是我国著名建筑史学家和建筑教育家，曾毕生致力于中国及东方建筑史的研究，著有大量的学术论文和专著，培养了一大批建筑学和建筑史专业的人才。今年恰逢刘敦桢先生诞辰110周年，值此，我社正式出版并在全国发行《刘敦桢全集》（共10卷），这是我国建筑学界的一件大事，具有重要的意义，也是对建筑学术界的重大贡献。作为全集的出版单位，我们深感荣幸和欣慰。

《刘敦桢全集》收录了刘敦桢先生全部的学术论文和专著，包括了以往出版的《刘敦桢文集》（4卷）中的全部文章、《苏州古典园林》、《中国住宅概说》、《中国古代建筑史》（刘敦桢主编）和未曾出版的一些重要的文章、手迹。全集展示了刘敦桢先生在中国传统建筑理论著述、文献考证、工程技术文献研究、古建筑和传统园林实地调研等多方面的成就，反映了刘敦桢先生在文献考证方面的功力和严谨的学风，也表现了他在利用文献考证古代建筑方面所作出的卓越贡献。《刘敦桢全集》无疑是一份宝贵的学术遗产，具有非常珍贵的历史文献价值。对于推动我国建筑史学科的发展，传承我国优秀的传统建筑文化，将起非常重要的推动作用。

全集前九卷收入的文章是按照成稿的时间顺序而相应编入各卷的。

第一卷编入了1928~1933年间撰写的对古建筑的研究文章和调查记等。

第二卷编入了1933~1935年间撰写的对古建筑调查报告和研究文章等。

第三卷编入了1936~1940年间撰写的对古建筑的调查笔记、日记和研究文章。

第四卷编入了1940~1961年间撰写的对古建筑调查报告和研究文章等。

第五卷编入了1961~1963年间撰写的对古建筑、园林等方面的研究文章以及关于《中国古代建筑史》编辑工作的信函等。

第六卷编入了1943~1964年间撰写的中国古代建筑史教案及1965年间写的古建筑研究文章。

第七卷编入了《中国住宅概说》和《中国建筑史参考图》。

第八卷是《苏州古典园林》。

第九卷是刘敦桢先生主编的《中国古代建筑史》。

第十卷编入了未曾发表过的对古建筑的研究文章、生平大事、著作目录、部分建筑设计作品以及若干文稿手迹与生前照片等。

为了全集的出版，哲嗣刘叙杰教授尽最大可能收集了尚未出版过的遗著，并花费了大量的心血对全集所有的内容进行了精心整理，包括编修校核已有文稿、补充缺失图片以及改补文稿中的错漏等，对于全集的出版给予了大力支持。同时，在全集的出版过程中，我社各部门通力合作，尽了最大努力。但由于编校仓促，难免有不妥和错误之处，敬请读者指正。

中国建筑工业出版社

2007年9月

刘敦桢全集·第五卷

目 录

1　《鲁班经》校勘记录

8　评《鲁班营造正式》

12　《江南园林志》序

13　明、清家具之收集与保护
　　——致单士元先生函

14　对扬州城市绿化和园林建设的几点意见

17　《印度古代建筑史》（未完稿）

36　略论中国筵席之制
　　——致张良皋同志函

38　对苏州古城发展与变迁的几点意见

40　漫谈苏州园林

42　编史工作中之体会
　　——对部分参加编写《中国古代建筑史》人员及青年教师的介绍

65　对《佛宫寺释迦塔》的评注

67　南京瞻园的整治与修建

70　对苏州部分古建筑之简介

74　苏州园林讲座之一：历史与现状

89　苏州园林讲座之二：园林设计特点

93　《中国古代建筑史》的编辑经过

95　有关《中国古代建筑史》编辑工作之信函

《鲁班经》校勘记录 *

《新刻京版工师雕镂正式鲁班经匠家镜》
  北京提督工部御匠司司正　午荣汇编
  局匠所把总　章严同集
  南京御匠司司承　周言校正（校勘者注："御"字于天一阁本作"递"）。

卷一：
  人家起造伐木　（校勘者注：天一阁本伐木一条在第二卷，恐误）。
  总论　（架马法，起符法）。
  总论　（动土平基）
  总论　（吉忌）
  论逐月鏊地结天井砌阶基吉日
  起造立木上梁式
  请设三界地主鲁班仙师祝上梁文
  造屋间数吉凶例　（校勘者注：天一阁本紧接于"五间房子格"后，文字亦比此本少）。
  断水平法
  画起屋样
  鲁班真尺
  鲁班尺八首
  论曲尺
  推起造何首合白吉屋　[整理者注："星"误作"屋"]。
  定盘真尺　（校勘者注：天一阁本在卷一末，而断水平法属第二卷，一前一后，比较合理。又诗中"定将真尺分平正"，"平"误作"乎"）。
  推造宅舍吉凶论
  三架屋后车三架法　（校勘者注："连"误作"车"）。
  五架房子格
  正七架三间格
  正九架五间堂屋格
  鞦韆架
  小门式
  棕焦亭　（校勘者注："蕉"误作"焦"）。
  造作门楼
  论起厅堂门例
  修门杂忌
  逐月修造门吉日
  门光星
  门光星吉日定局

---

*[整理者注]：此记录全部为刘先生手稿（计封面一页，文字七页），虽现有若干残破，仍极为难得。其校勘对象为天一阁本（明中叶）、明万历本、崇祯本与清初本。校勘时间约在1961年，即《评鲁班营造正式》发表之前。文中少数字迹不清，现以空格□存疑待考。

总论（门）
五架屋诸式图　（校勘者注："界梁"误作"界板"。"叉槽"误作"又槽"）。
五架后拖两架　（校勘者注："古格"下脱"乃佳也"三字。"住坐"误"生生"。"实格式"下脱"学者"二字）。
正七架格式　（校勘者注："柱叉桁桷"误作"柱义桁桷"）。
王府宫殿
周王台式　[整理者注：清末本作"司天台式"]。
正厅
正堂
寺观庵堂庙宇式
装修祠堂式
神厨搭式
寨格式　[整理者注："寨"字前脱"营"字]。
凉亭水阁式
（校勘者注：共三十二页。版心宽12.6厘米，版心高18厘米。每页十一行，每行二十二字。但有许多部分第一行二十二字，次行以下低一字。附图二十幅）。

卷二：
仓厫式
桥梁式
郡殿角式
建钟楼格式
建造禾仓式
五音造牛栏法
造栏用木尺寸法度
诗
合音指诗
又诗
牛黄诗
定牛入栏刀砧诗
起栏日辰
占牛神出入　（校勘者注：据天一阁本"占牛神出入"条之后，应为"五音造羊栈格式"条，计130字，此本未载。但牛栏图之后，却有羊栈图一幅，疑刊印时因疏忽脱落此条）。
造牛栏式样
论逐月造作牛栏吉日
马厩式
马槽椽式　[整理者注："样"误作"椽"]。
马鞁架　[整理者注：清末本"鞁"作"鞍"]。
逐月作马枋吉日

猪栏式样
逐月作猪稠吉日　[整理者注：清末本"稠"作"棚"]。
六畜肥日
鹅鸡鸭栖式　[整理者注：清末本"栖"作"楼"]。
鸡栖式样
屏风式
围屏式
牙轿式
衣笼样式
大床　[整理者注："大床"后脱"式"字]。
凉床式
藤床式
逐月安床设帐吉日
禅床式
禅椅式
镜架势及镜箱式　（校勘者注："势"应为"式"）。
雕花面架式
大方杠箱样式
案桌式
踏脚仔凳
诸样垂花正式　（校勘者注：天一阁本在卷四。诸称悬鱼正式条，故"花"应作"垂"。另"唤作"误作"叹作"。"偃角"误作"角偃"）。
驰峰正格　（校勘者注：天一阁本在卷四。"驰"应作"驼"）。
风箱样式
衣架雕花式
素衣架式
面架式
鼓架式
铜鼓架式
花架式
凉扇格式　[整理者注："伞"误作"扇"]。
校椅式
板凳式
琴凳式
杌子式
桌　[整理者注："桌"后少"式"字]。
八仙桌　[整理者注："桌"后少"式"字]。
小琴桌式
棋盘方桌式

衣橱样式
食格样式
衣褶式
衣箱式
烛台式
圆炉式
看炉式
方炉式
香炉样式
学士灯挂
香几式
招牌式
洗浴坐板式
药橱
药箱
火斗式
柜式
象棋盘式
围棋盘式
算盘式
茶盘托盘样式
手水车式
踏水车　[整理者注："车"后疑有"式"字]。
推车式
牌匾式
（校勘者注：共三十一页，附图二十九幅）。
再附各款图式十二页，每页六项，各有图及诗。
《秘诀仙机》十六页，图三十九幅，符十六道。
卷首
图一页
《鲁班仙师源流》约二页半。
……屡膺封号，我皇明永乐间鼎创北京龙圣殿，役使万匠，莫不震悚。赖师降灵指示，方获落马成……凡有祈祷应靡不随叩随应，此悬象著明而万古仰照者。
（校勘者注：清初本无图。《鲁班仙师源流》改为卷一正文。又"皇明"改成"明朝"。"祈祷"下无"应"字，"悬象"前之"此"改"忱"字）。[整理者注：清末本为"诚"]。
其他错误尚有：①"端木起"明末本误为"端大起"。②"小和山焉"明末本误"焉"为"马"。③"白日飞升"明末本误为"日日飞升"。④"落成"，清初本误为"洛成"。⑤"辅国太师"清初本误为"大师"。
■ 现以天一阁本与清初本校核明末本，得其误舛如下：
画起屋样："按"误作"接"。"在主人之意"误作"王立人之意"。"定当"误作"仃当"。

鲁班真尺："依尺法"误作"伏尺法"。"八白"误作"本白"。又离字诗"主家"误作"士家"。义字诗"一安中户"误作"一字中宇"。官字诗"官郎"误作"官廊"。吉字诗"旺蚕桑"误作"在蚕桑"。"照着"误作"照者"。本门诗"正相当"误作"上相当"。

曲尺诗："难如"误作"惟如"。

推起造向首合白吉星："推"误作"椎"。"向"误作"何"。"开门"误作"门间"。"车前"误作"车籍"。"财去星"误作"则去星"。

入山伐木法条："堆放"误作"增放"。"八座"误作"入座"。

卷一：

起工架马：天一阁本作"推匠人起工格式"。"兴工"误作"与工"。"水□"误作"水长"。"后步柱"误作"后步"。又起手下，多"俱用翻锄向内"六字。

推造宅舍吉凶论一条：天一阁本紧接于"推匠人起工格式"条之下。明末版则置于定盘真尺之后，表示明末版已大大地改变原来面目矣。此条"宅舍"误作"宅令"。

三架屋后车三架法诗："吉上星"误作"吉土星"。[整理者注："连"误作"车"]。

五架房子格诗："住坐"误作"在坐"。

对檐诗："暗箭山"误作"暗箭出"。

造作门楼：天一阁本作"造门法"。又"太直"误作"大直"。"内门"误为"内开"。

论起厅堂门例条：比天一阁本多"论"字。"好等"误作"好筹"。"就地栿上做起"误为"就栿柁起"。"意□"下脱："而为之，如不做槽门，则只作都门，作胡字门亦佳"十九字。

■ 天一阁《营造正式》残本：

① 存三十六页，内插图二十一幅。每页八行，每行十五字。

② 插图中为明末版所未有者（●），或名义大体相类而内容不同者（△），罗列如次：

● 正七架地盘
● 地盘真尺
● 水绳正面及水鸭子
● 鲁班真尺
● 曲尺之图
△ 三架屋连一架　（校勘者注：有斗栱——插栱）。
△ 五架屋拖后架
● 楼阁正式　（校勘者注：与安徽徽州明式住宅同）。
△ 七架之格　（校勘者注：有斗栱——插栱）。
△ 九架屋前后合僚　[整理者注："寮"作"僚"]。
△ 秋迁架之图　（校勘者注：系梁架而非秋迁架）。
△ 小门式　（校勘者注：柱上有斜板，如《平江府图》中所示。矮墙饰以如意头）。
● 柳梢门
● 屋前栏杆
△ 创门
● 垂鱼
● 掩角

●驼峰

△钟楼

●七层宝塔庄严之图

③ 顺序颠倒部分

悬鱼、掩角、驼峰在第四卷，而明末版在卷二。

④ 为明末版所无者

卷二：五音造羊栈格式。

⑤ 文字不同者

卷一：请设三界地主鲁班仙师文：题目缺"上梁文"三字。文字亦略有不同，即天一阁本688字，明末版减为600字。又天一阁本之文首及文中有"喏"字二处，当指读文时礼揖。明末版中则略去。

卷二：断水平法："水从平则正"，又"木头端正"，"正"均误作"止"。

鲁班真尺：

病字诗："中庭"误作"巾庭"。"尸□"误作"户□"〔整理者注："离"误作"病"〕。

义字诗："最为真"误作"最为有"。又"招三姑"误作"招三妇"。

官字诗："大门场"误作"大门汤"。"州府"误作"州□"。"若要"误作"若若"。

劫字诗："无差"误作"无左"。"因循"误作"因须"。

害字诗："家财"误作"家才"。又其下脱漏四句。

吉字诗："财门"误作"才门"。又明末本"家道兴隆大吉昌"。此本作"家道兴崇最吉□"。

本门诗："财"误作"才"。"余粮"误作"余梁"。

曲尺诗："相凑"误作"相奏"。

曲尺之图："仿此"误作"傲此"。

推起造向首人白吉星条："室院"误作"宝院"。〔整理者注："合"误作"人"〕。

凡伐木尅择日辰兴工条："宜用"误作"且用"。"平坦处"误作"平坦殁"。"潦草"误作"老草"。"不可犯"误作"不可祀"。

推匠人起工格式条："凡造宅用深浅阔狭"误为"九造宅用深渡开杖"。

推造宅舍吉凶论："造"误作"浩"。"外阔内狭"误为"外开内挟"。"内阔外狭"误为"内开外挟"。"只得随屋基"误为"兴得造屋基"。"蟹穴屋"误为"蟹冗屋"。"并不吉"误为"拼不吉"。

三架屋后车三架："零"误为"令"。诗"三架屋"误为"二架屋"。"阔狭"误为"阔挟"。〔整理者注："连"误作"车"〕。

五架房子格条："零"误为"令"。"阔狭"误为"阔挟"。"此皆压白之法也"误作"此皆压曰即言也"。又诗"量材"误为"量村"。

正九架五间堂屋格条：脱"正"字。"堂九尺"误作"堂天天"。"两不然"误作"丙不然"。

小门式条："两柱"误作"两桂"。"杀伤其家子媳"误作"杀伤其家之媳"。

焦亭条："钉住"误作"针佳"。〔整理者注："蕉"误作"焦"〕。

门屋诗："尖斜"误作"尖斜"。"细详"误作"细损"。

对檐诗："水流相射"误作"水流相时"。

郭璞相宅诗："名曰"误作"各曰"。

起厅堂门例条："经用"误作"领用"。"方胜"误作"万胜"。

诸样悬鱼正式条："直板"误作"且板"。"又□"误作"又□"。

五架屋诸式图条:"叉槽搭栿斗磉"误作"又槽搭楣斗傈"。
五架后拖两架条:"住坐笑隐"中,疑"笑"字误植。"隐"应为"稳"。
正七架格式条:"柱叉桁桷"中漏"桷"字。

评《鲁班营造正式》*

我国传统建筑经过长期间发展并不断总结经验，写下了几部异常珍贵的专门著作，《鲁班营造正式》即是其中的一部。此书内容以木作为主，叙述江南民间建筑的大木、装修、家具的式样与做法，并包括水车、风箱、手推车、吉竿灯笼等部分农业、手工业和交通工具，是一部与人民生活联系较密切的技术著作。自明中叶以来，此书即以长江下游为中心而传布于附近诸省，其影响所及几与官书《做法则例》处于相等地位。该书原附有不少插图，与文字结合较紧凑，其间并杂置歌诀及诗文，和体制谨严的官书迥然不同。似原为匠师传授徒工的底本，后经逐步增编而成者。

书中对房屋布局、结构尺寸、择日造作等部分，均列举吉凶迷信与厌胜的符咒，说明五行阴阳之说与我国传统建筑有着异常密切的关系；同时书末所附"鲁班秘书"二十七项，反映了当时呻吟于阶级压迫下的匠工们所充满的愤恨心情，以及他们对残暴的屋主所采取的迷信反抗手段。因此，这书既总结了当时江南民间建筑的经验，又反映了我国封建社会末期中的若干经济、文化和阶级斗争的资料。但由于它长期被不断翻刻，其中的主要图样已遭割弃大半，文字亦有不少讹夺，几乎无法通读。三十年前赵斐云先生曾于宁波天一阁发现此书之明中叶残本，但因脱落过多，不能据以校正清代流通本的错误。至最近数年，文化部文物管理局与周村同志先后收得明万历刻本与崇祯刻本各一部，于是明末以来此书内容之演变已大体明了，文字与图样因以诸本互释，亦可了解其一部分。多年疑难至此得到初步解决，乃是一件至可庆幸的事情。

现将明以来各种版本的主要特点与相互关系，摘要介绍如下。

一、明·天一阁藏本《鲁班营造正式》

此本仅存三十六页，最后一页有"新编《鲁班营造正式》六卷终"等字，与明·焦循《经籍志》所载卷数相符，但书名焦志简称为《营造正式》。

此本注有页号，缺第1、2、3页，自第4页至39页皆连贯相接。可是卷一仅六页，卷二与卷三各十页，卷四仅七页。所余三页中，一页为钟楼与七层宝塔图；中一页全为文字，说明五架屋诸式、五架后拖两架、正七架格式三项，属于何卷尚待研究；最后一页标明属于第六卷。各卷的篇幅不但多少不等，而第五卷竟无一页，可见此本之页号乃残缺后所编排者，并非原来如此。

天一阁藏本之特点，首先在其体裁上，于卷一"请设三界地主鲁班仙师文"之后，置正七架地盘图一幅，接着列举地盘真尺、水绳与水鸭子、鲁班真尺、曲尺等四种工具，均有图及说明，基本上沿袭宋《营造法式》的体例。可是后来诸本均删去各图，仅存文字。其次，书中图样虽较简略，但保存了若干清代罕见的手法。如楼阁剖面图所示，在楼上向外挑出的栏杆上，立柱以承受外檐荷重。此种做法现见于安徽歙县的明代住宅，也许这种结构在当时相当普遍，并不仅限于皖南一带。又若秋千架乃省略栋柱（或称中柱）的结构方式，原图异常明晰（图1）。而后来诸本竟绘为真实的秋千架，距原来创作意义相差不可以道里计。另图之小门系用于墓前者（图2）。柱上斜版乃宋代日月版遗制，曾见于宋《平江府图》及元人绘画，据此知至明代中叶尚流代未绝。其余刱门、垂鱼、掩角、驼峰、毡笠犹存宋式面貌，均为万历以后诸本所割弃。而书中三架屋连一架、五架屋拖后架及七架、九架等剖面图，皆表示南方民间所通行之穿斗式构架。又外檐斗无坐斗栱，直接插于柱内的做法，都和万历、崇祯二本中图截然不同。

此版本之文字颇欠通顺，且有不少误植。但基本上为后来诸本所引用，并予润饰和补充。然而也有此本未误，而为后来诸本错改的例子。

由于卷首遗失数页，不知崇祯本所列此书著者午荣、章严、周言三人是否可靠。此本年代据赵斐云先生的考证，可能是明中叶福建刻本，在现存各种版本中是惟一最老的一种。但是否即为此书的最初刻本，

---

*[整理者按]：此文发表于《文物》1962年2期。

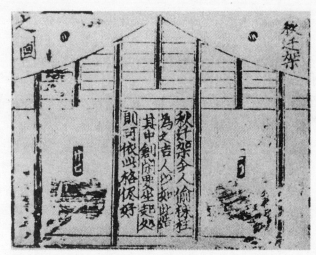 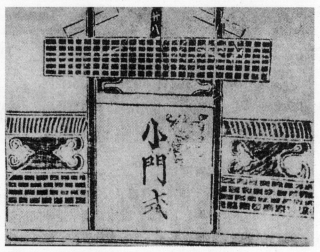

图1 明天一阁藏本《鲁班营造正式》中插图示秋千架结构方式　　图2 明天一阁藏本《鲁班营造正式》插图示墓门小门

则非今日所能决定。

二、明万历刻本《鲁班经匠家镜》

此本显然自《鲁班营造正式》增编而成，但书名改为《鲁班经匠家镜》，而卷一缺脱大半，仅存后部十一页半，附插图十一幅。卷二计三十六页，附插图三十幅。卷三有房屋布局吉凶七十一例，存六页；另有灵驱解法洞明真言秘书四页，鲁班秘书十一页半，共十五页半，皆迷信符咒，附于书后。此外还有明·钱塘胡文焕（德父）校正的《新刻法师选择记》四页半及书名不明的散页一页，误装于此书之内。设无崇祯刻本，将无法辨别此本的本来面貌。又有唐·李淳风《择日故事》一页，按其内容不应置于灵驱解法洞明真言秘书之前，可能亦是误装，而后来诸本竟沿袭未改。

此刻本卷一残存部分为五架后拖二架、正七架格式、王府宫殿、司天台、正厅、正堂、寺观庵堂庙宇、祠堂、神厨、营寨、凉亭、水阁等。卷二首述仓厫、桥梁、钟楼、牛栏、马厩、羊栈、猪圈、鸡栖等，次为日用家具四十四种，所绘桌、椅诸图与现存明代遗物几无二致，乃异常宝贵的资料。但驼峰、垂鱼、风箱三项不应阑入家具之内，苟非镂刻错误，即为装订时无意混入。

书中文字经修改后篇幅增多，但仍有若干误植及文义不明处。卷一梁架诸图，将穿斗式构架改为抬梁构架。即柱上架梁，梁上立瓜柱，其上再架梁的结构形式。而全部图均使用透视法，并点缀若干人物、花木，姿态生动，线条流畅（图3），其艺术水准远在天一阁藏本之上。

由于卷首残缺，亦无法了解著者姓名。但卷末所附灵驱解法洞明真言秘书的瓦将军祝文内有："伏为南瞻部洲大明国某省某府某县……"一语，其版式字体与明钱塘胡文焕校正的《新刻法师选择记》完全相同，且书中之插图风格与镂刻手法亦可证明为万历刻本。至于《鲁班营造正式》于何时改编成为此本，因证物不足，尚难臆定。但至迟不应晚于明万历间，乃无可置疑的事情。

三、崇祯刻本《鲁班经匠家镜》

此本之全名为《新刻京板工师镂刻鲁班经匠家镜》。所谓"新刻京板"可能指在南京刻印而言。据周村同志的考证，此本系明末崇祯间所刻。全书无虫蚀与脱页，是现存明刻本中最完整的一部。卷首置图一幅，次为鲁班仙师源流二页半，内有"我皇明永乐间，鼎创北京龙圣殿，役使万匠，莫不震悚，赖师降灵指示方获落成。"等语，而卷一列著者三人：

北京提督工部御匠司司正　　午荣汇编

局匠所把总　　　　　　章严同集
南京御匠司司承　　　　周言校正

据《明史》职官志，洪武初年于工部设将作司，后改营缮司，为工部四司之一，设郎中、员外郎等官。其下营缮所设所正、所承，以技艺精巧的匠工担任。但明代巨大工程往往使用军工，把总系武职，则局匠所应属于军工范围。不过御匠司是否为营缮司的俗名，或系军工之临时机构，则尚待考证。

此书之著作年代，因午荣曾供职北京，而鲁班仙师源流中又述永乐营北京一事，则此书之编著恐应在永乐以后，但确实年代仍无从知悉。

崇祯本卷一计三十二页，插图二十幅。卷二计三十一页，插图二十九幅；此卷后部增加算盘、手水车、踏水车、推车四项。而卷末之房屋布局吉凶图例标名"再附各款图式"；灵驱解法洞明真言秘书与鲁班秘书二部分标名"秘诀仙机"。书中文字误植较多，插图除有少数错误外，人物衣纹且无粗细之别，姿态较为僵硬（图3）。但此本首尾完整，可补天一阁藏本及万历刻本的残缺，使读者得以了解此书之全貌，是为它的主要特点。

四、清代刻本

清代此书之刻本甚多，大体可分为二种。一种题《新刻京板工师镂刻正式鲁班经匠家镜》，而卷一、卷二与各项图式，均在鱼尾上署"鲁班经"三字，以后部分署"仙机秘诀"。其文字与插图基本上均由崇祯本翻刻，甚至连"皇明"、"大明"等字样仍一沿其旧。但错字增多，最难阅读，插图也较潦草。另一种改题《新镌工师雕斫正式鲁班木经匠家镜》，而鱼尾上标题与前一种相同。此本亦从崇祯本翻刻，可是卷一、卷二插图仅留二十四幅，并置于卷首，其余诸图均予删除，致图绘与文字无法互释。但文字经过一番校核，不但无"皇明"、"大明"等字样，且在若干部分订正了崇祯刻本的讹误，可谓优劣互见。

至于清末之石印本，内容以讹传讹，错误连篇，自可不必一一具论。

综上所述，此书之著作与改编年代虽尚待研求，但清代通行本系自明万历、崇祯二本所翻刻，则已异常明显。目前阅读此书将会面临二个问题：一为文字讹误太多，一为书中所用之建筑术语已有不少改变。因此，调查江南一带的明、清建筑实物，并访问匠工，以推求书中所述各种做法与术语，进而校订诸刻本之文字、图样，再加以注释。使过去匠师们苦心努力的著作与民间建筑的技术与艺术不致泛埋湮没，应当是研究我国建筑史者义不容辞的工作之一。

天一阁藏本鲁班营造正式楼阁之格

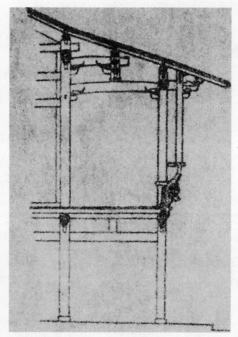
安徽歙县郑村明代住宅剖面

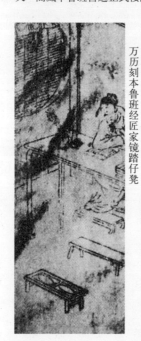
万历刻本鲁班经匠家镜踏仔凳

崇祯刻本鲁班经匠家镜案棹式

崇祯刻本鲁班经匠家镜镜架、镜箱及雕花面架式

图3 明以来诸刻本所绘插图示意

《江南园林志》序 *

  对日抗战前，童寯先生以工作余暇，遍访江南园林，目睹旧迹凋零，与乎富商巨贾恣意兴作，虑传统艺术行有澌灭之虞，发愤而为此书。1937年夏，由余介绍交中国营造学社刊行。乃排印方始而卢沟桥战事突发。学社仓卒南迁，此书原稿与社中其他资料，寄存于天津麦加利银行仓库内。翌年夏，天津大水，寄存诸物悉没洪流中。社长朱启钤先生以老病之躯，躬自收拾丛残，并于1940年携原稿归还著者，而文字、图片已模糊难辨矣。1953年中国建筑研究室成立，苦文献匮佚，各地修整旧园，亦感战事摧残，缺乏证物。因促著者于水渍虫蚀之余，重新迻录付印。其经过可谓历尽波澜曲折；而余身予其事，前后二十余载，自有不能已于言者。余唯我国园林，大都出乎文人、画家与匠工之合作，其布局以不对称为根本原则，故厅堂、亭榭能与山池、树石融为一体，成为世界上自然风景式园林之巨擘。其佳者善于因地制宜，师法自然，并吸收传统绘画与园林手法之优点，自出机杼，创造各种新意境。使游者如观黄公望《富春山图卷》，佳山妙水，层出不穷，为之悠然神往。而拙劣者故为盘曲迂回，或力求入画，人为之美，反损其自然之趣。其尤劣者以华丽堆砌相竞尚，甚至池求其方，岸求其直，亭榭务求其左、右对峙，山石、花木如雁行，如鹄立，罗列道旁，几何不令人兴瑕胜于瑜之叹。苟无人起而纠谬正误，将何以继往开来，阐扬二千年来我国园林艺术之优良传统。著者以建筑师而娴六法，好吟咏，游屐所至，游览名园旧迹。自造园境界进而推论诗文、书画与当时园林之关系，而以自然雅洁为极致；其于品评优劣，亦以此为归依。又以园林设计，因地因时，贵无拘泥，一落筌蹄，便难自拔。故于书中图相，往往不予剖析，俾读者会心于牝牡骊黄以外。于以见所入深而所取约，戛乎自成一家之言，而又欿然惟恐有损自然研讨，此正有裨于今日学术上求同存异之争鸣。乃著者谦光自抑，谓仅蒐集文献供游观之助，其然岂其然乎。至若解放以来，各地园林起坠兴废，不遗余力；而新建之园，数量、规模均迥出昔日私家园林之上。且能推陈出新，使我国园林艺术有如百花怒放。以今观昔，隔世之感，不期油然而生，岂仅著者一人引为欣慰而已耶。

1962年4月
刘敦桢识于南京工学院

---

*[整理者按]：此文乃作者为著名建筑学家童寯教授所著《江南园林志》撰写之序文。初稿写于1959年上浣，厘定于1962年春。

明、清家具之收集与保护* ——致单士元**先生函

士元先生：

关于明、清家具，这几天和杨耀、王世襄二位谈了两次，大体情况如下：

1. 北京各机关如故宫博物院、历史博物馆、北大博物馆、颐和园、迎宾馆、清华大学土建系、工艺美术学院，上海电影制片厂（拍《梁山伯与祝英台》电影时，曾在吴县洞庭东山收购若干家具）、第一木材厂等，均收藏有若干明、清家具。希派人调查了解，挑选典型作品，以便集中陈列。陈列地点以故宫为最恰当，但其他机构是否同意，恐尚待协商。

2. 私人收藏方面，如杨耀、王世襄、陈梦家、邓以蛰、冀朝鼎、郭某（前盐业银行副经理）、乐某（同仁堂）、费某等，收藏明、清家具亦相当多，调查了解恐需要一定的时间与人力。如不愿捐献或出让，希望能惠允绘图、摄影，以供研究参考。

3. 北京现存各寺庙的家具，亦急待调查统计，以防散失或损坏。如智化寺万佛阁的明代经橱，即是前车之鉴。

4. 售卖家具的鲁班馆龙顺成、台基厂懋隆、北京文物商店等处，往往有名贵家具。可是目前销路窄，售价低，以致卖给乐器厂供制作各种乐器之用，十分可惜。希望有关部门设法制止，并拨专款收购，以杜塞古家具不断损毁、消亡之漏洞。

5. 过去英、美大使馆与年近之印度大使馆均在收购我国古家具，应防止其运往国外或损毁之。

6. 北京近郊各县及山西、山东、甘肃、江苏、皖南、浙南等处，不时发现明代和清初的家具，希望文化部通令各地文管会注意保存。但一般人对家具缺乏了解，最好请杨耀、王世襄二位写两篇文章，登载《文物》之上，先作一番宣传工作。

总之，三十年来明、清精美家具的毁坏、散失和出国者，数量相当可观，是一件异常令人痛心的事。但目前进行收集、保管与陈列，为时尚不算晚，而且大有可为。除将以上情形函告王冶秋局长外，祈费神传达吴院长，大力支持，不胜盼切之至。

顺致

春祺

刘敦桢
1962年4月15日

---

* [整理者按]：此信未曾发表，标题亦后加。
** [整理者按]：单士元先生，中国营造学社社员。解放后任北京故宫博物院副院长。

对扬州城市绿化和园林建设的几点意见*

扬州是淮河下游的我国古代著名城市之一。远在两千四百多年以前的春秋时代，吴王夫差就在这里建筑了邗城。经战国、秦、汉、两晋、隋、唐直到明、清，一直都繁荣发展。特别是隋炀帝杨广在这里开大运河和建江都以后，加上两淮盐业的发展，更使扬州成为我国南北水路交通中的枢纽和商业集中的繁华都市，只是由于清末海运取代运河和几次战争的破坏，才使它逐渐衰落下来。今天的扬州，虽然不能和昔日相比，但还保存了不少过去的建树，这就为我们今后的恢复和发展，提供了一些有益的经验和基础。以下想就三个方面谈一谈个人的意见，仅供有关方面和大家参考。

一、绿化规划

一个城市的绿化规划，它的规模大小和发展速度，都要适应该城市的规模、人口和生产的发展，亦即适应物质基础的发展而发展，但又应当有重点和分阶段。过去的几年中，扬州市以瘦西湖为绿化重点的设想和工作是很有成效的，因为当地具有一定的自然条件和历史基础，绿化起来是很有条件的。

对于分期发展的期限问题，其规划期限必须与整个国家发展的规划相配合。目前瘦西湖的规划按十年为期，我想还不够恰当，是否可稍延长，按十五年期限进行规划。

第一个五年计划的工作要在规划方面再研究一下，并再详细一些。绿化规划除了有文字说明和总平面布署，还需要画许多鸟瞰透视图，细致到五年、十年以后树木生长起来的大小和形态都应表现出来。

在实施步骤上，首先是要作出详细的规划，使以后工作有所依凭。其次是根据规划，逐步进行绿化。最后再补充若干建筑物。如现有的白塔太孤零了，可以参考有关的古籍，以恢复一些原有内容。也可以先种些树，四周围以围墙，将殿、楼、塔等建筑联成一个整体。

园林绿化往往离不开假山。叠假山是一种艺术，是我国古建筑中的人工雕塑品，既要像真山，而又不是真山，要创造一个特殊的艺术意境来。目前要搞好这件工作，最困难之处是缺乏有技艺的工人。最好能培养一批这样的人材，可以从初中毕业生中挑选出各方面条件好的和愿干这一行的人。先要他们学习绘画、照相和叠山三年，并且到外地去看看那些叠得好的假山，以领略其中的奥妙。堆得不好的假山也应当看看，可以从中吸取教训。开始最好修整旧假山，从小处着手。然后再由老师傅带领，逐步去叠新假山，并由此开拓和创造出新风格的作品来。五年小搞一下，十年才能初有成就，应当把它作为终身事业来抓。另外，如建筑、油漆、彩画、家具陈设等都要学，因为它们相互之间都是有联系的。

最好再成立一个工程队，如果已经有了，则应予以充实。其中要包括木、瓦、砖、石、油漆等工种；缺少的就应当培养。

第二个五年的工作，可以文化休息公园（大虹桥东面，现运动场一带）的绿化和建设为重点。

第三个五年的工作，可搞自五亭桥向北至杨家庄一带的绿化建设。

对于面积较大的园林，今后设置大片草地是应当予以考虑的。这种做法在欧、美甚至日本的园林中采用甚为普遍，而过去我国传统园林用大面积草皮的仅限于北方的某些皇家苑囿。如河北承德的避暑山庄即是如此，南方的一般不用。这是因为我国南方绝大多数的私家园林面积都很小，而园中的建筑、山池、花木等的密度都很大，所以没有足够的面积来配置草地。其次是过去的私园大多是供少数人（主人及其家庭成员和若干宾客）游观之用，在使用上不需要过大的面积或空间，这和当前园林向社会开放与面向群众不同。过去的我国传统园林中，是以路径（现称"游览路线"）来引导游人遍览园中景物的，所经之处皆是精华所在，这是它的优点。但由于院小局促，游人在观景时没有多少空间可以长期逗留，待路走完园子也算游完了，这又是它的缺点所在。现在人们在假日里，往往是一家老小在公园里停留半天或一天，需要在草地上较长时间进行娱乐、休息或野餐。这就要求我们在传统园林设计的基础上，补充若干当前

---

*[整理者按]：此文为作者于1962年在扬州一次座谈会上的讲稿。由扬州市建筑设计院何时建提供。

群众所需要的新的内容。

在堆砌假山方面，如果是体量与面积较大的，最好多用土，少用石。多用石料，首先是材料费用昂贵，其次是运输和施工时困难增加，第三是提高了艺术上的难度。清代李渔就曾提出"小山用石，大山用土"的原则，到现在还被认为是合理的。当然，小山也不是全部必须用石，而大山的土中夹以若干石头，亦可显得生动自然。此外，也要注意到树木、草地、道路、水面、建筑等和假山的相互配合与协调，并努力在过去的基础上，创造出新的形式来。

二、现状利用

1. 瘦西湖

这个扬州城郊的风景区是很有特色的。从城里到平山堂沿途河道曲折，景色亦富有变化，与江南其他几处著名的风景区（杭州西湖、无锡太湖……）迥然不同。但它的缺点，则如袁子才所说的，是"长河如绳"，曲折有余而辽阔不足。为了弥补这一缺陷，可将此水面划分为若干景区。划分湖面的重要手段是使用桥梁，它不但有利于游览和交通，而且还在形成景观上起着十分显著的功能。目前湖上有些桥的形制过于生硬单调，与一般常见的公路桥差不多，在色彩上也缺乏变化。补救的方法是适当地修改桥上的栏杆，使其在外观上既美观、协调，又形成若干变化。

河岸线平直是其另一不足。例如"长堤春柳"一段即是如此，使人有单调之感。而岸侧所植树木又是等距离排列的，亦显得呆板无趣。今后可将河岸改掘得曲折些，挖出的土方可填垫在路上，使路面产生高低起伏的变化。另道路也不宜径沿河岸，亦应有宛转进退，忌砥直如箭道。树林栽培不求一律，柳树可栽于临水，亦可不临水；又可间植桃、李，以兼具观赏与经济价值为佳。植时可疏可密，但须参差有致。

建筑在园林中也占有重要地位，其形体可高大，可低小；其位置可暴露，可隐蔽……均根据景物配置与使用需要而定，但数量不可太多，否则将冲淡园林中的自然气息。

就现有建筑而言，入口处之竹亭应加修理，上施墨绿色油漆或桐油均可。临水建筑如歇脚亭，其水中柱脚太高，应予降低；色彩以文静的蓝绿色为宜，粉蓝色是不能用的，因与周旁风景色调不牟。有的建筑的屋顶与屋脊都嫌沉重，而施于园林之建筑则宜轻巧明快。在这方面，五亭桥前的凫庄的处理就较好。

建筑附近没有姿态好的树林陪衬，则景观必欠完美。但树的疏密、高低、树冠与树干的形象都须注意选择，否则反增其累。如云山阁旁白杨过于高大，反衬得建筑低小。而平山堂前的林木失之茂密，则妨碍游人眺观的视线。

在进行园林绿化时，对选择树木品种及栽植地点应特别慎重。急于求成，希望在短期内很快绿化往往适得其反。栽植树木不易，移植树木更难，因此切不可草率从事。

2. 古典园林

扬州的古典园林也是很有特点的，既不同于苏州、杭州，也不同于北方。例如，用两层的楼廊环绕整个庭园（如何园、个园），是不经见的独特手法（他地园林中仅于局部使用）。其次，扬州诸园中所堆砌的假山，数量较多而高度亦高（8～9米）。在设计构思方面，如个园的假山，分别采用春、夏、秋、冬四种不同的表现手法，是国内惟一的孤例。其入口处植竹林，竹间杂以石笋，表示春天竹笋破土而出的景象，寓意甚佳。以湖石堆砌的夏山在园西而面南，中构石室，前置水池，山上叠石在阳光照射下，所形成的凸凹明暗效果十分显著。园东为全由黄石砌成的秋山，轮廓雄浑而刚劲，在傍晚的夕阳斜照里，景色异常美丽。冬山一区由若干雪石组成，位于北侧背阴之处，阳光不易照到，一如腊月雪残景象。又利用气流通过附近巷道及墙上孔洞产生北风呼啸的效果，亦是别出心裁的手法。

个园的夏、秋二山都建石洞，既节省石料，又可供夏日乘凉或下棋、休息之用。秋山旁的黄石小院也处理得很好,在院中看石山,显得山更高大。此外,假山都依墙砌造,与附近的建筑取得密切联系,手法很好,不同于苏州假山做法。园中的某些花木,品种也很名贵。

任何事物都应一分为二,扬州的园林有其优点,同时也具有其缺点。其一是使用二层楼廊太多,用这样的手法来分隔园内空间,则使园中的自然气氛大为削弱。同时,四周用廊子围起来的庭院,空间也显得封闭而狭仄。而且内部空间不易划分,难以形成景观上的多层次。例如个园即缺少层次,站在楼上对全园可一览无余;何园则相对的层次多一些。又如在小花园的高假山上建亭,而对面仅是一座楼屋或一片墙面,视野不广,景观不深,这样的园景是没有多少异趣的。

在扬州各园的假山中,片石山房有几处石头堆得很好,小盘谷水中的汀步(或称步石)很不错,砌洞的手法亦很好。但何园的假山用石条太多,其构造不像自然界中的山岩,需加修整。个园黄石山上立了若干竖石,亦不合乎常理。类似的情况还有一些,今后还需要对假山大大地花一番工夫,进行某些适当的调理和整治。

三、今后修建

1. 个园

其北面入口像西方园林,应搞成中国式样的。进口墙上的园洞要填砌。黄石山后的廊子可不必添加。西面的水池则需要延伸扩大。园中假山与房屋争胜,而无宾主之分,应予以调整。西侧走廊似不必建造。食堂若不能取消,则应搬迁到园中较偏僻所在。

对于此园历史可作进一步调查,然后依此做一个模型。但完全恢复旧日面貌亦无必要,应吸收其优点而否定其缺点。任何一个园子在建成后都会有些改变的,做出模型就是为了和目前的现状以及今后的设计作一比较。

2. 何园

园中假山需要改造,危险部位要赶快抢修。铁栏杆最好都改为木栏杆。其西南假山的石券门浮砌在廊柱旁的台阶上甚为不当,最好改为围墙或以其他办法加以处理。

3. 小盘谷

此园布置很有层次,假山的堆叠也很有气势,希望很快予以修理,不要再遭破坏。除修整原有的假山和水池以外,东园也要整顿一下。

4. 片石山房

片石山房的历史,未经研究不敢妄下断语。假山有些旧有的石头堆得很好,但有些被破坏了。现在是修理和利用的问题,是否可先恢复水池。假山已中断,建议也做一个模型,研究以后再改为好。目前的假山仅高二丈多,不一定非要恢复到旧时的六丈高,那样做太费事了。目前先保住西峰,然后再分期恢复。这计划和模型,都要大家集思广益来搞才好。

最后,希望扬州市能调查一下,选出一段老街道,并使该处有代表性的老建筑和道路都能保存下来,而且永不改变。以便与将来新的建设作一对比,作为下一代的教育。此外,对于旧式家具将来的需要量一定很大,现在就应进行收集。好的小木装修也应调查、收集,或以新易旧,集中起来,并尽可能利用它们陈设在现有的园林或有历史价值的古建筑内。

《印度古代建筑史》(未完稿)*

前 言

　　印度是世界的文明古国之一,所在半岛的面积很大,文明的出现也很久远,但有关的历史记载很少。它在古代从来就没有形成过一个完全统一的国家,即使是最强盛的蒙兀儿(现通称莫卧儿——本书责编)帝国(Mogul Empire)(公元1528—1857年),其版图也仅达到南部德干高原(Deccan Plateau)的海德拉巴(Hyderabad)。印度民族众多、问题复杂,语言与文字均不统一,在文化中也存在着种种差异。思想上一贯追求唯心哲学,社会生活中的宗教色彩因此十分浓厚。到目前为止,它的许多历史上的问题都还没有弄清楚。

　　现在我们研究印度的古代建筑历史,只能依据现存文物、考古发掘和前人的片断记录,其中包括东晋法显的《佛国记》、唐玄奘的《大唐西域记》及若干希腊人、波斯人、锡兰(整理者按:现称斯里兰卡)人和缅甸人的记载。印度的古代建筑又有其特点,现存遗物以石建筑为多,而且又常与雕刻、绘画艺术合而为一,如寺庙之墙、柱、屋瓦均用石凿琢成,其装饰艺术内容也多半是宗教故事。如同一佛像,可用不同的手势来表示不同的境界,从而其周围附属的神祇也有了变化。因此我们在研究它们时,必须先了解印度的历史和宗教发展的概况。今日所存之印度古代建筑,绝大部分都与当时的宗教有关,其他建筑如宫室、陵寝数量相对较少。城市村镇与民居遗址则更为罕见。因此要从有限的遗物与绝少的文献中整理出一部完整的古代印度建筑史,是一件极为困难的工作。

　　印度古代建筑的形式,通过佛教的传播,曾对古代中国有过若干影响,但其特征表现并不十分突出。随着时间的推移,它们大多数已被中国传统文化所消融与同化,能够看出来的痕迹已经很少。但它却对邻近的锡兰、柬埔寨、印度尼西亚起着强烈的感染效应。在另一方面,印度又接受了许多来自希腊和西亚的文化熏陶,特别是8世纪以来伊斯兰教的输入,对后来整个印度社会(包括文化、建筑……)带来了决定性的变化,以致几乎湮没了这一地区几千年固有的传统文明,这是和中国古来一脉相承的情况有所根本区别的。

第一章　古印度的自然条件

一、地理

甲、整个面貌

　　印度的地形轮廓是一个三角形半岛(Triangular Paninsula),其下端伸入印度洋(Indian Ocean)中,西接阿拉伯海(Arabian Sea),东临孟加拉湾(Bay of Bengal),南与锡兰岛(Ceylon)隔海为邻,北面大体以喜马拉雅山脉(Himalaya Mountain)与中国西藏接壤。其间总面积为2952400平方公里。

　　半岛之西海岸较平直,沿岸有西高止山脉(Western Ghats Mt.)逶延向南。东海岸线稍为曲折,其中部另有东高止山脉(Eastern Ghats Mt.)。二山脉交会于半岛南端的柯摩林角(Camp Commorine)。虽然半岛的海岸线很长,约6.4万余公里,但良港甚少。仅东海岸的加尔各答(Calcutta)和马德拉斯(Madras)与西海岸的孟买(Bambay)三处而已。因此使印度的古代航海贸易和对外文化交流,受到了相当大的限制。

　　印度东北与缅甸交界处,有相当高的横断山脉阻绝。因此与富庶的马来半岛诸国间,除了一些商业和文化交流外,未发生过相互侵略的战争。但是西北边际的几个出口,却是印度自古以来通往西亚的交通要道,也是历史上外来民族(如伊朗族)多次入侵的必由之路。

　　总而言之,由于高山和大海的包围,限制了印度的对外发展,同时也使其本身的文化形成为一个独

---

*[整理者注]:此稿始作于1963年春,原系培养留学研究印度古代建筑史青年教师之教案。后乃计划扩充为正式教材。但已成文稿仅限于有关古代印度之自然条件、社会发展及文化概况三章及第四章一小部分,现先予以刊登,其余有关印度古建筑及其艺术部分,尚有待继续整理。

特的系统。

乙、内部地理

大致可分为三区：

1. 北部山区

大部为高原，气候寒冷，有众多河流、湖泊与森林，自然风景甚佳。其西北为克什米尔（Kashmir）山区，海拔1500～1600米，是古来对外交通要道，遗留文物也多。北部为旁遮普（Punjab），又称五河流域（因境内有Jhelum、Chenab、Ravi、Beas及Sutlej五河，故名）。

2. 印度河—恒河平原

这个由河流形成的冲积平原，是古老的印度文化发源之地，也是历史上印度最重要的地区。

平原西侧有塔尔大沙漠，将这一地域划分为西侧的印度河（River Hindus）流域（整理者按：现均在巴基斯坦境内）和东侧的恒河（River Ganges）—布拉马普特拉河（River Brahmaputra，即我国之雅鲁藏布江下游）流域。这些河流所经之地土壤肥沃，又为交通运输创造了便利的条件。因此在远古时期，就已成为印度最富庶和繁荣的地区。这里过去常被人们以波斯语称为Hindustan，即"印度河地方"之意。

印度历代许多王朝，都建都于此，其中著名的有：

孔雀王朝（Maurya dynasty），建都于华氏城（Patna）。

笈多王朝（Gupta dynasty），建都于曲女城（Kanary）。

蒙古王朝（Mogal Empire，或作蒙兀儿帝国）（现通称莫卧儿王朝—本书责编），建都于德里（Dehli）及阿格拉（Agra）。其史实约略如下：父为土耳其人母为蒙古人之帖木耳，篡舅父之位，自称蒙古人。曾率兵自中亚（建国于今阿塞拜疆地）入侵印度。元朝覆亡后，帖木耳起兵伐明，中途病死。其子率军侵印，未果。后其孙复来，乃灭印度而建立蒙古帝国。

除上述王都外，历史名城亦复不少，如鹿野苑（Sarath）、那烂陀（Nalando）、佛陀迦耶（Bud-dha-Gaya）及印度教圣地贝那勒斯（Benaras）等。

3. 中部及南部

古称Dakshina。以温德亚（Vindhaya Mt.）山脉与北面的大冲积平原为界。本身又可分为二部：

① 德干高原（Deccan Platean）：占据本区的大部分，地质由火山熔岩构成，海拔在500～600米之间，有丰富的煤、铁、金及稀有金属矿藏。两侧有东、西高止山脉屏障。此区因土地不宜农耕，经济欠发达，在古代属于贫困地区。

重要城市有海德拉巴（Hyderabad）、迈索尔（Mysore）、班加罗尔（Bangalore）等。

② 泰米尔（Tamil Land）：位于南端，由丘陵、山岳及小盆地组成，地形复杂，气候炎热，交通亦不发达。虽农作物可一年数熟，但其他条件均不如北部平原，无法与之抗衡。

印度土著居民人种的分布，亦与上述地区地理条件的不同而有差异。北部山地人体格高大，男子美须，行伍战士多源于此。平原之人较聪慧，故政治家、文学家辈出。南部人较矮小而肤黑。诸地习俗亦不尽同，如南部因气候热，夏季休息时间较长，称为"歇夏"。在食物方面，南方以谷物为主，北方则多食肉类。

民族有印度斯坦、孟加拉、泰米尔、锡克、马拉地、泰鲁固、阿萨姆等数十种。以信奉印度教和伊斯兰教为主。因为民族、宗教、语言等的不同，各族间常发生冲突。1947年6月以后，分为印度及巴基斯坦两国。但内部种族纷争，仍长期未得解决。

二、气候

甲、北部山区

喜马拉雅山南麓为倾斜之高原，冬季寒冷，夏季凉爽，因风景优美，故成为避暑胜地。印度洋吹送之季节风被阻于海拔9000米的"世界屋脊"群峰之前，故降雨量甚多。阿萨姆（Assam）成为世界雨量最多处，年降水量达12000毫米，且多集中于夏季。

乙、印度河—恒河平原

为印度半岛最佳地区。其间地形平坦，仅有少量丘陵。故除塔尔沙漠属亚热带沙漠气候外，大部均为亚热带森林气候。本区气候常作为全印度之标准。全年大致可分为三个季节：11月至2月的四个月间为凉季；3月至6月为热季，其中以5月、6月最热；7月至10月为雨季，雨量大且时间集中，有时造成山洪暴发；此期雨量约占全年降水之90%，降雨时气温较5月、6月为低。

丙、德干高原及以南地区

其凉季为11月至1月，仅三个月。热季则自2月至6月，共五个月，最高气温可达50℃。雨季为7月至10月，降雨量较前述平原区为少。本地区主要属热带草原气候，仅西南部为热带雨林气候。

气候对各地农作物有很大影响，南方耕种可一年三熟，热带植物也很多。此外，亦促进了居民的生理早熟，过去女子有八九岁、男子十一二岁即结婚的。

北部山区及德干高原雨量较少，建筑常用平屋顶。而气温高地区之建筑空间亦增高至4米，侧窗较小，上部用天窗以增加对流。在等级较高的宫殿、庙宇中，常建有水池或喷水池以吸收热量。

三、建筑材料

甲、石料

以产石闻名于世，石质细且密。

1. 大理石（marble）：有灰、白、粉红等颜色，质地细致，不易风化。又有很好的磨石技术，可使石面平整光滑如镜，有利于石料的保护。因石质好，所以常将厚8～10厘米的大理石板透空镂刻，用作建筑的窗户和屏风。有时还嵌镶各色宝石于白大理石上，益增美观。
2. 花岗石（granite）：石质也极好，可供细致雕刻。著名石窟如AJanta、Elora等，均属花岗石。
3. 石灰石（1imestone）：亦有红色者，石层多作水平状。
4. 砂石（sarndstone）。

乙、木材

喜马拉雅山及德干高原均盛产各种木材。故古代建筑除寺庙与塔外，重要建筑均用木构，甚至连城墙亦不例外。

1. 柚木（teak）：为古建筑中常用。作柱时有在表面涂金之例。
2. 榕树（pipal tree）：又称波树（bo tree），即菩提树，树冠作伞状，枝干有气根下垂。传说佛祖释迦（Buddha）曾在伽耶（Gaya）之菩提树下成道，故尤为教众所尊重。

其他如喜马拉雅松、杉、紫檀、棕榈、椰树、竹等均盛产。但今日印度南部因长期开采过度，森林已近于灭绝。

丙、黏土

河流附近之冲积土甚多，古代已经用作制砖原料。考古学家在Mohenio—Daro及Horappa发掘出公元前3250～前2750年间之古建筑，其结构为3层，已经使用了日光干燥砖及窑砖。

第二章　古代印度的社会发展概况

印度历史虽然悠久，但未有较全面和系统的记载，因此目前存在的空白尚多。政治上长期分裂为若干小国，从未出现过全国统一的局面。加以人种复杂，且移动频繁。这些都和古代中国的情况完全不同。

以下就几个方面进行介绍：

甲、人种

1. 最初阶段：在亚利安人（Aryans）进入印度以前，已知有四种土著：

① 藏族（Tibeteaus），居于今日的尼泊尔、不丹和印度的北部，即喜马拉雅山南麓。

② 柯利阿斯人（Kolarias），身材较矮，鼻较低，人种近马来族。原来自缅甸方面迁入，分布在恒河下游，后被迫迁至东南部的东高止山区（Eastern Ghats Mt.）。

③ 达罗毗荼人（Dravidians），是主要的印度土著，身材矮小而肤黑，文化程度较高。原来自西北，聚居于印度河—恒河平原。自亚利安（现通称雅利安，下同——本书责编）人入侵，被驱至马德拉斯以南。因古代南方有 Dravid 古国，即泰米尔（Tamil）王国，遂以为名。

④ 源不明之人种：考古学家于印度河下游之 Mohenjo-Daro 古迹中，发现有文字之青铜文化。建有城市，以农业生产为主。时间在公元前 3750～前 3250 年之间。人种不明，观其文字，似为西亚之闪族（Semia）。

2. 亚利安人（Aryans）：系白种人，在世界各地分为八个族群（groups），如俄、法、意、条顿……。印度之亚利安人属 Indo-Iran Group，于公元前 2000 由西北方向迁来。原是游牧民族，在印度河流域征服当地土著，就定居于 Mohanjo-Daro 一带。据日后发掘，知其有较高文化，崇拜牛、植物、生殖器和三面神像等。他们于公元前 1500～前 1000 年扩展到了恒河流域，后又向南推进，并将 Dravidians 人驱赶到半岛的南端。自此亚利安人主宰了印度，构成了印度人种的主干，并成为灿烂文化的创造者。

3. 民族混乱时期：约自公元前 500～公元 600 这千余年间，外族频繁入侵印度。首先是波斯的大流士一世（Darius I，公元前 558～前 468 年）在公元前 500 年占领了西北的印度河流域，将它建为波斯帝国的一个省。公元前 326 年，希腊马其顿的亚历山大大帝（Alexander The Great）经波斯入侵，虽然该横跨欧、亚两洲的庞大帝国在大帝于公元前 232 年去世后瓦解冰消，但他的一部将士仍留在印度建立了大夏国（Bactoria），后在公元前 2 世纪中叶，被塞克族（Sakes，又称闪族）所灭。

原居住在中国甘肃河西走廊一带的大月氏（Yuek-Chi），被匈奴逐出驻地而西来，并蹑塞克族后尘进入印度河流域。大约在公元前 1 世纪，占领了大夏和康居。随后建立了贵霜王朝（Kushan dynasty）。

以上各外来民族，后来都逐渐为印度的亚利安人所同化。

4. 伊斯兰的入侵：公元 8 世纪，阿拉伯人（Arabians）一度入侵印度。以后又有 11 世纪伊斯兰教土耳其（Turks）人的短期占领，势力不仅及于北部平原，还南下到达德干高原。公元 1221 年，蒙古成吉思汗军曾至印度北部，但不久撤退。公元 1347 年帖木耳亦来犯。公元 1526 年帖木耳之孙巴卑尔（Bahbar）在印度建蒙古王朝（现通称莫卧儿王朝——本书责编），带入大量伊斯兰文化，至 19 世纪中叶始为英国殖民者所灭。此阶段的特点，是在文化上保存了独立的伊斯兰系统，不像过去的外来民族被印度的亚利安人所同化。

5. 英国入侵及统治时期：自 18 世纪中叶奠定统治基础，到 20 世纪中退出，共约 200 余年；虽然控制了整个印度的政治和经济，但对印度人种方面的影响至小。

乙、历史

1. 吠陀时期（Vedic Period）以前历史

即亚利安人进入印度前之历史。主要是自旧石器时期开始的原始社会，以及中期偏后之阶级社会。史料较为片断，仅依据考古发掘及最老的史诗等。

① 旧石器时期（Pateaolithic Age）

当时的人还不知取火，亦无农耕和墓葬，所用石器为粗制（打制）成者，分布范围较广。根据文物知各地文化发展不平衡，且速度不一，北方较快。但绝对年代无法断定。

② 新石器时期（Neolithic Age）

石器已经打磨，其表面甚为光滑。遗物以德干高原发现为多，并有磨石工场。人们已耕种土地、饲养家畜、制造陶器、造船、织布，但是否与旧石器时代的人同一种族，则尚待考。

建筑方面发现有石板构成的坟墓，地点在南印度，类似于欧洲的巨石文化。又在山洞中发现新石器时期人类遗留的壁画，主要描绘的对象有象、牛和若干已经在印度半岛绝迹的动物，如长颈鹿、袋鼠等。但表现的技巧，则不如在法国和西班牙洞穴中的明快生动，这就是南印度的达罗毗荼人（Dravidians）的文化。这一阶段的时期相当长，具体年代难以断定，以后是否都经历了铜器时代，也不清楚。大约在公元前一千年（公元前1000年），印度进入了铁器时代。

③青铜时代（Bronge Age）（公元前2350～前1750年）总的来说，为期甚短，有的地区甚至没有发现。

主要发现的地点是摩罕觉达罗（Mohenjo-Daro，在今巴基斯坦信德省拉尔卡兰县），哈拉帕（Harappa，在今西旁遮普省蒙哥马利县）二地，都是以农业为基础的青铜器城市，其手工业、商业都很发达。在建筑方面，已出现有宫室、住宅和城市防御的措施。房屋2层，砖建。砖有阳光干燥砖及窑砖二种，后者用于基础，前者用于墙体。另外还发现有浴室、道路、公用水井等建筑物和构筑物的遗址。

类似的较小规模的发现，则出现于旁遮普（Punjab）和德里（Dehli）一带。

当时社会已进入原始社会后期，以母系家庭为单位。并有了原始宗教，崇拜对象有植物、牛、蛇、女神和男性生殖器等。已使用武器、文字、釉陶，并有了多种玩具和装饰品。

2. 吠陀时期（Vedic Period）

公元前2000年，亚利安人侵入印度，在征服各当地民族后，于公元前15世纪（公元前1500年）左右创造了吠陀文化（吠陀veda，原意为"明"，即"知识、学问"）。这时印度社会已进入父权家庭制度，已创造了自己的文字——梵文（Sanskrit），并用文字写出了诵扬神祇的赞美诗歌。当时崇拜的是多神教，其主神为创造宇宙的婆罗门（Bramman）。后来的婆罗门教，即由此演绎而成。吠陀的早期宗教无偶像及庙宇，礼拜多在露天举行，其仪典繁多，由祭师主持，因此他们的地位很高。婆罗门教的正式成立，约在公元前8世纪。

公元前700年，在Ganges一带形成了许多部落，印度进入了阶级社会。

婆罗门教依神的首、臂、腿和脚，将社会人众分为四个阶层或种姓：

①婆罗门（Bramman）：据称由梵天神的头变化而来，是社会中的最高阶层，垄断宗教事务和文化，为掌祭祀、司神权的亚利安人。

②刹帝利（Kshatrya）：由梵天神的手变化来，帝王、将相和武士，都出于此阶层，是军事、行政、贵族阶级的亚利安人。

③吠舍（Viashya）：由梵天神的腿变化来，从事社会中的工、农、渔、牧、商业，是平民阶层的亚利安人。

④首陀罗（Shudra），由梵天神的脚变化来，是被上述几个阶层奴役的奴隶，属于被亚利安人所征服的各民族。

前三种人被称为再生种族（Twice-born）。他们在死后的轮回（Transmigration）中，仍能回到原阶层来。但如果生前犯了罪恶，则在轮回中受到降级的报应。至于阶层的升级，则在任何情况下均无可能。因此首陀罗属于单生种族，永远是社会的下层。各阶层世袭不变，不能通婚与自由交往，社会地位受到严格的限制。

除上述四种人以外，还有一种称为"贱民"（Achuta，或untonchable）的，是社会中最低下的人。他们不允许和其他种族的人相处，甚至不得践踏后者的影子。

为了显示不同的阶层，古代印度用画在人们额头上的不同符号来作标志。对于贱民，则规定他（她）们要发出一种专门的叫声，以使别人能够及时走避。

这种种族制度的产生，约在公元前6世纪。曾经有人对各阶级间不许相互通婚和交往的限制表示反对，但没有成功。公元前 2-3 世纪之间，又制定了摩罗法典（The Laws of Manu），以保障这一种族制度的贯彻。后来由于社会职业的发展，使印度的种姓增加到 3000 多种，此类称为"副阶层"（Caste）的出现，缓和了原有阶级间的矛盾，但未根本解决问题。英国占领印度后，曾宣布印度的种姓制度（Varura）为不合法。由于旧传统的抵制，旧的影响仍然不小，特别在南方各地的表现尤为显著。

3. 小国分立与新宗教的诞生

公元前 700 年左右，北印度在部落的基础上成立了 16 个小国，原来的父权制原始公社制度逐渐瓦解。其中的摩揭陀国（Magadha）于公元前 500 年时，将其余 15 国臣隶于其居下。并先后建立了沙苏那迦（Saisunaga，公元前 642～前 413 年）和难多（Nanda，公元前 413～前 322 年）两个王朝，均立都于波托厘子城（Pataliputra）。波城即后来的华氏城，亦今日印度西北比哈尔邦的首府巴特那城（Patna）。在摩揭陀国存在的 300 余年期间，印度北部基本归于统一，直到公元前 322 年，才被马其顿的亚历山大所灭。

①佛教（Buddhism）

其创始人释迦牟尼（公元前 565～前 485 年），原名悉达多（Sidhartha），出身于刹帝利贵族，为伽罗卫罗国（Kapilavastu，摩揭陀属下 15 小国之一）王子。一日出城，见途中人众之生老病死，乃悟道而出家，时年 20 岁。他虽出身高贵，但反对婆罗门的宗教特权和繁杂的祭典，也反对超乎自然的传说、奇迹和天启。他根据自己的思维逻辑和实际经验，对周围事物进行分析。他是一个无神论者，不承认婆罗门所崇拜的三十三天（即三十三个神）。他主张男女平等，不赞同种姓制度。他认为应当仁慈、节欲，先达到思想上的解脱（Moska），再达到肉体上的解脱——涅槃（Nirvana，即死亡），方可进入极乐世界。

总的说来，他的思想是非暴力的改良主义。后来他的信徒将他渲染为佛（Buddha），并编造了他经过 500 次轮回才成正果和他的本身故事等等，都是为了宗教信仰的需要。佛教徒之所以尊称他为释迦牟尼（Sakyamuni），前者因他是释迦族人，后者是"圣者"之意。或尊他为"佛陀"（Buddha），则是"觉者"、"智者"。

②耆那教（Jainism，或称 Jaina）

此教由大雄祖师（Mohavira，公元前 594～前 477 年）所创，约与释迦同时。他原名筏驮摩那，亦出身于刹帝利贵族名门。30 岁出家，12 年后悟道，成为"耆那"（即"情欲战胜者"），后为信徒上尊号"大雄"（意"伟大之英雄"）。创教也是因为不满婆罗门（Bramman）的压迫、杀生祭祀和种姓制度（Caste System）的限制。其教义与佛教大致相仿，主张非暴力和苦修，以求灵魂之解脱。宣扬报应与轮回，但对禁欲方面则更进一步。并认为任何人都可以入教，包括所谓的"贱民"（Achuta）在内。

虽然这两个宗教都提倡非暴力，但由于都反对婆罗门，所以能够得到广大人民的信仰，甚至包括婆罗门中的若干知识分子。由于身居军政要职的刹帝利贵族和婆罗门之间也有许多矛盾，所以无论是佛教还是耆那教，都受到当时统治阶级的保护。

在这一时期中，印度中、南部的历史情况不明，西北部则为波斯的大流士一世（Darius I）所占据。在文化上，则出现了一种新的文字——巴利（Bal）。过去使用的梵文，在文学中虽然优美，但太复杂，不易掌握，仅流行于知识分子之间。而巴利文则是顺应了广大民众的世俗要求。

4. 亚历山大的东征（The Conquest of Alexander）

马其顿的亚历山大大帝（Alexander the Great），统一了希腊并征服了埃及和波斯帝国后，于公元前 326 年向东进军，侵入了印度西北的印度河流域。他以 1.2 万兵士战胜了拥有战象的 3.6 万印度军队，并俘虏了印度国王。但自此一战以后，因天气炎热及军队厌战，就由印度河口乘海舟回国，仅留少数驻军在印度与阿富汗一带。亚历山大不久病故于巴比伦，年仅 33 岁。他虽然进军印度的时间不长，但带来了西方的医学、数学、建筑学，对印度的文化、艺术产生了极大的影响。

5. 公元前后600年间（公元前300～公元300年）的印度情况

在此时期中，印度各方面的变化都很大。现依地区分别叙述于下：

①北印度（恒河流域）

摩揭陀王国的将军旃陀罗·笈多（Chandha-Gupta）之母非刹帝利族，为众人所歧视。他因此反抗，但被放逐，自波托厘子城（Pataliputra）来到印度西北。适亚历山大入侵，印军大败，国王被俘，贵胄势力大衰。他乘机收拾残兵，在亚历山大返国而印度内部尚未苏复之际，率军击灭难多王朝（Nanda dynasty），夺取政权后，建立孔雀王朝（Maurya dynasty，公元前321～前104年），在位24年（公元前321～前297年），仍都波托厘子城。公元前305年，由亚历山大留守人员所建的塞留古王国军来攻，被他击败，进而占据印度西北之阿富汗与俾路支地区。继而扩展领域到中印度，建立了一个疆土远较摩揭陀王国为大的帝国。据记载，其首都波城长九英里，宽一英里，周以深濠和木质城墙。其宫殿之柱、梁，均涂以黄金。

第三代传至阿育王（Asoka the Great，或称阿输迦王，公元前272～前232年），疆域又有所扩张。既灭印度东部之卡陵迦国（Kalinga），又占有印度中部之德干高原，除南部一隅以外，其余各地皆其王土，版图之大，为印度有史诸王之冠。阿育王笃信佛教，遂立佛教为国教。并在国内广建佛塔（Stupa）及纪念柱（Asoka columns）。又巡视全国佛迹，遣人赴南印度及锡兰、缅甸等地宣扬佛法，释教因此在印度一带广为流播。但对其他宗教，仍采取保护政策。

阿育王死后，各属地纷纷独立，其疆土仅余原来摩揭陀国范围。不久，政权为麾下将军普沙密多罗·巽伽所篡夺，建巽伽王朝（Sunga dynasty，公元前184～前72年）；疆域仅限于恒河之中、下游。国内奉婆罗门教，但仍允许佛教存在。

以后，甘华王朝（Kanva dynasty，公元前72～前27年）取而代之，但领土更小，仅局限于摩揭陀及附近地区。于公元前不久为南方之安达罗（Andhra）国所灭。

公元1世纪至3世纪间，北印度仅有若干小国峙立。

②南印度

当时主要国家有：

a. 卡陵伽国（Kalinga）

在半岛东海岸（今之Orissa省）。原为阿育王所灭，但在公元前1世纪又逐渐恢复。

b. 安达罗国（Andhra）

公元前3世纪已相当强大。公元前220～前100年时，版图扩大到全部德干高原，西抵孟买（Bombay），反又占有甘华王朝之领地，至公元3世纪才被灭。其民族是达罗毗荼人（Druvidians），文化则兼吸收婆罗门和佛教之所长。

c. 潘第亚国（Pandya）

位于半岛东南，建国于公元1世纪至3世纪间。民族亦为达罗毗荼人，文化也受婆罗门与佛教影响，文学上甚有成就。海上交通活跃，与锡兰、中国均有往来。

③西北印度

亚历山大大帝引兵西还时,曾留有一部兵员在今日之阿富汗（Afghanistan）一带,其主力部队则驻波斯。因此遗留了若干希腊文化的影响,后世称之为希腊化（Hellenistic）。

亚历山大去世后，其大帝国分裂为三大地域——埃及、希腊、波斯，分别由其将领统治。据有波斯之塞留安王朝后再分裂，其中之一为大夏国（Bactoria，公元前250～前100年），领有印度半岛西北五河流域之地。

公元前 150 年，闪族（Sakes）入侵。

纪元前 1 世纪，安息人（Parthians）入侵。

公元前 50 年，大月氏（Yuek-chi）人来，于公元前 78 年建立贵霜王朝（Kushan dynasty）。贵霜为大月氏人五部落之一，统一各部后建国（公元前 78～公元 240 年），首都为 Taxila（我国佛经中译作竺刹尸罗城）。该王朝第三代为著名之迦尼色迦王（Kaniska，公元 78～110 年），其版图自北印度扩大到中印度恒河流域的 Banares 一带。都城有二，即 Pursupura（今巴基斯坦之白沙瓦城）与 Taxila。迦尼色迦王提倡佛教，曾召集了第四次，也是最后一次大型的佛教徒集结，又于二都城中建佛寺多所，并立大学于 Taxila。贵霜帝国因位于"丝绸之路"上，与中国、安息、罗马的商业贸易都很盛。其文学和艺术也都达到很高水平，又将希腊文化影响与佛教文化相结合，创造了有名的犍陀罗（Gradhara）文化，而传统的佛教艺术，也因此得到进一步提高和发展。例如佛像的产生与使用，即始于此时。按旧日印度的婆罗门教，未建塔、庙与偶像，而佛教初始亦无偶像。后因受爱琴文化之影响，遂依希腊宗教中设置偶像之形式。故初期佛像卷发有须，薄衫叠褶，外观多具希腊风格。此后，这种佛教艺术不但经西域东传中国，而且还南下影响了印度和锡兰。

总的说来，自释迦牟尼创佛教后，经孔雀王朝阿育王的大力宣扬，以及贵霜王朝迦尼色迦王的积极弘扩，不但使佛教流传的范围更广，而且还使佛教的建筑艺术也得到很大的发展。此外，由于王朝曾召请了许多文学家和艺术家为其服务，形成了所谓的"宫廷文化"。以后各朝的统治者，也都仿此行事。

南部的 Kalinga、Andhra、Pandya 诸小国，均蒙受希腊文化和健陀罗文化的影响。以后，又经海上交通将它们传达到印度尼西亚、马来亚和中国，其中尤以印尼所受的濡染最为深远。

6. 笈多王朝（Gupta dynasty）

该王朝（公元 320～7 世纪初）是印度古典文化的顶峰时期，在吸收健陀罗和希腊文化的基础上，有了新的发展，其绘画、雕刻、文字、诗歌……都达到了空前的水平，有的甚至可与希腊媲美。

笈多王朝的始创者是坎达·笈多（Candra Gupta，公元 320～380 年）。至其子沙穆陀罗·笈多（Samudra Gupta，又称超日王，在位期公元 380～412 年）时，国势更为强盛，半岛南部诸国及尼泊尔（Nepal）均为其所臣服，除版图差小以外，几可与阿育王并驾齐驱。由建国到第四王统治时期（公元 325～455 年）的 120 年间，是该王朝最繁荣的时代。虽然王族均奉信婆罗门教，但对国内其他宗教不予禁止。佛教大乘许多著名理论，皆完成于此时。又建有若干佛塔、佛寺与石窟，如著名的阿旃陀（Ajanta）石窟与埃洛拉（Ellora）石窟，即建于该王朝之属国内。而婆罗门教因受佛教的影响，也开始出现偶像、庙宇与石窟。这是婆罗门教为摆脱佛教对它愈来愈大的威胁而力求生存的表现，也是它的再度复兴与转化为印度教的开始。

另一突出的文化功绩，是 Samudra 建立了著名的那烂陀大学（Nalanda University）。据记载该建筑高 6 层（现残存 3 层），建于公元 4 世纪中叶，毁于 12 世纪伊斯兰教入侵之役。

5 世纪中叶斯堪达·笈多（Skanda Gupta，公元 455～467 年）统治时国力渐衰，至佛陀·笈多（Budra Gupta 公元？～496 年）更加不济。以后王朝分裂，历史情况不明，仅知其王族在北印度尚保持一小王国直至 8 世纪。

此时期中国高僧仿印者，有东晋之法显，曾于公元 406～410 年来此，适逢王朝之盛期。其后宋零、惠生等西游西天竺（公元 520～521 年），则王朝已陷入崩溃支离之际矣。

公元 4 世纪至 6 世纪，白匈奴活动于印度西北部。

公元 5 世纪末至 8 世纪，印度西部有 Matraka 王朝。而 Bengal 之地，则属于 Ganda 王朝。

公元 5 世纪初至 7 世纪初，印度中部则有 Makali 王朝，据有山基（Sanchi）一带地域。

7. 哈夏王朝（Harsha dynasty）

为中印度历史较短促之王朝（公元606～647年），原为笈多王朝分裂后的众小国之一，名坦尼沙，位于恒河北源附近的Lucknow。其王子哈沙伐达那（Harsavadhara）因兄在王位时为他国所害，遂起兵复仇，数年内兼并其他小国，建一版图甚大之帝国。都于曲女城（Kanyakubja），亦奖励文学、艺术，倡扬佛教。我国唐代高僧玄奘曾于公元630～644年间留学于此，其记载中有戒日王者，即上述国王。

从地理条件与历史渊源来看，哈夏王朝可称为笈多王朝的延续，也是印度古典艺术的最后时期。自此以后，印度社会由奴隶制度进入封建制度，国王享有最高权力，社会组织亦发生很大变化，婆罗门教已改头换面，成为印度教而深入全印各阶层。佛教反而大衰，被逐渐排挤出了历史舞台。而古印度的绘画与雕刻等艺术，也开始走向下坡，从此再未能达到笈多—哈夏王朝时代的巅峰水平。

8. 南北三强对立及小国纷争时期

此期始于印度的奴隶社会结束与封建社会的开端，即公元7世纪中叶哈夏王朝的戒日王（又作增喜王）被灭起。从文化上来讲，是印度古典文化结束，新的文化和宗教兴起时期。其年代下限是12世纪末，在印度社会发展史中，是属于封建社会的前期。

当时的南北三强是：

波罗王朝（Pala dynasty），领地在今印度半岛东部。

普拉蒂哈拉王朝（Pratihara dynasty），疆域在今印度半岛西北。

拉斯特拉库塔王朝（Rastrakuta dynasty），国土以德干高原为中心。

三王朝间相互斗争，以7世纪末至8世纪间最为激烈。9世纪后期，Pratihara王朝之Bhoja王击败其他二国，取得霸主地位，但未能消灭对手。不久Pratihara王朝亦衰。在10世纪至12世纪末，三王朝均析为若干小国，即进入小国纷争时期。

以下就三王朝及若干小国情况，分别叙述于下：

①波罗王朝（Pala dynasty. 公元765～1093年）

建于8世纪中叶，至9世纪初仍相当强大。当佛教在印度走向衰落时，仅在此王朝领域内尚保存一部分势力。但内容已有变化，成为密宗（其对性的崇拜和念咒语等，均受婆罗门教影响）。密宗造像自成一种独特风格，除千手观音外，又有人兽合身，面目狰狞之神祇多种，就艺术而言，不及笈多时期远甚。

由于社会中的统治阶级大多信奉婆罗门教，佛教在政治上遭受歧视，过去政治不干涉宗教的情况已有了改变。特别是12世纪伊斯兰教入侵后，佛寺及大学泰半被毁，佛教景况更为衰落。目下印度崇依佛教者仅5万人，分布在近我国西藏的山区一带，教义也大有改变。

印度佛教大约在公元8世纪后半期传入我国西藏地区，当时曾有不少印度僧侣前往传教建寺。后来，传来的密宗与西藏固有的萨满教（巫）相结合，逐渐形成了今日藏系的喇嘛教。

②普拉蒂哈拉王朝（Pratihara dynasty）

该王朝疆域位于印度半岛的西北地区，历来是外来民族多次入侵之地，如马其顿、闪族、安息、大月氏、白匈奴等。经数百年后，各民族由于久居混合，又与印度亚里安人通婚并信奉婆罗门教，已统一成为旁遮普（Pajputs）族。族人身材高大而多须，历代多出战士。

Pratihara王朝（公元753～1000年）即以此民族为基础而建立者，对佛教概予排斥，故迄今此地区未见有任何释教遗存。

③拉斯特拉库塔王朝（Rustrakuta dynasty）

于公元753年灭建于该地之Calukua王朝而建国。该政权直到9世纪时仍相当强盛，虽奉印度教，但对佛教的压迫不若Pratihara王朝之严厉，是以埃洛拉（Ellora）石窟中，既有佛教雕像，也有耆那教和印度教的石刻。

公元 10～11 世纪，王朝版图缩为小国，于 12 世纪被灭。

④朱拉王朝（Chola dynasty）

地域在今半岛东南马德拉斯（Madras）一带，建国于 9 世纪，12 世纪时并扩大至北端德干高原之海德拉巴（Hyderabad），锡兰（Ceylon）亦一度称臣。

⑤潘弟亚王朝（Pandya dynasty）

⑥帕拉瓦王朝（Pallava dynasty）

位于半岛东海岸，建国于公元 6～13 世纪。势力达到南印度和锡兰岛。

此时印度农村中之自然经济，由奴隶社会进入封建社会后仍未消失，情况与中国相同。在文化方面，在原始社会制度下形成的婆罗门教，至奴隶社会时已逐渐不能适应社会的需要，佛教、耆那教遂乘机而起。但进入封建社会后，婆罗门教学习了佛教以庙宇为中心的僧团制，简化了宗教仪式，又将教义改为通俗化，从而东山再起，排除了包括佛教在内的其他宗教，成为当时主宰印度社会的精神力量。其主要变革者为生于 8 世纪末的商羯罗暗罗（Gainkaracarya），当时仅 30 余岁。此后，婆罗门教就改称印度教。

由于改变了过去无寺院无偶像的情况，庙宇与石窟建筑均得到很大发展，今日留存者即有开凿于公元 8～9 世纪之石窟，及建筑于 10～12 世纪之庙宇多处。

伊斯兰教亦在本时期开始传入印度，但大量输入是在 13 世纪。按此教在世界之分布，大致可分为三大派别，通常可依所戴帽的颜色予以区分：如非洲诸国与土耳其，戴红帽；中国，戴白帽；印度、印度尼西亚等国，戴黑帽。

9. Pathan 王朝

为奉伊斯兰教之王朝（公元 1206～1525 年），定都于德里（Delhi）。

早在公元 712 年，奉伊斯兰教之突厥人所建之伽色尼王朝曾一度入侵印度。公元 10 世纪末至 11 世纪初，又多次入侵至恒河流域，毁印度教、佛教文化甚多，但不久退出。其统治时间仅 20 余年，但伊斯兰教从此在印度产生影响。至 12 世纪末到 13 世纪初，伊斯兰教始正式在印度半岛建国。

Pathan 为一总名称，其意为伊斯兰教在印度之统治。此王朝之统治者为土耳其人种，版图据有印度半岛的西部与西北部，并一度占领德干高原北部。在其最终被蒙古人覆灭以前，经历了四次变化：

① Kutub ud-din Aibak 王朝（又称"奴隶王朝"，因创建者为奴隶出身之突厥人艾巴克）（公元 1206～1290 年）

② Khalji 王朝（公元 1290～1330 年）

③ Muhamadidu Tughluk（公元 1330～1347 年）

原为伊斯兰教的小诸侯，封地在西北之 Vindahya，后引兵至德里，推翻 Khalji 小王朝。

④ Bahman Shan 王朝（公元 1347～?）

在此期间，蒙古的成吉思汗曾于公元 1221 年侵入印度西北部。帖木耳（Timur）则在公元 1398 年一度进入，虽不久退走，但影响甚大。

伊斯兰教尚洁，不崇拜偶像，传来印度后，对原有的文学、艺术和建筑，均产生很大影响。如建筑用拱券及穹窿代替了传统的柱梁结构；废弃过去的繁琐雕刻，改用简洁明快的马赛克贴面；以几何图案、植物纹样取代偶像和动物。绘画也采用波斯方式，以置于墙上小龛内的小幅绘画，代替 Ajanta 石窟式样的大面积壁画。外来文化固然有其优点，但形成了对原有文化的大破坏，不能不说是件令人痛心扼腕的事情。

10. 蒙兀儿王朝（Mogul dynasty，公元 1526～1857 年）（现通称莫卧儿王朝—本书责编）

帖木耳之六世孙巴卑尔（Babar）于公元1526年入侵印度，灭Pathan王朝而取代之。其历代国王有：
①巴卑尔：麾下多土耳其人，仅以两万人战胜印度军队，三战三胜。建国后定都德里。
②胡马雍（Humayun）：一度失国，后去中亚调兵，终恢复王位。将国都由德里迁至新德里（New Delhi）。
③阿格白（Akbar，公元1556～1605年）：为该王朝著名国王，称大帝。版图掩有印度半岛的北部和中部，又迁都至胜利城（Agra）。对国内不同信仰之印度教及伊斯兰教采用安抚政策，并在二教派中各择一女为后。印度教崇拜太阳，而伊斯兰教崇拜月亮，大帝遂于胜利城中为二后各建礼拜日、月的高楼一座。
④夏吉汗（Shan Jehan）：曾于Agra及德里建造大宫殿。因其皇后死于南征途中，为建宏大壮丽之泰姬玛哈（Taj Mahal）陵墓，历时二十年，耗费无数。按Mahal为王冠之意，即皇后之名，而Taj意为宫殿。夏吉汗有文才，但生性奢侈，在位时屡行征战并大兴土木，民不聊生。后为其子篡位，囚于宫中六年。所建之Taj Mahal陵造型优美，被目为中世纪世界七大奇迹之一。原陵内置高二米余之金屏风，镂刻极为精美。棺上嵌钻石无数，其中最大者达200余克拉，后被盗走，现置于英国王冠之上。

18世纪时，英、法、葡等国自海上入侵，先占领孟买（Bombay）、马德拉斯（Madras）及加尔各答（Calcutta）等沿海城市，然后逐步深入内陆，以蚕食各诸侯小国方式，于公元1857年最后消灭了Mogal王朝。次年，英国女皇维多利亚就为自己加上了印度国王的尊号。从此印度正式沦为英帝国的殖民地，直到1947年宣布独立，前后达90年之久。

第三章　古代印度的文化概况

一、总说

文化的范畴很广，它包括人类的社会科学和自然科学，如哲学、宗教、文学、绘画、音乐、舞蹈、建筑等等。印度的文化起源很早，并在公元前3000年前已达到很高水平。考古学家们在Mohenjo-Daro和Harappa二古城遗址中的发现，就充分说明了这一问题。但自从亚利安人来到印度以后，他们所创造的文化就成为印度文化的中心。这文化的特点是既有独立性又有延续性。虽然它在历史上受到不少外来影响，但其核心内容基本未变，这一点和中国的情况十分相似。在Mohenjo-Daro和Harappa二地的发现还不很详尽，然而与亚利安人的文化却是一脉相承的。

纵观人类的古代文化，各民族大都以宗教崇拜为其文化起源，印度自然也不例外。原始崇拜的对象可能不同，有的崇拜祖先、天地，有的崇拜某些自然物或现象，如太阳、月亮、山、河、雷电、火等，并由此发展成为各种宗教。随着人类社会的发展，宗教渐渐成为政治的不可缺少的工具，并忠实地为统治阶级服务。但印度的情况略有不同，在其古代阶级社会中，担任教职的婆罗门，社会地位高于居帝王将相的刹帝利。虽然后来婆罗门下降到了第二位，但势力仍然极大，对社会和文化都具有举足轻重的影响。在古代中国，两千多年来在社会思想中一直占统治地位的是儒教，它既是一门伦理学，又比较注意现实，历来被汉代及以后的中国帝王所重视。而古代中国的宗教，例如佛教虽然流播广远，除了西藏等特殊地域以外，并未形成一足以影响政治的强大势力，其组织也极为松散，不若婆罗门在印度所发挥的强大。印度古代文化十分明显地以宗教为中心，一切文学、艺术、建筑、雕刻等社会活动，大多都是为宗教服务的，早期的婆罗门教如是，后来的伊斯兰教亦复如是。

印度历史上曾出现过的宗教，有下列数种：

婆罗门教（Brahmanism）→印度教（Hinduism）：是印度最古老和最主要的宗教。

佛教（Buddhism）：公元前500年至今，曾经一度昌盛，并传播到东南亚、西域和中国。其对印度的建筑和文化的影响也很大。

耆那教（Jainism）：公元前500年至今，现有教徒约100万人。

拜火教（Zoroast 或 Magiunism）：又称沃教，由波斯传来，今孟买附近尚有教徒10万余人。

犹太教（Judaism）。

伊斯兰教（Islamism）：公元800年传入，至13世纪时最盛。

基督教（Christianism）。

其他。

二、婆罗门教—印度教

其发展阶段：

公元800年传入。

A．最初阶段：即婆罗门教萌芽时期

当时亚利安人信奉崇拜自然的多神教，将宇庙划分为天、空、地三部，有三十三天。以天之主宰为梵天（Brahma），后来将太阳、月亮亦视作梵天。空之神有雷、雨、风等。地之神有山、川、蛇、猴等。

B．第二阶段：即吠陀时期（Vedic period）

因已用梵文（Sanskrit）写出许多诗歌，故又称梵书时期（Brahmana），而吠陀（Veda）之意为"知识"（我国古籍译作"明"），但主要是宗教知识。当时之吠陀共有四种：

①黎俱吠陀（Rig Veda）：系一种对神祇的赞歌，为较正规、庄严与通用之形式。

②娑摩吠陀（Sama Veda）：与上述形式较类似，但稍自由。

③耶柔吠陀（Yajur Veda）：用于祭词。

④阿闼婆吠陀（Atharva Veda）：用于咒语。

此四种形式皆非散文，均属韵文，可予唱颂。它们既是传世史料，又是文学作品，反映了印度文化在古代已有很高水平。四种吠陀都是供祭祀神灵用的，婆罗门教是祭祀的宗教，举行大典，一般是在郊外空旷地点设坛；普通仪式则在家中举行。因不设庙宇及偶像，故吠陀时期之宗教建筑，今日未有遗物存留。

它们的形成与存在时间，约在公元前2000～前1000年间，至公元前1500年时已很成熟。由中最有代表性之作品为：

二大史诗：为歌颂亚利安人与达罗毗荼人（Druvidians）之间战争的长史诗，包括：

摩柯婆曼那（Makabhamana），作于公元前1000年。

罗摩衍那（Ramayana），作于公元前600～前500年。因有史料内容，故对后世研究古代印度历史甚有帮助。

奥义书（Upanisad），作于公元前800年左右。为森林书之一部分，谈论哲学思想，也涉及许多生活问题。是婆罗门教教义及印度古代思想的主要来源，并影响后来的佛教和耆那教。奥义书意为"秘密之书"，因当时无学校，学生受业时，由老师面授玄机。书中叙述了古代印度哲学的六个学派（Saddarsana）：

①弥曼磋派（Mimansa）：意为"熟思"。对于宇宙、人生等问题，提出一些基本见解，但较空泛。

②吠檀他派（Vadanta）：较具体，是因果论者。认为善者可升天（梵天世界，Brahmanloka），为恶者当入地狱（Narakoloka）；同时又提出解脱论。如此构成婆罗门教及佛教的轮回说（Samsara）。

③胜论派（Vaisesika）：论述宇宙之产生、构成、承续及将来的毁灭。认为宇宙由水、土、火、空、风、时、我、意（思想）等构成，以后佛教之密宗受其影响。

④正理派（Nyaya）：是哲学中的正理派。正理意为"法则"或"规律"。

⑤数论派（Samkhya）：是哲学中的观念一元论。

⑥瑜珈派（Yoga）：认为人们求解脱，须先有思想上的纯洁，应通过禅定和苦行方可取得。这种思想对佛教和耆那教均有影响。是哲学中的解脱派。

上述四种吠陀、二大史诗和奥义书，被合称为印度古代的三大文献。

婆罗门教由此产生四种阶级和四个住期（将人生分为四个时期）。

①梵志期：8～18岁，为随师学习期。

②家居期：学成后就业、成家，此时期甚长，可至50～60岁。

③住林期：进入老年，在森林中休养、修道，进行人生思想或哲学理论的探讨。

④比丘期：出家并云游四方，至死方休了。

这种思想是既积极又消极，既入世又出世的，与中国和欧洲的哲学思想仅有入世不同。它对佛教和耆那教有影响。婆罗门的阶级观引起了巨大的社会矛盾，也给佛教的产生创造了条件。

婆罗门教是否有与它相应的艺术？现在尚无法获得结论。由记载及遗址发掘，已知该教无寺庙及偶像。故印度之宗教造像艺术，颇疑始于佛教。1920年英国考古学家于Mohenjo-Daro及Harappa二地发掘，曾出土母牛、生殖器等物之浮雕，均为吠陀时期以前之文物。又公元前200年前之阿育王时期，石建筑之雕刻已很普遍。例如山基（Sachi）塔之门楣及栏杆上之浮雕，均已达到一定水平，而艺术形象亦为印度式样而非希腊作风。故此项艺术之产生源泉与发展经过究竟如何？尚待文史实物予以进一步证实。

C. 第三阶段

即佛教之产生与发展阶段，时间在公元前500～公元300年间。但总的资料，较之前二节为少。

佛教产生后，由于统治阶段的提倡，发展很快，信徒日众，传播迅广，对于昔日执印度社会统治牛耳的婆罗门，是一个很大的冲击。过去婆罗门傲踞社会的最高位，而作为国家政权的统治者们反退居其次，愤懑之心可想而知。佛教提倡众生平等，就是针对婆罗门的专横而发的，而统治阶级正好利用佛教来压抑婆罗门。由于婆罗门的旧有势力很大（中南部尤为突出）与统治阶级中仍有信奉者，因此虽然它一时居于劣势，但未被消灭，最后终又复苏。

D. 第四阶段

为婆罗门教复兴时期。即从笈多王朝（Gupta dynasty）到三强对立（公元300～800年）的五百年间。其教内的原因有二：

①婆罗门教由于与当时的奴隶社会产生矛盾，被佛教取代而走向下坡。为了谋得生存，不得不改变其教义与组织，这样就逐渐缓解了不利状况，适应了当时社会和后来的封建社会的需要，从而取得复苏。

其教义以梵天（Braman）、毗纽（Vishnu）、湿婆（Siva）三神一体为最高神祇。其中梵天为最高天（即众神之神，创世之神），湿婆（或称大自在天）司毁灭以及创造（过去教义中仅司毁灭），毗纽（或称毗瑟笯，为赐福人类之保护神），各有若干化身。此时之教义包容了许多其他宗教和地方的传说（如称释迦牟尼为Vishnu的十个化身之一），并在此基础上，于6世纪写出了不同文字的新经典《普兰那（Purana）。因其教义广泛，故渐成为全民宗教，并自此改称印度教（Hinduism）。

② 吸收了佛教以寺院为中心的僧团制度。开始仅是自发形式，后来经著名僧人Cainkaracayra四出奔走组织，僧团始得到普遍发展。

笈多王朝一贯崇扬佛教，然对婆罗门教未予打击与压制。我国高僧法显、玄奘访印时虽佛教仍盛，但已见若干大佛寺破坏凋零，当局无力予以修复。及至7世纪末三国争雄之际，仅Pala王朝尚奉佛教，惟限于东北一隅，而其他地区均信仰婆罗门教。此外，作为佛教中主要力量的大乘教派，由于受婆罗门教的影响，吸收了后者的许多内容，从而改变了自己原有的特性，并使自己的发展阻滞下来。

在建筑艺术方面，当时的中小型庙宇，尚遗有十余处，均为石建。大型庙宇则未发现。雕刻以石窟为主。

开凿于公元 800 年的 Ellora 石窟（位于孟卖西北），为一佛寺与石窟之组合，建于一石山上，规模之大，可独步于印度。就雕刻之造像而言，此时已达古印度之高峰。

E. 第五阶段

为印度教兴盛时期，自公元 9 世纪直至 17 世纪英人侵入印度为止。就地域划分，印度半岛的中、南部全属印度教。北部在统治阶级中奉伊斯兰教，民间仍崇印度教。

由于教义的发展，印度教又形成若干派别，例如：

① 崇毗瑟笯（Vishnu），主要信徒在北方，祀 Vishnu 及其妻 Laksini（司财富及美）。

② 崇湿婆（Siva），主要在南方，祀 Siva 及其妻 Parvati（司出生及性），其子 Garnasa（象首、长鼻、大腹，为幸福之神）。

③ 崇拜性的生殖力，Sakti。

④ 锡克派（Sike）。

此阶段为印度宗教艺术最发展时期。尤以公元 10～12 世纪期间所建大庙最多，自德里(Delhi)至北、中、南印度均有。其巨为石建，高度 200 余米，柱多达 1000 根，规模宏大可见一斑。不足处是雕刻过于繁密，以致未能充分表达石建筑的雄伟壮丽。除石刻造像以外，使用铜、金、银等金属铸造神像的为数亦多，但艺术水平似不及上一阶段之佳妙。

三、佛教

A. 释迦牟尼（Sakyamuni）的历史及佛教之教义

释迦牟尼原名悉达多（Siddhartha），为尼泊尔南部一小国迦毗卫罗（Kapilavastu）之王子，其父为净饭王（Sudhadana），母为摩耶夫人（Maya）。悉达多于公元前 566 年诞生于国中之兰毗尼园（Lumbini）（今尼泊尔之鲁明台，后阿育王建纪念柱于此）。19 岁时出宫外游，见四城门间众生之生老病死苦相，乃悟道出家。于是乘月夜跨马越城，至灵鹫山（Rajagri Hill）修身。先学婆罗门，未得解脱，继师自行苦修，逐渐悟出了佛教的根本完结和教义，并于 29 岁时成道于佛陀伽耶（Buddha Gaya）之榕树（Bipha）。内中 Buddha 为"圣者"之意，为后人所加之称号。而榕树亦因此被称为菩提树（Buddha tree）。释迦后云游至鹿野苑（Sarnath），举行了第一次传教，佛教中称之为"初转法轮"，意谓佛教教义不断发展，一如车轮前进之回转不已。在鹿野苑收弟子五人后，又去他地传教，续收弟子多人。公元前 483 年，释迦涅槃（Nirvana）于拘尸那揭罗（Kushinagara）城外娑罗双树间，终年 80 岁。

释迦一生的宗教活动，大多在恒河中游，即印度之东北一带。他自称"如来"，而释迦（Saka）为其族名，牟尼（Muni）为"觉者，圣者"之意，与 Buddha 俱为后人所上之尊号。而兰毗尼园、佛陀迦耶、鹿野苑与拘尸那揭罗，则被列为佛教的四大圣地。

佛教认为宇宙与人生都是不可捉摸和虚无飘渺的。如欲解脱，必须先从精神开始，后及肉体，所以主张为善，禁欲。对婆罗门制定的严格社会等级不满，主张人人平等和博爱。反对婆罗门教的繁琐宗教仪式和受命于天的说法，主张逻辑地分析事物，特别是心理上的分析。对于婆罗门的神祇和人的灵魂问题，则避而不谈。由于在一定程度上对当时的社会持批判态度，所以获得了上层统治阶级（刹帝利）和被压迫人民的同情，进而予以接受。但佛教对婆罗门的斗争是不坚决的，提倡非暴力的反抗。同时佛教自身也缺乏系统和严密的理论和组织。例如在对待教义上，就可以有多种不同的解释，从而形成了众多的、甚至相互攻讦的宗派。

B. 小乘佛教（Himayana）

佛教在创始时，并无小乘和大乘之分。只是在公元 2 世纪大乘教派兴起后，才将以前七百年（公元前 500～公元 200 年）的佛教称为小乘宗派。二者的形成，与佛教徒对教义的不同认识，以及举行的全国集结（意即"大会"）有关。

印度的佛教徒在历史上曾有过四次全国性的大集结。

①第一次集结（公元前 477 年）

释迦涅槃后，其最长弟子迦叶（Mahakasyapa）于灵鹫山（Rajagri Hill）召集所有门徒，商讨如何宣扬佛法事宜。传说当时将释迦荼毗（火化）后所遗骨灰及舍利等，均为十份，分置于各地之塔中，以供信徒之膜拜。此时因释迦辞世未久，人众分歧较少，思想能够统一。

②第二次集结（公元前 377 年）

因各地佛徒对教义意见不一，特别是有关戒律方面。因释迦在世时未有经书留传，其历次佛说论证，均由诸弟子整理成文，总的可分为三类：即经——释迦之说教言行录；律——佛教僧侣之戒律及佛寺之清规；论——对佛教哲学原理和经义内容的解释。合称为"三藏"。

此次集结时，在主持会议的高僧—称为"上座部"（分为二十部）之间，意见就已有分歧。但总的说来，还是统一的，仍以个人实践修行为主。即佛徒应对所见所思中的恶"断惑"，思想清洁，才能解脱躯体而成正果。

③第三次集结

此次集结地点在华氏城，由阿育王主持，除上座部外，又有大众部（即主持之高僧以外的人众）参加。后者因意见相距较大，就逐渐发展成为大乘宗派。

其世界观表现在对于经、律、论上，受到吠陀时期婆罗门教思想的影响。认为世界系以须弥山（Sumeru）为中心，此山分为四层，各层均有神守护。其第四层由四大天王（持国天多罗咤 Dhrtarastra，增长天毗琉璃 Virudhaka，多闻天毗沙门 Dhanada，广目天毗留博叉 Virupaksa）守卫。再上即佛所在之三十三天，或称帝释天。人的世界则分为四大洲，位于须弥山之外。须弥山下是十八层地狱，是鬼与恶人死后所在，由阎罗王管辖。在宇宙空间的组成上，则将上述须弥山、四大洲与十八层地狱，合称为一个世界。一千个世界称为小千世界；一千个小千世界称为一个中千世界；一千个中千世界称为一个大千世界；三千个大千世界称为佛土，即佛所管辖的范围。由于十分广大辽阔，故谓之"佛土无边"与"佛法无边"。天地间诸神均支持如来，故称他们为"护法诸天"。其余受佛支配的龙、夜叉等，则称为"超人"。而佛当然亦非凡人，是承天意来尘世普救众生的，经过五百次（一说五百五十次）轮回，方才得道。以此内容绘作图画的，称作本生图（Jataka）。以释迦出生后之历史绘图的，称为佛传图（Buddha Carita）。

以上这些佛教的论述和制式，基本形成于第二春（公元 2 世纪中叶）。其具体时间不详，约在公元 135～162 年间。为贵霜王朝（Kushan dynasty）之迦尼色迦（Janiska）王所召集者（按迦尼色迦王于公元 135 年皈依佛教，死于公元 162 年），也是规模最大的一次。

此时期印度佛教建筑之寺庙无一遗存，仅偶见于文献中之零星记载。作为主要膜拜对象的佛塔尚有实物，其建造年代约在公元前 200 年左右。但未发现有任何佛像出现。石窟有二种形式：一种内部设塔柱，称为支提窟（Chaitya），供佛徒进行宗教聚会及仪式之用。另一种称大精舍（Vihara），或名禅窟，窟壁辟有小龛若干，供僧人静修及居住之用。

在建筑艺术方面，多于石窟内与门、栏杆及塔上施浮雕，内容均为佛传图与本生图。

至于小乘佛教之影响，其第一次集结后，宣传佛法主要在印度国内。只是在第三次集结时，阿育王才派遣僧人至国外传教（包括其子赴锡兰二次），所传的都是小乘。我国东汉明帝于公元 1 世纪遣使西行求佛，在印度已是贵霜王朝的迦尼色迦王时期，当地佛教中大乘派已占上风。至公元 4 世纪东晋法显再来，所携回经典律论，更是非此宗莫属了。

C．大乘佛教（Mahayana）

依前所述，此教派产生于第三次集结以后，主要是由于教徒对教义上的分歧而引起的。如部分教徒不满足教义仅谋求个人的解脱，认为应当进一步修炼成佛，至少也应成为菩萨（Budhisattva，或作菩提萨）。其中 Budhi 为"觉者"、"悟者"之意；而 Sattva 为"众生"。意谓佛徒除求得自身解脱以外，还应普渡众生，这就比过去提出了更高的要求。

在公元前后，产生了若干经典，例如：

《大般若经》：全称为《大般若波罗密多心经》，后由玄奘释译，凡六百卷。

《法华经》：即《妙法莲华经》，七卷，由鸠摩罗什译。揭示三乘归一，故名妙法。

《无量寿经》：二卷，曹魏康僧铠译。说无量寿佛（即阿弥陀佛）之修行及成佛故事。

至第四次集结时，大乘之说已相当发展，特别是犍陀罗（Gandhara）一带，小乘教势力较弱。佛教中的大众部已与上座部对立。

2世纪末，著名僧人龙树（Nagarjura，公元150～230年）原为南印度之婆罗门，先学小乘，后习大乘，著有《中观论》、《大智度论》（简称《大论》，为诠释《大般若经》而作）等。主张人人均可立地成佛。由于佛学中各种新论点的出现，展开了哲学论争，而婆罗门若干内容也由此进入佛教（如念咒语等，tantras），从而使佛教本身特点逐渐丧失。

后来又有无著（Asanga，公元310～390年）及世亲（Vasuiandhu，公元320～410年）进一步发展了龙树的学说，创建了瑜珈派（Yoga Cara），大乘之说更加蓬勃。这时相当于中国西晋末到东晋时期，又出现了若干新的经典，如：

《涅经》即《大般涅经》，北凉昙无谶译，共四十卷。

《胜鬘经》内容与《妙法莲华经》相同，惟较为简略。

《楞伽经》有刘宋求那跋陀罗译四卷、元魏菩提流支译十卷及唐实叉难陀译七卷三种译本。

婆罗门教与初期佛教均未有佛像，至大乘学说兴起后，佛教造像始得以大发展。但其最初实产生于纪元前后之健陀罗，而非出于大乘，恐与前者受希腊文化影响有关。

笈多王朝为古印度造像之黄金时代，后人比拟如希腊之于欧洲。其时之支提（Chaitya，为置有塔之精舍）与僧院（Vihara）均甚发展，有建于平原，亦有建于石窟中的。但窣堵坡塔（Stupa）反较公元前1至2世纪为少。

D. 印度佛教对中国之影响

佛教传入中国时在汉代，殆已无可置疑，但具体时间尚难确定。现较有根据的记载是东汉明帝永平十一年（公元67年）遣使往西方求佛，在途中遇僧人摄摩腾（Matamga Kashyapa）等携经典、佛像东来，遂迎至洛阳，并于次年建白马寺供奉。然文史对携来佛像之大小及形制，均未言及，且摄摩腾是否属大乘，亦不明了。

三国以降，由西方赴我国中土的比丘渐多，依伊东忠太《支那建筑史》，知此辈多来自当时大乘教派已很盛行的安息、大夏等西域诸国；而由小乘教派流行的南印度、锡兰等地来的较少。这就决定了当时传来中国的佛教，主要属于大乘。著名的西域僧人鸠摩罗什（Kumarajiva），即于公元4世纪来中国，翻译佛经甚多。而知名印僧之来华者，如菩提达摩（Budhidhanma），则为中国佛教禅宗尊为鼻祖。此期间中国僧人去印度或西域的亦不在少数，如法显、宋雲等，时间在4世纪末至5世纪初。

通过上述交流，大乘佛教在中国得到很大发展，其程度已超过了印度。同时，还形成了许多宗派，如禅宗（瑜珈派中修禅的一派）、净土宗（主要念阿弥陀佛）、华严宗（以《华严经》为主要经典）、天台宗（产生于福建）、法相宗、三论宗等。仅律宗属小乘佛教。这些宗派在六朝至隋、唐时的发展到达高潮，在时间上虽较印度为迟，但在教义上则大有过之。

唐代的佛学著作如疏、论就很多，都是对佛哲学理论进行的辩论和析解。但可惜的是，这些佛学论述大多在武宗灭法时被付之一炬。由于华严、法相、天台、三论诸宗的理论依据丧失殆尽，致使它们在组织上也归于消灭。仅一部曾传至日本和朝鲜的，后来又倒流返回中国。而那些原来没有太多著述的禅宗（以静坐参禅为主），净土宗和律宗，则在大劫后比较容易得到恢复和发展。

婆罗门教的咒语于公元2~3世纪时传入佛教，后逐渐形成佛教中之密宗，或称为真言宗。它的发展，在大乘佛教衰微与印度教复兴之际。其《陀罗尼经咒》与《大日莲华经》均出现于7世纪。当时印度与中国之海上交通往来频繁，《陀罗尼经咒》遂于7世纪中叶传到中国，约当唐代高宗与武后时期。经幢则出现于唐中叶，即7~8世纪初，唐玄宗天宝开元年间。

金刚乘亦属密宗，以《金刚经》为主要经典，形成于7世纪中叶。8世纪初由著名印僧金刚智（Vajrabodhi）及不空金刚（Amogha Vajra）传来中国。经中认为宇宙为阴阳六行——空、木、风、火、水、土构成，均来自婆罗门教教义。

7世纪以后，佛教仅在印度之东北隅（今孟加拉省）尚存有若干势力，即原来巴拉王朝（Pala dynasty）所在地域。半岛其余地区皆奉印度教。佛教寺庙为数不多，那烂陀大学虽仍存在，但讲授的已是密宗的内容。巴拉王朝曾在恒河下游之维克拉马西拉（Vikramasila）建有大庙，后于12世纪伊斯兰教入侵时被毁。半岛南部若干地区如孟买东北之埃洛拉（Ellora）等处，在8世时尚有少数较大之石窟。

当时佛教之造像，亦受印度教影响，出现了多面神像。其反映于密宗者尤为显著，如十一面观音，千手观音等。观音（Avalokitesvara）本为男性，有须，此形象于西域及我国早期壁画中尚有存者。后随东传佛教之中国化，此神亦由健壮伟男变化为端丽之女性矣。千手观音由四手进而六手、八手、十二手，最终四十二手。其四十二手各表示具有二十五种法力，故称千手。我国佛教于唐末(9世纪末至10世纪初)始有此种造像。现存四川广元、潼南等地的石窟及摩崖造像，如观音与孔雀明王等，均属五代时之密宗。又河北正定隆兴寺铜铸之十一面观音像，则作于北宋初（10世纪末）。至于西藏密宗之造像，因与当地萨本教结合，其形象又与内地者区别较大。总而言之，佛教虽产生于印度，后终于被印度教所取代，今日仅在近西藏边镜一带尚有少量信奉者。但在亚洲其他地区，则获得蓬勃发展，其中大乘派盛于中国和日本，小乘则流行于锡兰及东南亚。

第四章 古代印度之建筑及其附属艺术

一、总说

印度古代建筑亦自成一系统，虽不断受西亚影响，但仍保持着原来的传统，其生命力很强，在这一点上和中国的情况很相似。印度建筑与印度民族数千年一贯相承之思想体系分不开，具体表现在其宗教思想上。印度民族复杂，语言、文字及政权多不统一，但其宗教思想却比较统一与连贯。其优点是保持了它的固有文化特征，缺点是限制了外来文化的输入与发展。印度的古代宗教变迁较多，由婆罗门教——佛教——印度教，三者虽然有异，其教义核心因源于婆罗门，故多雷同，从而其宗教建筑也颇类似。

自古以来，印度民族即热心于宗教，一般人民的精神生活也多围绕宗教这个中心。其文学、绘画、音乐、舞蹈、雕刻和建筑等等，主要都是为宗教服务的，而政治反在其次。这种情况，虽然在他国也曾出现，但都不如在印度的深广。印度建筑式样起源与材料的使用等，都和宗教信仰有很大关系，如常用的装饰题材有莲花、菩提叶、法轮、卍形图案、象、狮、牛、马、鸽等。都是和宗教信仰有不可分割的关系。总之，其建筑从平面、立面到装饰构件等，最初比较简洁，后来愈来愈复杂繁琐，有的处理手法甚至悖于常规，有的则因宗教缘故而虚设。因此，研究古印度的建筑，就不能不涉及到宗教问题。

另外，印度建筑与所在半岛的气候和自然物产亦有关。如印度的早期建筑材料多用木、竹，其尖形拱和尖形屋顶以及塔顶之曲线都为竹制，而马车车篷外形亦作尖顶形。孔雀王朝时砖结构发达，而笈多王朝则多用石构。喜马拉雅山麓盛产木材，气候润湿多雨，故此区建筑多用原木为构，且屋顶坡度大，出檐长。

古代印度宗教建筑之发展，随各时代各宗教之发展而有所不同，现列简表如下：

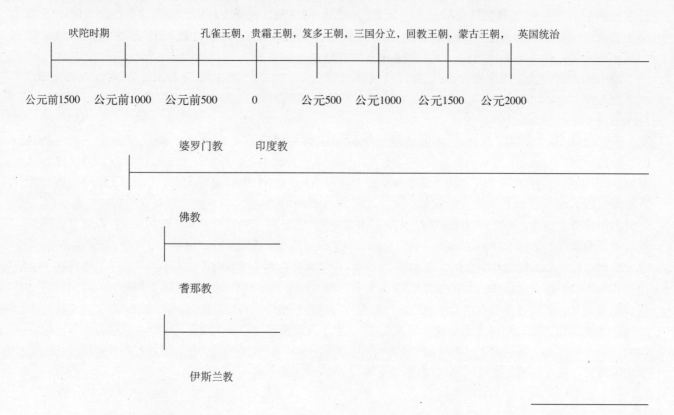

婆罗门教为印度最古老之宗教，后来受佛教和耆那教影响，至笈多时期亦开始建庙宇（一部由佛寺改建）。后转为印度教继续发扬光大。

佛教之繁荣期为公元前5世纪至公元后5世纪，贵霜王朝以后渐衰，至伊斯兰教入侵已濒于绝灭。

耆那教亦始于公元前5世纪，但始终不甚兴旺。

伊斯兰教在伊斯兰教王朝时仅限于印度西北一隅，因当时诸侯分裂，民族地方色彩浓厚。至蒙古王朝时才进入繁盛时期。

二、原始社会印度河流域的建筑

今日所获资料，大多来自对印度河下游之摩罕觉达罗（Mohenio-daro）与哈拉帕（Harappa）等地之发掘，估计为公元前2350～前1750年前之遗物（一说为公元前2500年左右），属于一具有相当发达的城市文化，考古学中称之为哈拉帕文化（Harappa Culture）或印度河文明。

古摩罕觉达罗城位于今日巴基斯坦信德省拉尔卡拉县内，为一临河城市，平面呈长方形，面积约2.5平方公里。全城大体可划分为西侧之卫城与东侧之下城。卫城供统治阶级居住，有城濠、城墙及望楼。下城为一般市民居住，有各种作坊。市内有东西及南北贯通大街，长800米以上，宽10米；一般街道宽3～5米不等。街面砌以立砖，但无人行道。沿街设置阴沟，上部以叠涩（Corbelling）封顶。临街房屋排列整齐，一般都不超越建筑红线，似乎当时已有城市规划。

已发现之市内建筑均建于夯土或土坯之台基上，依形制可分为三种。一为普通住宅，一为公用浴室，一为用途不明的大房子，不知是酋长住宅、集会所或庙宇？所有房屋均用砖砌。

①普通住宅：虽系独家独户，但建造时为数家合为一组。大门内有门厅及小室数间，又置以楔形砖砌成之阴井。有的住宅设有楼梯，虽上部建筑已毁，推断其层数至少为2层。底层地面均在同一水平，与楼梯俱用经打磨之砖竖砌而成。建筑之外墙面垂直，仅较厚者外表面具收分，但内表面仍垂直。窗有外窗及对门厅开之内窗，窗上结构用砖叠涩及木梁。由底层之水平排水沟及依墙之直立陶管，知上、下层均有浴室。各户之排水先流至阴井，待沉淀后再送入街道之公共下水道，其考虑甚为周到。墙上又附垃圾管道，以利上层废物之排除，由此亦可知该城文化之进步。建筑之屋顶情况不明，可能使用平顶。

较大之住宅，大门内设门房，有较宽敞之门厅及较多之小室，并置有楼梯。

②公共浴室：规模很大，其浴池长12米，宽7米，深2.5米，两端并建有踏步以供上下池内。环池有铺地砖之走道及柱廊。池之东、北侧另有若干小室、水井与楼梯，可能一部为二层建筑。池西建有大谷仓。

哈拉帕城之平面作纵长之菱形，面积亦约2.5平方公里，其南北长360米。城墙砖砌，全长约1100米，保存尚称良好，其下部厚9～12米，高度7～10米不等。于北墙及西墙中部各辟城门一道，并建有如瓮城之防御设施。城墙至角隅增厚，可能曾设有角台。

城外西北角有小住宅两排，每户二室，估计是从事劳动的奴隶住所。因其北有制麦粉之作坊与仓库二列也。

出土物件有金、银、宝石饰品，青铜制作之工具及武器，又有陶玩具、羊毛及棉织衣物等。塑刻方面则有石刻或青铜之小像及镌于石、陶、象牙印章上之动物与文字符号（内容尚未能译读）。已知有宗教，崇拜对象为三面神、男女生殖器、生命树及火等。

综上所述，知此时已具有相当高的水平，但居民为土著而非亚利安人。（未完）

略论中国筵席之制*——致张良皋同志函

良皋同志：

久未通音讯，日前自北京归来，接1962年12月25日来信，畅论我国古代筵席之制，读之无任欣快。近来大家留意古代家具与房屋大小、高低及室内布置的关系，但多偏重于桌**椅橱几等。其实，我国家具的演变，应分为三个阶段来研究：首先是筵与席，次为床与榻，最后才是桌、椅等。希望你从生活和文化着眼，全面研究这三者的发展过程为盼。

概括地说，这三者的发展，具有相互重叠的关系。筵与席的使用，最晚当自周代开始，其下限可延至六朝以后。床至晚亦自周代开始，至汉发展为榻，流传至宋，方渐废弃。桌、椅于南北朝时期自西域诸国传来，今天犹在使用，但唐以后其式样即已中国化矣。

关于筵与席，来信征引繁博，足窥致力甚勤，有独到见解。不过应当注意的，若《考工记》（此书似编于战国间，但其内容包括了不少战国以前的经验）所述筵席之制，应属于明堂、宫室。一般房屋是否也以筵席为模数，尚待进一步研究。就我所知，长沙出土的战国漆器（原物现在台湾）即绘有简单房屋，室内中央铺席一张仅坐一人。其他汉代画像石（图1）、画像砖与河南沁源县东魏造像碑、北魏宁懋石室（图2）所示者，亦多为一席，或东、西二席对坐，皆未满铺全室，可见席不是一般建筑室内面积的模数，与日本的"叠敷"不同。至于古代席坐之法，有跪坐、盘足坐、箕踞坐三种，而以跪坐为最敬。由于跪坐易于疲劳，故老年人往往再凭以几，已知几的形态有二种：其一为长方形，如蔡侯墓出土文物（现陈列在北京历史博物馆）。另一种为半圆形，下具三足，称为"曲几"，见四川绵阳西山观隋代道教石窟，惜原物已毁。

图1 汉画像石中所示殿堂之铺席（江苏睢宁出土）

图2 河南洛阳北魏宁懋石室雕刻

当周代宫室使用筵席时，已有供睡眠用的床（亦见前述蔡侯墓出土遗物）。汉代与六朝文献，尤其是《后汉书》，往往于无意中言及榻。从功能与形制而言，榻应是从床演变而来。汉代皇帝朝会群臣坐于珠帐内。儒师马融教授学生坐于绛帐内。所谓珠帐和绛帐，据敦煌壁画应施于榻上。榻有大小之分，一般宾主相见，各坐小榻相对；家属与至友则共坐大榻上，其形制见于汉画像砖、石与明器、敦煌壁画及其他绘画、雕刻中者，不遑一一枚举。至于唐南禅寺与佛光寺大殿内，建矮而大的砖台以置诸佛像者，以及辽独乐寺观音阁之改用木台，都是榻的变体（日本亦复如是）。

绳床即交椅，于南北朝时自西域传入中国。而敦煌北魏壁画中有较大之椅，可盘坐其上。桌、椅自

---

*[整理者按]：此信系寄原中大建筑系校友张良皋先生，未曾发表。标题亦后加。
**[整理者按]：高足之桌，已多次见于四川出土表现东汉市肆、庖厨之画像砖中。

唐中叶以后，始渐普遍使用，至宋代终于取榻而代之，具见唐以来文献与各种文物，则无须赘述矣。由于家具的改变，使宋代的室内布置不得不发生变化，并且还影响到室内空间的高度与小木装修的式样与结构。

春节后，我仍赴京编建筑史。忙中拉杂书此，不及万一。专复并问近好。

刘敦桢
1963 年 1 月 21 日
于南京四牌楼南京工学院一系

对苏州古城发展与变迁的几点意见（1963年5月15日）

我国古代历史悠久，在很早就已经出现了城市。但是能够保存和沿用下来的并不太多，而且大多都是明、清两代的，能够上溯到唐、宋的已经极少，再早的更是凤毛麟角。然而位于江南太湖之滨的苏州，却是其中之一。以下就来谈一谈它的发展和变迁历史，以及如何对它作进一步研究，提一些个人看法。

1. 周代城市遗留到今天的，仅苏州与成都二处尚在继续使用。但成都系战国末秦张秦所筑，而苏州则建于春秋后期吴王阖闾时，不仅年代比成都早，保存原状也较多，故其历史价值远在成都之上。

2. 关于苏州城的文献，除零星记载外，专门著述有下列数种。

甲、唐末陆广微《吴地记》，及无名氏《吴地续记》。前者经北宋人增补。后者亦出北宋人手笔。

乙、北宋苏舜卿《吴郡图经》及朱长文《吴郡图经续记》。

丙、南宋范成大《吴郡志》。

丁、南宋绍定二年《平江府图碑》。

在上述各种史料中，甲、乙二种比较简略，而丙、丁二种较详密。虽然如此，迄今尚无人对南宋苏州城的规划进行过细致的分析。如果根据甲、乙二种史料，考证南宋以前苏州城的城垣、水道与街道，仅仅只能得到一个大概的轮廓。似不如从研究南宋苏州城规划为主，附带叙述南宋以前的情况，比较妥当。

3. 从历史背景方面来说，秦始皇灭六国，分天下为三十六郡，其中会稽郡管辖今苏南、浙北地区，郡治设在苏州。秦末，项羽自苏州起兵，率江东八千子弟北上灭秦。西汉改会稽郡为吴郡，范围稍小，但仍辖今苏南一带。汉末，孙坚、孙权兄弟以吴郡为根据地，创三分鼎立的局面。由此可见秦、汉时苏州在政治方面的重要性（不但物资殷富，而且文化较高，人材辈出）。

4. 两晋、南北朝时期，江南财富集中于建业（南京）、广陵（扬州）及吴郡（苏州）三处。隋炀帝开运河，沟通南北交通，苏州更日臻繁荣。由于运河环绕苏州城外西、南二面，故胥门与盘门附近为唐、宋二代客馆与仓库丛集的地区。明以来，阊门与虎丘一带的繁荣亦与运河有很大关系。我们讨论苏州城的规划，不能忽视这个重要因素。

5. 自隋至南宋，苏州遭到三次破坏。但这些破坏不是使苏州江河日下，而是在很快恢复以后，变得更加繁荣。例如第一次破坏是隋灭陈后不久，江南一带仍起兵反抗，而最后据点是苏州。所以隋大将杨素平乱后，废毁苏州，而另在阳山附近建筑新城。其用意与废建业城，另建较小的蒋州城一样，想铲除旧有势力，使面貌为之一新。可是隋亡唐兴，苏州仍迁回旧城。由于生产与商业的发展，唐代苏州的赋税，已超过六朝时期。唐中叶（德宗时）于頔任苏州刺史，整理了街道与河道，改善了城市状况。白居易亦谓苏州繁荣远过杭州。唐末军阀混战，使苏州遭到第二次破坏。但吴越钱氏努力恢复，北宋又继之扩廓。许多有名寺观、园林，如云岩寺塔、罗汉院、双塔、瑞光塔、天庆观（即玄妙观）及南园等皆建于五代与北宋初期。当时街道已以砖铺路面；水道与桥梁亦有所改革。第三次破坏是南宋初金兀术陷屠平江城。但绍兴以降又次第恢复。绍定二年图碑所示，即恢复后情况。这些历史上的大变动，对苏州城的发展具有密切关系，但过去无人注意。如果不提及，一切发展就失去了根据。（唐与北宋、南宋的赋税见范成大《吴郡志》卷一，可反映当时生产的发展情况）。

6. 苏州城垣虽在第二次破坏后——即吴越钱氏统治期间（后梁龙德二年，公元922年），以砖整砌外部。可是绍定《平江府图碑》所示，城垣外侧已有突出的马面。马面是宋时才有的，见沈括《梦溪笔谈》。苏州城的马面在很大程度上可能建于第三次破坏后，即金兀术屠城以后。蒙元立国之初，曾下令拆毁南方地区的城垣，苏州应在其列，但可能未全部拆除。元末张士诚又整以砖，后经明、清二代重修多次，但已无睹马面矣。

7. 唐代苏州置有水门八处，门外都建水堰，以防洪水侵入城内。北宋初，只留水门五处，即水由阊门及盘门入城，由葑门、娄门、齐门排出，并废除水堰。城垣内侧，添加内河一道，但不具体知始于何时？

除了防御功能以外，可能与交通有关系。因汉、唐长安城都在城垣内侧建道路一周，即是明证。金兀术屠城后，苏州城的西南部新建客馆与仓库，又埋塞若干河道，观《平江府图碑》不难得其遗迹。

8. 苏州之桥梁，据北宋朱长文《吴郡图经续记》："迄今增建者益多，皆叠石鳌甃，工奇致密，不复用红栏矣。"可见唐白居易所咏"红栏三百九十桥"，乃木造者居多，至宋代则易为石与砖矣。

9. 《唐会要》卷八十六市条："诸非州、县之所，不得置市。"可见一般州、县是可以置市的。据绍定平江图碑，南宋还存西市巷与东市桥之名，推测唐代苏州城可能有东、西二市。此外，唐与北宋的官署、寺观、客馆、仓库、兵营等，根据《吴地记》与《吴郡图经》二书，可了解其大体位置在何处。

以上诸条，可绘一幅示意图，表示唐与北宋苏州城的大概情况。

10. 南宋苏州城的规划，除本文第一段叙述城垣、河道、街道外，城内的分区情况似乎应该补充进去。如：平江府治即唐代的苏州刺史官署。子城和设厅、后园、西楼等都沿袭唐、五代旧规，予以重建或改建。其规模之巨，可证顾炎武《日知录》所载唐代官署较后代远为宏大之说，不是向壁虚造的。

子城附近有次要官署及仓库。

子城西北的乐桥，附近有酒楼、客馆，是南宋平江城的商业中心。可能在东、西市废止以后，才逐步形成的。由于运河的关系，所以地点偏于城的西侧。

乐桥西南侧的米市及仓库亦与运河有关系。

南宋时期，苏州不仅是南北交通要道，每年宋、金使节往返，都在此地停留，所以盘门与阊门内建造了许多大型客馆。如与景定《建康志》诸图比较，其原因十分明了（建康不是当时交通要道，所以没有很多客馆）。城内南、北二部接近城垣处驻扎军队，称南寨和北寨（北宋已有）。此外，各重要寺观分布情况也应提到。其余坊巷应都是居住区。

依据以上各条，可再绘一南宋平江城之规划示意图。有了上述的两个示意图，从唐到南宋，苏州城的发展与变迁概况，可以大体明了了。

漫谈苏州园林*

　　苏州园林如同我国其他地区的园林一样，系以人工建造自然风趣的园景，作为设计的准则。所谓自然风趣，就是将大自然的风景素材经过概括和提炼，进而创造成为人们理想中的各种意境。因此，它不是单纯地模仿自然或表现自然，而是自然的人为再现。不过各地园林都有其各自的特点，例如苏州的古典园林，就是受了江南一带的自然环境和传统文学、艺术的深厚影响，形成为一种秀丽精巧的作风。这种作风是苏州古典园林的主要特征。

　　在功能方面，苏州园林为了满足过去园主们的生活需要，除了供游览观赏以外，还具有居住、宴聚等等用途。所以多在住宅的左、右或后部营建园林，并以大量厅、堂、亭、馆错落于山池、花木之间。在一定程度上可说是住宅的延续而又兼具山林之美。这是它的另一重要特征。

　　我国传统园林的布局，一方面由于所追求的具有自然风趣的园景，要求作不规则的组合。另方面又企图在有限的较小空间内，创造更多的优美意境。因此，在疏密相间与主次分明的原则下，采用了划分景区的方法。在苏州园林设计中，也往往在园门内用假山、树木阻隔游人视线；或布置景色不同的大、小庭院，时而幽曲，时而开朗，形成园中有节奏的变化。使人们几经转折而目不暇接，然后才进入空间较大的主要景区，自然而然地产生"柳暗花明又一村"的感觉。在各景区之间，除插入过渡性的小景以外，还建有似隔非隔的走廊和漏窗、空窗；或配植若干似断似续的花木；或在山、池之间开辟一二水口，使空间组合既有分有合，互相穿插渗透，又增加了风景的层次和深度。这些优美而巧妙的手法，无疑地是在"诗情画意"的启示下，通过无数实践以后才逐步形成的。

　　利用园内池水的空阔与明澈，在沿池一带布置假山、花木和各种建筑物，也是我国古典园林中的传统设计方法。在现存苏州传统园林实例中，多数均以曲折自然的水池为中心，构成风景幽美的主要景区。其水池的形状大致可归纳为二类：一般中、小型园林中，仅有一个面积稍大的水池，而于池的一角以桥梁分割为水湾，或从大池引申为另一小池。大型园林的水面则有聚有分，而以聚为主，分为辅。如拙政园中部的水面，沿着纵长的池面和苍翠满目的林木间，点缀着少数建筑，宛然一派江南水乡风味；而若干支流萦回于亭馆、花木之间，再导为闲静幽邃的水院，又令人有入桃源深处之感。池水的交汇与转曲处，每以桥梁为近景或中景，衬托得桥后的风景更为深远，这显然是从我国传统山水画的构图中脱胎而来的。

　　由于条件所限，在苏州诸园中，仅有少数以山为主景。其余多与水池相结合，在池北或池南叠造假山，另于对岸建厅廊、亭榭，构成依稀如画的对景。但也有若干例子是以假山环抱池的二面或三面的。山的形体，明末的五峰园以临池绝壁和深谷、飞梁、平台等相结合，使宾主、层次和虚实对比都能恰到佳处。清乾隆间戈裕良所造的环秀山庄假山，仍以绝壁、谷涧、飞梁等为其主要组成部分，且能青出于蓝，达到更高的艺术水平。可是清末所建的园林假山，已经不用纵深的组合方法，以致山形平板而缺乏变化。山上树木一般在体形高大和间距疏朗的落叶树中，添植若干姿态古拙的常绿树，使游者得以欣赏嶙峋山石与盘根修干。待深秋落叶时，一变而为萧瑟的古林寒林，又可给人们以另一种不同的景象。此外，也有在落叶树下杂植体形较小的常绿树及更低的灌木、竹丛，以形成一片郁郁苍苍的自然景趣山林。如沧浪亭和拙政园中部池北二岛山，即是此类手法的绝好典范。

　　园林中的建筑，无论是厅堂、楼阁还是馆榭、亭廊，既需要满足其使用上的功能要求，又须利用其艺术形象，与园中的山池、花木相结合，构成园景的高低起伏轮廓和各种复杂的意境。一般来说，园林中的建筑大抵少胜于多，疏朗优于丛密。例如以秀丽自然见称的拙政园、富于山林野趣的沧浪亭以及雍容华丽的留园等，其中建筑的形体、位置和色调的处理，以及与周围环境的配合，都达到了上乘的水准。至于曲廊两侧与庭院内、外，往往点缀少量玲珑剔透的湖石峰，或叠石为山、峰、峭壁，再配以花、木、

---

*[整理者按]：此文曾发表于《雨花》杂志1963年第11期。

藤萝，无异是一幅幅罗列目前的精美小品图画，令人吟味无穷。

由于园林中的风景好像是一幅逐步展开的画卷，因此园中的游览路线在组织风景、适应人们在动静相结合的要求方面起着重要的作用。当地的小型园林大都采取以山池为中心的环行方式。可是中、大型园林因面积较大、景观较多，所以游览路线往往不止一条。它们既有主要路线，又有若干辅助路线。或临池俯瞰，或穿林越涧，或入谷探幽，或循廊入室，或登楼远眺，使所观风景不断发生变化。对位于厅堂、楼、阁、亭、榭、桥头、山巅和道路转折处等游人逗留时间较长的观赏点，则可根据衬托和对比的法则，并结合视点的高低、气候的风雨晴晦以及一年春夏秋冬四季的变化，构成各种美好的对景与借景。而这些对景与借景，又应多数符合人们的视角和视距的要求。此外，还应考虑到动观中的影响。因为人们在沿着游览路线不断前进，原来的近景消失后，一定距离外的中景逐渐变为近景，而远景则变为中景。这就要求园中景色的布置应有层次与深度，并有含蓄不尽之意，使既可以远眺，又能耐予近视。在以上这些方面，苏州的传统园林曾经创造了不少优秀的手法，大大丰富了我国园林艺术的内容。可是由于一般园林的面积较小而内中的建筑偏多，以致对创造自然风趣的风景方面产生了很大的矛盾，同时也无可避免地形成了若干矫揉造作和生硬堆砌的缺点。因此只有具体地进行分析与批判，吸其精华，去其糟粕，才能供今后我国园林绿化工作中的借鉴，也才是我们对待这份丰盛的古代建筑文化遗产所应有的态度。

编史工作中之体会 ——对部分参加编写《中国古代建筑史》人员及青年教师的介绍（1963年5月8日～1964年3月16日）

一、编史过程
甲、时间

1962年10～11月　建工部刘秀峰部长主持三周讨论，定下编写原则。

1962年11月10～25日　集体编写史稿提纲。

1962年12月20日～1963年4月　由五人小组（汪季琦、乔匀、袁镜身、刘敦桢、梁思成）进行整理。

乙、编写整理

逐章讨论，提出意见。先由四人分写，最后由刘总修改。

丙、总体修改

1. 核对资料：与有关部门或人员直接核对。
2. 补充资料：补充稿中未收入的新资料。
3. 统一各人观点及分析方法、评价与文字格调（写历史之载体，不同于小说、游记，要求简单扼要，内容突出鲜明、正确、系统）。原为12～13万字，后压缩成9万字（苏联要求6万字，可由其取舍）。
4. 编图样、照片目录，并进一步收集资料，各资料须列出原始之来源。

丁、工作体会

1. 群众路线和集中相结合，是行之有效的工作方式。
2. 文字、图片可供复印，今后如编中建史国内教科书，即有现成资料可以引用。

二、工作内容
甲、删改原则

1. 资料取舍，决定于资料是否正确，近几年来考古收获的成果已超过过去的十倍。资料主要通过基建中发现。但由于目前我国考古专业人手太少，新资料来不及整理。虽然北京大学开办过培训考古人员一班、文化部办过两班，由于水平和经验不足，因此发表的许多考古资料内容不齐全。如《新中国考古十年》与《中国史稿》（郭沫若）二者就有出入，而以前者较为严谨。

2. 对争论未决的问题，可暂时搁下。写历史应当善于等待和忍耐，许多未确定问题，则不要讲死，如对《考工记》，它著于春秋还是战国？目前尚不明确，但汉代人改写则是肯定的。对问题的推导和评价，各人见解可能不同，可以争议。但应当采取实事求是精神，首先求同存异。对资料处理问题，各章都列有实例，但应有总的原则性和各时代特点。共同特性放在绪论中，一般的则放在各章，并举以实例。

乙、补充要点

意识形态之影响，有直接与间接的。如有的就直接表现在生活中，如家具即是。建筑和艺术的装饰花纹亦是如此，它们可反映当时之意识形态，审美观念。

对建筑式样的演变过去讲得少，如斗栱、柱子、门窗、彩画……，都需要增加有关的叙述。而外国人对大空间和总规律比较注意（如塔、城市之演变……）。这些在今后编史中都要注意，必要的推论亦应加以补充。

丙、空白点

这方面问题可说不胜枚举，现仅举数端列后：

- 中国建筑发展由生产力推动，其具体条件和情况如何？意识形态之影响如何？生活之影响……。
- 古代文献不一定都可靠，而且叙述也很简略，又有许多中断。实物也不完全，如半坡村之整体平面即缺。又如中国城市自何时开始？东周虽有局部遗存者，但西周目前尚无。夏、商资料更缺。
- 又坊里制始于何时？（最早见于秦人文字资料）。

- 历代宫室布局如何？西汉长乐、未央宫之布局一定和明、清不同。唐代佛寺基本为小院落制。日本目前发掘之寺庙可上溯至5世纪中叶（北魏），早于飞鸟时期一百年，较我们的工作做得多。
- 结构演变。汉代明器转角处用二柱（北方，南方为一柱）。
- 式样之变迁。辽式密檐塔如何产生？与北魏嵩岳寺塔以及五代栖霞山舍利塔有何关系？

丁、研究方法

1. 解放前：由于资料缺乏，所以"只见树木不见森林"，只能钻研局部的一些问题。研究古建筑必须有大量资料累积，当时的优点是弄清了一些局部问题，也测量了若干实物。缺点是缺乏整体论断，当时就资料和人力而言，都无法做到。

2. 解放初：对具体问题研究少，缺乏原则上的说服力，这是一个必然的发展过程。

3. 目 前：整体和局部相结合，专题研究质量有了提高，思想方法也不同过去。现在是反复研究的过程，互相修正提高。但要弄清我国古建筑的全面情况，还有待于今后长期与持久的工作。

戊、建筑史如何编？

采用集体与个人相结合，群众和集中相结合。先拟提纲，由少数人执笔，再请大家提意见，最后修改，参加单位有北京的故宫博物院、科学院、考古所、图书馆……，以及全国的许多科研和高校等单位。

三、原始社会

甲、修改部分

1. 聚落布局——是一项重要内容，是城市出现的前奏。但考古所目前暂未提供准确平面。

2. 各文化时期之交错，因若干问题争论未决，故暂不提出。具体的问题如：

(1) 白灰面（仰韶——龙山文化中均有表现）为何？目前仅知是一种石灰质，具体的原由尚不明了。其作用至少与增加室内的亮度及美观有关。

(2) 黑陶（仰韶——龙山）如何产生？如何制作？因极薄，故俗称"蛋壳陶"。但已表明当时制陶技术的进步。

乙、补充部分

1. 仰韶时期建筑屋顶有无天窗，如何解决出烟问题？这对当时室内置灶或火炕的关系重大。

在已发掘的我国原始社会建筑平面中，已有四～六柱穴之例。故其上之木屋架应已形成两坡顶（日本、南洋群岛……现有建筑均有类此之例），亦见于我国江西出土之陶屋明器。还有可能形成四坡顶。

长江流域之干阑式建筑（浙江吴兴钱山漾、江苏丹阳……，均为原始社会——奴隶社会遗址……）。由于自然条件形成了许多地形的变化，如陆地变为湖泊或反之，即"沧海桑田"，因此建筑之结构和构造也会因此出现变化。

原始社会建筑南方和北方可能不同，南方可能以窝棚和干阑为主，江西清江营盘里出土陶器之正脊长于檐口之例，表明已采用了梯形屋顶形式（相当中原龙山文化末期）。此种外观形象应出于屋面之结构及构造要求（类似形象亦见于出土滇省较晚之汉代井干式铜屋明器及现代南洋之若干土著民居建筑）。

2. 石棚：辽宁海城、营口与山东半岛，以及朝鲜北部、印度、西方均有，用作坟墓，是金石并用时期产物。根据日本在朝鲜之发掘，其下为坟墓，年代相当于中国殷末、西周，为氏族首领之墓葬（面积约二桌大）。简单的为几块侧立石或三块石上加石板，因其社会组织为原始社会，故仍属原始社会建筑范畴。

丙、空白点

1. 聚落布局问题。包括总体及内部之功能分区……。

2. 仰韶文化与龙山文化建筑之关系。

目前已知资料为龙山文化之建筑较小，平面也是有方有圆，可用不同时期及地域之具体条件及部落习惯解释。但仰韶文化下限及龙山文化之上限尚无法确定。

仰韶为母系社会,其时限如何?《中国史稿》认为公元前3000年前为仰韶时期,恐太近。因夏大致为公元前2000年前。由此龙山文化仅长一千年不大可能。因由母系氏族社会→部落联盟→父系氏族社会→国家,要经一相当长之发展与过渡时期。

四、夏、商、西周、春秋

甲、删改

郭沫若认为夏"为奴隶社会,有国家"。根据《礼记》礼送篇(为汉初老夫子讲的笔记,叙述较详细,汉距夏二千年,但资料不十分可靠)及《史记》(叙述较简单)。

由社会发展:原始社会→部落联盟→奴隶社会。则夏可能为部落联盟时代。

郑州城区经由河南考古队发掘,知有商代墓葬,但城的情况尚不明。发掘后提出十多个问题,均未获解决。现资料已为国内和日本引用。

洛阳周王城。今洛阳西部发掘出汉河南县城,资料可靠,其外有城郭,东部城墙可肯定,北部亦有,西面及南面尚不明。因发掘资料不完整,故现暂不采用。

山西侯马为春秋末、战国初之晋都,现发现为四城套连在一起,情况甚为复杂。齐之临淄、鲁之曲阜,皆由春秋→战国→秦→汉沿用,其城垣、城门及宫室、作坊……等位置及分布较清楚。

《墨子》、《管子》书中均述及城,后者且述及坊里。但《管子》在战国时已为人修改,故资料翔实度有疑问,亦不可用。

安阳水沟取平问题,可能是穴居建筑之防水沟,而不是殷代建筑基础取平所用之平水沟。

乙、增加部分

1. 安阳现已经发掘15次,但每次都是局部发掘,未有总的平面图。根据最新的资料(石璋如《殷墟建筑遗址》)知:

   (1) 皇宫与祭祀区相结合,但已有区分。即划为祭祀、宫庭和后宫三大区,自南向北展延。

   (2) 平面已采用庭院形式。(乙区格外明显)

2. 铜器"令(人名,西周时贵族,封于洛阳)毁(音'对',铜器名)",其底座雕刻有建筑构件形象,如栌斗及枋、散斗(现此器物在法国)。

   "令"为周成王之大将,随元帅白公伐楚,得胜返朝,周王遂赐以此青铜器。青铜器当时为贵重之物,特别是大型之礼器。铸器之技术人员、材料均集中于宫廷,故当时周王赐臣下除货币(贝)、奴隶(小臣)、土地外,并给铜器,上铸出或刻有铭文,以记载制作之原委,因此对了解当时历史有重要意义。

   武王灭殷后三年即死,成王即位20年。"令毁"制于成王末年。周为西方落后诸侯国,灭殷后短期内不可能创造高度文化,故有极大可能继承殷之文化。因而可推知殷时建筑应已有栌斗、枋、散斗。

3. 兽足方鬲(音"立"),在抗战前已流落到法国。此铜器之平面呈长方形,下有四足。功能为炊事时作锅用,下方为烧火之处。器侧有门二扇可开启,门上已有门框、抹头及障水板。门侧有卧棂造栏干,且有人凭栏。另端置有十字方格之窗。由此可知,殷时建筑小木(板门、卧棂栏杆、十字窗格……)已有相当发展。按鬲原为炊用陶器,下中空凸出之三足。

4. 家具:我国席地而坐之制,至少已始于殷。由甲骨文知:

   饗:室中置鼎,鼎侧有二人相对跪。"𗥐"

   宿:有二种说法:

   (1) 人卧于席上 𗥑;

   (2) 屋内有人有席"𗥒"。

疾：人卧于"床"上。"爿"

案：战国以前坐跪时靠着休息用的，形制较细长。

禁：放食物之小桌，常用于祭祀。

5. 席地而坐

(1) 贵族、富家——台上铺板，上再铺席，六朝即如此（日本许多例亦如此）。

(2) 一般则在土地上席地而坐。

家具可反映当时人们的社会生活和建筑情况，以及室内空间处理……，其间关系甚为密切。

丙、空白部分

1. 中国之城墙始于何时？

《礼记》书中记载夏已有城墙，但不可信。据已知资料，殷都只有濠沟，但无城墙。西周之丰、镐亦未发现城墙。可能始于东周，但现无完整实物（仅有者如临淄、曲阜）。

商代之殷宫已有大体之平面，周代宫殿尚未发现。如何由商——战国期间，发展成高台建筑，过程不明。根据发掘，发现战国邯郸城内已有高台（平面 200 米 × 280 米）。

2. 室内家具和布置与室高、结构均不明，但商、周时应已有柱、枋、栌斗。棋何时出现尚不明。已有瓦。但墙用何材料？土砖或夯土？商王在宫中是坐在席上还是另有家具？

3. 当时意识形态之影响如何？商代以天为主宰，商王称天子。其次为祖宗，是王朝创业者。第三为鬼神，为山川之灵。这些对当时艺术美术之影响又如何？

周代起墓中以人殉葬已少，而代以木俑，表明统治阶级认识到人在社会生产中重要性的增加。当时的文学艺术发展状况，郭沫若之《十批判书》可以参考。孔子反对"怪、力、乱、神"，而墨子重视天和祖宗。所以孔子当时是进步的，墨子较为保守。战国时百家争鸣对建筑也有影响。

4. 商殷花纹厚重、严谨。至东周春秋转为开朗，再至战国则更加灵活、美丽、流畅，曲线增多。

五、战国、秦、汉、三国

甲、删改

1. 原稿关于城市形成概念，多因于统治阶级的需要，实际是由于社会发展而产生。

2. 高台建筑产生原因，原来强调了神仙方士之说。当时战国仅知齐国有方士之说，至汉时方称神仙居于楼上。然而侯马已有高台建筑遗址，可见春秋时已有，但此时是否有方士之说尚不明了。应当看到高台重楼的出现，也和人们对生活有更高需求的意愿有关。

3. 认为秦代建筑发展与预制构件有关——是秦始皇能在短期内建大量宫室的原因。这也是将宋代情况附会秦代的结果，但目前尚无证据。

4. 又说汉代高楼建筑由阙发展来，此说不很可靠。

5. 又说汉代斗栱已出四跳，见于汉画像石中临水之亭下，其形象可能被夸张，亦不可靠。

6. 关于长城之概念。战国时赵、秦、燕等国之北境已有长城，秦始皇将其联建成万里长城（由临洮——辽东遂城，长三千余公里）。汉武帝又增建天山北麓及河西走廊边城各一段，汉时称为塞、障，实为边城。其路线和秦之万里长城不完全一致。现称"秦为万里长城，汉又加构北、西二段边城"（汉人自己从未称长城，故可不用此称），较为合宜。

7. 汉有无九脊殿顶（即清之歇山顶）？梁思成先生在美国博物馆中曾看到一个明器上有（其年代及真伪不明）。解放前洛阳古董商人仿造明器甚多。因此，此事亦应存疑待考。

乙、补充

1. 城池

(1) 战国：齐之临淄、鲁之曲阜，至汉时仍在使用，因此各代之文物混杂。燕下都（由二城组合）原以为均建于同时，现知西为新城，东为旧城。

赵邯郸中之王城（丛台）在北部，其最大高台 280 米见方。

侯马情况未定，现发现四个城套在一起。

(2) 汉长安城

城墙总长 25733 米，合汉里 62 里。

宫殿几占城市面积一半，为此城市之突出特点。

兴乐宫周长约 10000 米。未央宫周长约 9000 米。桂宫为太子所居。

宫内部建筑可能为群组布置。其间间以车道和花木，如唐制。

汉长安城中最宽之街道在西北角，经横门自北向南，直达未央宫北阙前。街道均以车轨为标准（城门亦然）。汉六尺为一轨。

汉以后至隋主要使用宣平门。

街道都为三条并行，中央供皇帝行走，二侧为其他人用，其间有水沟相隔。城中部走向南北之安门大街最长，达 5560 米，与走向东西之宣平门大街同为都城内二大重要干道。

前秦、后秦、西魏、北周均建都于此。但各代之建筑布局不明，由于一直使用宣平门，估计城北为当时居住中心，城南可能废置。

城门有三孔，门洞内两旁有柱及柱础遗迹（使用木柱及木梁）。门外有护城河及桥。

现城中只找到一座灵庙（为纪念已故帝王的祭祀性建筑）。据记载，西汉高祖、惠帝、文帝均建灵庙于长安城内，以后诸帝则皆附于帝陵。

丞相府及太尉府（管理军队）及御史大夫第均未找到。

丞相府在当时仅次于皇宫，四面有阙。

汉长安礼制建筑：

在安门外大道之东侧，有建筑遗址三列（其自北向南之排列顺序为：4+3+4+1），可能为王莽时建之太庙。

(3) 邺城：在今河南安阳。曹操建。后称北城。以别于东魏时所建之南城。

分区明显，中有丁字大街，北门二，据记载城北区为宫殿、苑囿，南区为民居及部分官署。

漳水引入城中，分为南、北二支。后赵石虎亦建都于北城。

东魏及北齐之建邺南城，基本同洛阳城。东、西市在城外。其建屋之材料均来自洛阳。东魏时辟北城为大苑囿。

日本村田治郎关于邺城之考证，载于昭和 28 年之《考古研究》或《历史研究》。其中西市资料引用甚全。

2. 陵墓之发展

战国之一般坟丘甚矮，仅高 1 米余。但诸侯王、贵族之封土甚高，体量也大，其上且有建筑。秦时发展为三层高台。

战国以木椁墓为主。秦、汉已出现空心砖墓，但为数不多。其后之发展，为由平顶→折线顶形→半圆券→穹窿。砖券结构是否由外国传来，尚待考。可能我国已有，见于洛阳烧沟汉墓群。

3. 建筑技术、材料与艺术

家具：又有若干发展：

由床→榻。睡床上铺板矮，榻亦为床。起居之床可称床亦可称榻。上可放几供凭靠或案以写字。小榻为待客时用（主、客各跪坐于一榻上，客走即挂于壁上）。

汉末至三国，榻后已有屏风，可固定于榻上亦有不固定者。（辽阳汉墓壁画中主客对坐于榻上，二面有屏风，上挂物。）

几——甚窄，供凭靠，可放在榻上。

案——较宽，可放书，……汉案已与周不同，较宽较高，有二层的，下可放鞋。西汉屏风为固定的，可移动的尚未发现。

胡床（即绳床）——又称交椅，可拆卸或折叠，于东汉末灵帝时（公元160-180年）传入，因灵帝喜着胡服……。但仅用于室外（打猎，作战指挥……），因便于携带，而民间少用。

丙、空白点

战国城池尚缺乏完整资料。

秦之咸阳亦不明，今渭水每年都冲出若干文物。表明渭水位置较秦时北移，已冲毁秦咸阳之南部。

汉长安中宫殿目前尚未发掘。一般之居住建筑亦无具体资料。

长城无总的路线平面，尚待今后实地踏勘。

室内平面及布置均不明。

屋角是否起翘无实物，惟一之例为广东出土之（东汉）建筑明器有，但孤例不足信。"反宇"只见于汉赋中之宫殿，可能只限于宫殿。六朝以后均无。（东晋有碑，为日人掠去，后毁灭于地震）。

《洛阳伽蓝记》中载清河王王府有反宇同宫殿（北魏），可能此形制只限于宫殿。

六、两晋、南北朝

甲、删改

"北魏逐步削减十六国"。实际北魏只消灭北秦、北燕……数国。

"北魏宫殿完全恢复汉、魏形式"。实际东晋仿汉，而后赵石虎迁都邺，将洛阳建筑拆去，北魏孝文帝恢复洛阳只在其遗址上，形式已有变化，时间也相差百余年。

"夏赫连勃勃建统万城"，"蒸土为城（因土中有碱）"。现发现其地点有问题，资料暂不引用。

"北魏洛阳佛寺有367座，其中1/3有塔"，"佛寺必有园林"。《洛阳伽蓝记》中并未详细载此。若干佛寺由贵族住宅改建，有的有园林。

"佛塔式样全为中国创造"。南北朝的楼阁式木塔为中国所创，而四门塔则受印度影响。玄奘《大唐西域记》中不称塔，而称"窣堵坡"（Stupa）——其上部之"宝匣"贮放释迦之舍利佛骨、用具。四门塔塔门中佛像来自支提（Chaitya）——最初无像，后始有像。

"窣堵坡"原为梵文（印度古文），后变化为巴利文之"苏婆"（Thupa）。后又称"塔婆"（Topa）。

"大精舍"等于印度教之"天祠"（Virmana）。密檐塔下四周原有建筑，我国之嵩岳寺塔恐亦受其影响。

佛教、婆罗门教、耆那教三者互相影响。如耆那教亦有Stupa。

印度塔内挑出叠涩，其作用为施工时搭脚手架之用。因塔内有一大佛像，人无必要（在宗教中亦不允许）上至塔顶。

中国嵩岳寺塔上有若干小窗及假窗，小窗即为脚手架之孔，而非眺望之窗。

中国佛教受印度影响大。宋代庙寺和印度八、九世纪时庙寺差不多。

印度Ellora石窟中讲经时对坐，我国亦受其影响。

印度诸石窟石质好。敦煌石质不佳，故用中间柱及塑像、彩画，而少用雕像。

公元前6世纪释伽死（可能此时已有Stupa以置舍利），其后即生原始佛教。佛教号召平等，反对婆罗门阶级制度。但总的是持消极悲观论。后逐渐变为小乘教，并出现若干仪式。公元前2世纪有Stupa（为成熟之佛教建筑）。

佛像始于公元前之健陀罗国。

公元后 1~2 世纪（后汉）佛教由健陀罗输入。

健陀罗塔下为密檐多层，上有 Stupa，但塔内不能进入。

Stupa 为置于室外者，置于室内称"支提"（将 Stupa 缩小置于石窟内）。在外而雕有佛像者称为"精舍"（石窟附近之小室供修行者起居者亦名）。

"大精舍"即婆罗门教之 Virmara——即"天祠"。

"嵩岳寺塔之外轮廓为抛物线"，应为梭形。

永宁寺复原图（塔高 130 米，下面阔九间），木塔不可能有如此之高。当时遗物无存。云岗雕刻中及日本法隆寺塔之刹，为全高 1/3-1/4，而砖塔（嵩岳寺塔）、石塔（四门塔）更矮。陈明达复原图中之刹为木塔砖式，而其高度及重量亦十分惊人。

永宁寺遗址已在洛阳东之铜驼大街发现。

"云岗石窟完全受健陀罗影响"——此为承袭六十年前日人伊东忠太之说。实际是受键陀罗及印度二方面影响，而佛传图（佛本身故事，即在世之故事）、本生图（佛生前五百轮回之故事）亦为健陀罗才有。佛之衣纹薄，无须，卷发，乃受印度影响。而健陀罗之佛像则衣纹厚，有须，波状发（为希腊式）。

云岗雕像有高髻，亦为印度 4~5 世纪佛像式样。菩萨（次于佛之神）身上有缨络装饰，亦为印式（而于佛身则无）。

云岗石窟门上雕诸天（维护佛教之神祇），手执三股叉，此像只印度有。

婆罗门三大神——Bramna 梵天，创造之神。

     Vishiru 毗纽，轮回之神。

     Siva 湿纽天，司毁灭及创造，又称湿婆。

最早婆罗门将三神像合而为一，中为 Bramma。

"雕刻之发展带动建筑艺术之构图"。应举出实际之例以说明之。

金刚宝座塔来自印度东部（缅甸亦多），由印僧来中国建造，原为小乘教之物。

乙、补充

1. 城市

(1) 北魏洛阳城

根据发掘资料，该城面积为南北 5 里，东西 4 里。平面大体是矩形，仅西北凸出一小城——金镛城。

金镛城是否与城联为一体，目前未明确。

阅武场现有面积不够大，可能因北邙山崩坍所致。

太学原在洛水之北，现在洛水之南（表明洛水已北移，将城南部冲毁）。

(2) 邺城

北魏末年分裂为东、西魏。西魏（都长安）→北周（宇文泰）

    东魏（都洛阳）→北齐

东魏高欢因宇文泰兵逼洛阳，仓促迁都于邺。邺北城南北 5 里，东西 7 里，平面呈横矩形。其南城为南北 7（9）里，东西 5 里，平面呈竖矩形。南、北二城之组合平面，呈丁字形。

根据顾炎武《历代帝王宅京记》。其邺南城之布局，基本同洛阳。

后漳水改道，邺城中部被冲毁。

北齐灭北周后，即毁此城，"可迁者迁之，不可迁者使民用之"。因封建王朝颠覆前朝时，大多要毁其宫室、宗庙，以除其"王气"。

2. 宫殿布局

东、西堂之制，始于曹操之洛阳宫。和三国时不同。

东魏时，除东、西堂外，后面又加纵向的二殿，故东魏和北齐为过渡时期。隋又取消东、西堂，再用沿南北轴线的纵向三殿，恢复了"三朝"式样。

3. 石窟

北齐经营北响堂山石窟（河北磁县，今峰峰矿区内）。

东魏经营南响堂山石窟。

北齐高欢数子均葬于石窟中，将皇陵与石窟结合，是过去没有的事例（由日人常盘大定自文献中考证出）。

当时开凿大石窟惟帝王有此能力。因费时长，耗工大，常日夜开工，夜间秉烛。

4. 墓葬

(1) 南朝陵墓雕刻

现遗存于南京、丹阳……等地之南朝陵墓，地面上遗存有石柱、麒麟、辟邪、石碑等石刻，为当时王陵之代表作。

(2) 河南邓县北朝砖墓

其特点为用拱券结构，券面上以画像砖贴面，并涂以颜色。

在技术上是我国第一次发现贴面砖。艺术上效果好，人物有动态，既有汉代作风但也有南北朝特点。雕刻中有四人抬之步辇（轿之前身）。

(3) 洛阳宁懋墓

为北魏末年之墓（公元529年），墓内有石室（如山东肥城孝堂山东汉石祠），面阔三间，上覆单檐不厦两头顶（即清之悬山顶）。室内、外石上都有阴线雕刻（汉代多为阳刻），十分精美。该石室已为美国人盗去，现陈列于波士顿博物馆。

雕刻中有九脊殿顶、卷帘、门窗、席地而坐之人物……。

5. 建筑技术

(1) 汉代是否有九脊殿顶（即歇山），尚待考证，现仅有尚未定论之个别建筑明器。现确定六朝已有。

(2) 屋角起翘，见于后燕（十六国之一，相当南朝之东晋）碑，出土于河北。亦为日人盗去，伊东曾引用其照片。

1921年日本大地震，该碑置于私人博物馆——大仓博物馆，与建筑同毁于地震。类似照片中之起翘，在广州明器中亦有，但为孤例。又根据《洛阳伽蓝记》记载，北魏时亲王府之屋角已有起翘，与宫殿同，可知当时应用并不普遍。北朝如此，汉代当然更不普遍。汉赋中虽有"反宇向阳"之语。而一般明器及画像石中均未见，可见它亦限于宫殿。

(3) 斗栱

由汉之复杂曲折式样逐渐走向正规和统一，是此时期斗栱之特点。可能与各地建筑经验之交流总结有关，而这又与帝王大规模建造宫室有关。因此时鸠集全国工匠于都城，主事者必然选择其优者以推广。

(4) 琉璃瓦

根据记载，东魏之邺南城宫殿中已用绿、黄瓷瓦——即琉璃瓦。而一般瓦上涂核桃油，再加以烧制，即变成黑色，但非琉璃。

(5) 苑囿、园林

曹魏于邺城北城西垣上建金虎、铜爵、冰井三台，以为游观，又兼有军事及贮备之用。后沿用至北齐。三台先后共修过多次，名称也多有改易（如后赵、北周时）。

北周灭北齐，拆毁其宫殿及三台。（高欢在位北齐曾大建宫室。）

北魏贵族住宅后多有园林（见《洛阳伽蓝记》）。

当时之士大夫尚黄老之学，崇自然反对礼教，纵情放浪形骸之外。因魏末晋初统治阶级间政治动乱频繁，自身相互屠杀，并波及士族庶民，为此士大夫消极反抗，力求隐身山林不问世事。因此，追求林泉野趣之自然山水园得到大发展，并形成园林中的重要流派。

由人工堆砌之假山，此时南、北方均已经出现，且技术相当进步，已有能砌叠石洞者。

(6) 家具

原有自周、汉以来的家具仍广泛使用，但有新的发展。由于五胡十六国统治阶级的需要，高足之桌椅已逐渐增多。

甲）原有之低矮家具仍多用于汉族之贵族及士大夫阶级，因"席地而坐"的习惯依旧盛行。

1) 曲几

周、汉之条几较窄，二端之下施排足，可置于榻前或榻上，几上可置物，仍供跪坐时用。

曲几作曲线形，下有三脚，仅供榻上凭靠，作用单一。

南京出土南朝陶质牛车明器上，有此类曲几。

唐历代帝王画像中亦有靠于后面之曲几。

2) 隐囊：似大枕头。

3) 屏风：有移动的与可拆卸的，见于记载——王世襄考证（文物研究所）。

4) 榻：汉代榻较矮。有大、小之分。前者可坐多人，后者只坐一人。

六朝时榻较高，故装饰亦多，下部常饰以由曲线组成之"壸门"。

榻之背面或侧面可置屏风，或上加帐（亦见于敦煌壁画），但为半截，供装饰用。

汉帝王面朝时坐于珠帐内，讲学时坐于绛帐内，可见贵人常坐于帐内。

乙）新兴家具：敦煌壁画中多有表现。

1) 桌：已有高足者。

2) 椅：可盘膝坐于上，较大。

3) 圆凳：也有如鱼篓状（有束腰）者，称为"筌蹄"。

4) 胡床：即交椅，狩猎或作战时多用。

但当时室内家具如何布置不明。

当时所用之床如何？仍为榻或已有目前（明、清）之床？

根据顾恺之《女史箴图》中已有床，但有人说它是唐代作品，亦可能为五代。

(7) 当时之建筑艺术风格

尚无建筑实物，但由雕刻看来，初期作品较粗犷，是否建筑也如此，待考。陈明达认为有影响。

丙、空白点

1. 城市

(1) 洛阳，因考古资料少，对城市之范围、布局、各重要建筑群位置、街道、城垣……之具体情况及其各时期之变化尚不明瞭，不能作整体之叙述。

(2) 邺南城及建康。情况亦基本同上。

2. 宫殿、住宅及佛寺

(1) 宫殿：主要部分仍为太极殿与东、西堂制度。但其他门、殿及后宫之组合与布置情况均少有资料。

(2) 住宅：目前仅从若干壁画、石刻中得到部分形象，如有鸱尾屋的殿堂和有直棂窗的廊屋……，但显然都非平民住宅。

(3) 佛寺：过去认为 6 世纪末，佛教由中国经百济传至日本。日本四天王寺、法隆寺布局和北魏永宁寺差不多，故过去有日本佛寺最早由北魏传入之说。

日本自 1950 年开始发掘古老寺庙，发现有的比法隆寺还早一百年，约在公元 6 世纪后半期（见《日本世界考古大系》），因此上述观点需要修正。

佛寺以塔为中心，在其周围建中、左、右三殿，此种形式在南朝鲜亦发现。后来中央改为八角形殿，年代在 7 世纪初（早于唐）。过去认为唐时建筑才有八角平面，现可认为唐以前已有（因朝鲜、日本的佛寺受唐代影响）。

3. 苑囿、园林：皇家苑囿仅见记载，而流行于士大夫间的自然山水园亦无实例。但人工造山（如石洞）及赏石之风，已渐盛行。

4. 建筑结构：一般地面建筑仍以木架构为主，有柱、枋、人字栱……，均见于壁画……。其于石窟中之雕刻者，亦皆仿木构形式。但佛塔已出现砖结构砌体，如北魏之嵩岳寺塔。

5. 建筑风格：总的说来，是汉→隋、唐间的过渡。但在某些局部，又受到外来建筑文化影响，特别表现在塔和石窟等砖、石建筑上。在木构之塔、殿方面，虽无实物，但日本遗物可作为参考借鉴。

6. 南北朝佛塔之制式：其受外界影响如何？密檐塔显然非中土文化所形成，应是受印度"天祠"（Virmana）之影响。嵩岳寺塔之外观、平面、细部所表现之外来影响甚为明显。敦煌壁画中之单层塔则是受"支提"（Chaitya）之影响。又此时已出现双塔，则应是中国自己的创造。为了准确说明，仍应继续予以细致研究。

7. 石窟之演变：总的是由简单走向复杂，由外来影响走向中国化，特别是受到我国木建筑的潜移默化。如柱廊、斗栱、前后堂等。但具体转化过程仍不甚清楚。

8. 永宁寺塔复原图：目前主要依凭《洛阳伽蓝记》，遗址考古发掘资料甚少，因此对其高度、具体结构、整体造型、细部装饰……均缺乏翔实资料，致使复原图中疑问甚多，各种意见目前亦难以统一。

9. 室内布置：因宫殿、寺观、第宅……中，室内起居仍以跪坐为主，故室内空间、布置及家具……，恐基本仍依周、汉以来之制式。此时北方游牧民族带来的起居影响，在社会上仍非主流。

日本之城市、宫殿、寺庙受中国影响颇大，住宅则不然，虽然可能受到若干影响，但本身变化多，特别是平面，处理极为自由，今日西方建筑有受其影响的。

七、隋、唐、五代
甲、删改

"唐灭隋"。实际炀帝在江都（今江苏扬州）为宇文化及所杀，而李渊当时在长安。

"唐由于手工业发展出现许多新型的城市"。可能是新的城市，但不可能是"新型"的。

"礼制伦常，有益于封建统治"。"有利"较"有益"更为切合。

"广州怀圣寺光塔为唐建"。无根据。

将唐长安宫前承天门大街称为"广场"。——当时无此名称。其尺度为东西长 2800m，南北宽 480m（今天安门广场宽 500m，长 700m）。根据记载有误。

"唐时建造佛教建筑耗费大量人力物力，使唐经济无法维持，故唐武帝灭佛"。实际当时经济困难的主要原因，是各地军阀割据，再加上贵族统治阶级贪污枉法。而一直存在的道教与佛教之争，也是重要导因之一。

"佛教建筑结构等级同宫殿一样"。并举佛光寺大殿之外檐斗栱出四跳为最高级之例。现唐宫殿无存，安知当时无出五跳者？

云岗石窟中已有平棊及斗八藻井，而佛光寺仅有平闇。当时宫殿有斗八藻井否不明。

摩崖造像外常连有多层楼阁,现木构已毁,而迳见造像。现称其为"石窟大像",似不恰当。

乙、补充

1. 唐长安城:实测平面应比原来之图形扁一些,应依考古资料改正。

(1) 城市地形:总趋势是南高而北低。

南部有五个土岗,为终南山之余脉,为何选此地形?宫正对山,因地形限制,视界不广。西部地下为砂土,地基不佳。东部地势亦不平坦。南部有水道四条。北部更平,河水可能泛滥。

隋代建宫于城北中部现宫城处,地势较低平。后唐太宗为"太上皇清暑",建新宫于城外东北角地势较高之龙首原上。由此可见隋大兴城(即后唐长安)最初选择的地形不是最理想的。

(2) 文字记载

《隋书》对建大兴城已有记载,《唐六典》中亦有。《旧唐书》、《新唐书》及若干私人笔记,则出现互相矛盾。现以唐人记载为标准。

1 唐尺 = 0.294 米　　1 唐步 = 5 唐尺

(3) 实测情况

陕西省考古队先后实测二次,二次结果相差较大。考古所测二次(马德志领导),二次结果相差小,较可靠。

大雁塔以北,地下 2 米处多碎砖瓦,再下为唐土。而塔以南之瓦砾较少,故可知隋、唐时城南建筑少,特别是西南角。故唐长安繁荣之地区约占北部 3/5,南部又以西南为冷落。

甲)城墙:西城墙长 8651 米,北城墙长 9721 米。

乙)街道:南垣居中之明德门,为惟一五孔之城门,应为隋、唐长安之主要城门。

明德门→朱雀门→承天门之大街宽 150 米,其二侧有宽、深均为 2.5 米之水沟。沟外人行道宽 1.5～2.5 米。道路面均为土质,天雨则不利于行。

丙)坊:实测的和记载不一致。面积差别亦大,主要可分为二类:

1) 东西约 600 米,南北约 500 米。——宫城前。
2) 东西约 1000 米,南北约 500 米。——市前及左右。

坊墙厚 2 米(有的厚达 3 米),土墙,距街前之沟 1～2 米。

坊内街道有十字或东西向的,街宽 15～20 米,巷宽 5～6 米。一般无沟。

丁)东、西市

东市保存不佳,其东北角有放生池——长 200 米。

西市保存较好,内部街道为井字形,宽 16 米,碎砖路面厚达 1 米,一次铺成仰为自然形成(房屋破坏堆积)不明。二侧有水沟,沟宽 1 米,内以木板插于沟侧,作挡土墙(见于宋画《清明上河图》及日本若干城市)。亦有砌砖挡土者,但其年代较晚。人行道宽 1 米余,车轨宽 1.3 米(较汉代宽)。西市中之铺面宽 7 米余,后有院,中有井。铺面之间有小巷,窄仅通一人,有的下面还有阴沟(二屋之间)。在西市西部发现之巷宽 5.6 米,唐人称"曲"。

西市内之北面为手工业区。发现室内有大灶、大井或双联井。并出土若干各种宝石、珠玉……,可能有手饰店在此。

戊)官署、寺庙

官署主要在宫城之南部,唐时迁其一部至大明宫前。

寺院分布较广,各处均有。城南地势高处多建有庙宇,在制高处均发现瓦砾。

己)宫殿

大明宫:以含元殿为主,其南为若干官署。

含元殿前之两端发现有夯土台，自二侧向前伸出，此制为前世所未有。

宣政殿由一组殿堂组成。中书省、门下省在殿前有临时办公处。紫宸殿仅为一殿，乃皇帝办公之处。

其后之宫殿分为若干组，中有绿化，采取分散式布置（汉以来即如此），和明、清宫殿之严整庭院不同。唐人记载（诗人）中称宫中有许多花木。

麟德殿为皇帝燕宴群臣及接待外国使臣之处，前有广庭可举行歌舞百戏，外绕以围墙。

此殿进深为清太和殿之2.5倍，宽与太和殿等，可同时宴三千人。夯土山墙厚5米，非砖砌体。

殿中前部为石铺地，后部为砖铺地，平面曲折。二侧因厚墙未能开窗，内部采光可能采取前低后高之建筑组合解决。

后宫中凿太液池。水中有蓬莱岛。池西南角建长廊400多间（颐和园仅200间），北部有船坞。池附近多设花园亭榭。

翰林院在麟德殿西，有内、外二院，规模不大。

宴客时由宫西进入。此大路可北至咸阳，安禄山之乱，唐明皇出奔亦经由此路。

太液池之东、西侧，均有河道通至宫外。可供运输及调节水位。

2. 佛光寺大殿

过去介绍此殿，采取分项罗列，叙述周详，但稍嫌整体性不够。

作为对一个陌生参观者的介绍，应由外观→外槽→内槽，随进入殿内之路线而逐步展开。

外观——面阔七开间，单檐四坡顶，斗栱雄大，出檐深远。气概宏伟雄浑，可作为唐代佛殿之典型。

外槽——较窄且稍矮，结合其上之梁架斗栱，作为整个大殿之过渡空间。

内槽——用内柱上多层华栱承托月梁及平闇，以抬高与扩展殿内之主要空间。其上则为草架。

3. 陵墓

唐陵和前、后代之关系，表现在地面部分基本仍承继汉陵制式。但地下部分不用木椁墓室而用砖券甬道及穹窿墓室，规模也较小。又以色彩鲜丽，颇富生活气息之壁画代替画像砖石，但缺乏立体感。

4. 塔

西安大雁塔平面方形，为唐砖石塔之典型式样。塔身经明代重修，唐代原为几层？现保存多少？均不明了。墓塔方面可补充新资料。过去已知的以平面方形的为最多（石、砖），八角的少（以河南登封净藏禅师塔为最著名）。但也有平面六角形的（如山西五台佛光寺大殿后侧之无垢禅师塔。梁思成断为六朝末，刘敦桢断为唐。上有人字斗栱，过去年代未确定，现定为唐）和平面圆形的（如泛舟禅师塔，墙上有门与直棂窗，后有墓志铭，大体同净藏禅师之八角形墓塔）。

5. 住宅

过去根据隋·展子虔《春游图》，原推断其为隋代，但现定为晚唐（由衣冠决定）或为五代之物。此外，敦煌壁画中也有若干反映。总的是资料缺乏，实物遗址更是阙如。

6. 园林

根据山西省文物局对新绛县（唐绛州）原绛州刺史衙门花园——"绛守居园"之调查，该园建于隋代或唐初，唐代曾有文记载。现存之遗迹有一半可能仍为唐物。其规模甚大，但西侧已毁，中部之桥已变为路。文记见于《古今图书集成》及《山西志》。

7. 家具

（1）垂足而坐之俗日益普遍，使用高足桌椅之人已渐多，人之户内起居生活已渐脱离榻，而榻只供作睡觉之用。

原来跪坐时用之镜台（《女史箴图》）、梳妆台……都改置于桌上，从而它们的高度降低。而几、桌……等因直接放在地上,所以尺度也加高了。

以上家具之变化,亦影响室内高度,以及房屋内之布置。

(2) 桌

已有方桌,但唐、宋方桌不同于今日,还受条桌影响,于二端置二横挡,另二端则无。桌脚断面多为圆形或椭圆形(见于五代《韩熙载夜宴图》),但结构上仍受建筑木结构影响,于桌脚上端置替木。桌面有框,中施二横挡,上再钉木质面板。

(3) 凳

形式已有方凳、腰圆凳(见唐《十八学士图》)。

桌凳:表面除涂漆外,日本奈良正仓院之唐代家具已嵌螺钿——由唐代传入。

正仓院结构上部为井干式,下部为干阑式。又保存若干唐代之蜀锦。

(4) 床

起居用的床在六朝已扩大,平面呈长方形。

唐代的床日趋复杂化,有较多装饰。敦煌石窟佛像下石座即为榻(床)。佛光寺、南禅寺大殿佛台亦有类似的现象。

五代《韩熙载夜宴图》中之床平面作U字形,可三面坐人。

(5) 屏风

下已有座,可置于地上。又可折合,分为四等分折或三不等分折……等多种形式。

且已知用屏风挡住正厅之后门,此法一直沿用至元代。苏州今日大厅中用四扇屏门始于明、清,乃由屏风变化来。

屏风前为起居活动之主要地区,家具布置皆以屏风为背景。五代之《勘书图》(现存南京大学图书馆,原为美国人福开森所得,其遗物交金陵大学保存),图中右侧有一书案,左侧有一人在看书挑耳,故又称《挑耳图》。

8. 彩画

根据敦煌壁画,唐和北魏不同,后者以冷调(青绿)为主,唐则以暖色为主,且使用晕。但不如宋之有规律,可以说《营造法式》(彩画)由此发展而来。

彩画中之卷草、莲瓣、飞仙……,其构图与色彩已完全中国化了,形象丰满且优美。

敦煌五代木廊中亦有若干彩画。

9. 贴面砖

唐大明宫故址中墙上有贴面砖,砖上涂色。此形象又多见于敦煌壁画中之唐代佛寺……。

丙、空白点

1. 唐长安城:街道、宫殿未完全探测完毕,东、西市亦然。住宅、庙寺、园林则尚未着手。东南隅之曲江风景区亦未着手。

城垣为夯土墙(厚3.5m),东、西市亦如此,未发现砖及琉璃瓦。然贵为皇都之长安,不予使用似难以理解。可能为朱温拆去建修洛阳。而以由后代民众拆用之可能性最大。当时杜甫在四川作诗,表明四川已有琉璃砖、瓦。北邙寺诗中亦有类似记载。

磨黑之砖、瓦已有。

2. 新疆唐城:如高昌故城及交河故城,均保存尚好,然未予测掘。

3. 唐塔多数未测。南北朝楼阁式塔有无平座尚难断定,日本唐式塔已有。

日本奈良塔无中心柱到顶,仅上部几层有。

法隆寺五重塔人虽可上，但非供登临远眺之用。各层斗栱用材均不同，在结构及外观上似为合理。

4. 佛教有若干宗派，其对建筑之影响如何？

但系统阐述、论证之资料不多。唐先有大乘教（以讲哲学为主）。如华严宗、法相宗、天台宗、禅宗皆属于此类。但此类庙宇多半不在城内。

(1) 禅宗——仅传禅法，不立文字。广东梅县、湖南衡山是其中心。

(2) 法相宗——为玄奘弟子窥基（号慈恩法师）所创，故又称"慈恩宗"。

(3) 天台宗——又称法华宗，盖以《法华经》为本。浙江天台山为中心。

(4) 华严宗——依《华严经》义立宗。

(5) 净土宗——晋慧远法师于庐山创此宗。寺庙多在城内。以宣传、普及佛教为主，其教义合大乘、小乘、密宗之总和。

殿内有大量壁画、壁塑，即经变图——将复杂经文变为形象化之图像。

又有七字一句之经变文，以供僧人朗诵。

将观音由有须男子变为女像，以妇女为模以塑佛像。

现存之敦煌、四川摩岩造像都与其有关。

又称为念佛宗，终日念阿弥陀佛，殿前有二经幢，以奉阿弥陀佛，若为一经幢则奉弥勒佛。而经幢为密宗之物，在我国约始于唐代中叶。

(6) 密宗于7世纪中叶由印输入后，才出现经幢及多面多臂佛（观音），但无千手观音。辽代起始有42手观音（其中40手表示1000种法力），例见蓟县独乐寺观音阁。

但对佛教建筑平面之影响如何？尚不明了。

(7) 律宗——由小乘发展来，后来大、小乘都离不开它。

河南登封会善寺为律宗寺庙，唐时称琉璃戒坛，现只存数根石柱。特点是戒坛位于庙外。

江苏宝华寺亦为著名律宗寺庙，在大殿中受戒。栖霞寺亦如此。

日本四大天王寺之平面如右图，戒坛在寺后庙外。

唐时自武则天起多凿大型摩崖造像。如敦煌、乐山、邠县、潘县……等地。像高5.6丈~20丈。

庙内亦可有大造像。如佛光寺大殿之前身为大弥勒阁。至宋、辽亦如此（正定龙兴寺佛香阁，蓟县独乐寺观音阁……）。主要殿变成阁后，形体转为高大，则附近之建筑形体亦需增高加大，如正定龙兴寺之佛香阁，二侧的夹屋建为楼，前面左、右各置二层阁二座。

为何造高阁？和寺中供奉之佛像（即教义）有关。

唐武宗灭佛，烧掉许多资料，其后留下传世之资料常不可靠，又缺乏唐、五代寺庙发掘资料。中国佛教宗派混乱（特别是宋以后），各派常互为影响。而不同派别在宗教建筑中的反映就更少或不明显。

宋时还有密宗、律宗、净土宗，宗派已有减少。

唐彩画资料亦少。又门窗装修，何时始出现毬纹格（五代已有）？

是否有藻井？室内家具布置亦不清楚。

八、宋、辽、金

甲、删改

1. 宋代建筑与唐代有较大不同，其风格和形成原因如何？

原文"统治阶级及其庞大官僚机构的巨大消费"。实际应从经济着眼。

……"唐代风格雄壮，宋代纤弱"。实际宋代建筑规模亦大，如苏州玄妙观及报恩寺塔……。

2. 废除宵禁，是因宋东京为"商业城市"。实际上它主要为政治与文化中心，又为商业中心，若说因商业繁盛,人口流动多而取消宵禁,理由似不够充分。

在作科学论断和研究时,若仅根据一部分资料,只可提出假说,而不可随便提出结论。更不可出于个人所见,急于求成。而是要冷静,全面考虑。

3. 对若干意见的个人看法:
- 如宋代手工业作坊不可称为"手工业工厂"。即用今日观点、方式来说明过去的历史问题。
- "由于纸的发展,使窗格的图案进一步发展。产生了棂花格。"两种说法都缺乏依据。
- "北宋建筑影响日本镰仓建筑"。实际镰仓建筑受南宋影响大。
- "《营造法式》是当时建筑工程的法令"。实际它仅是当时官式建筑中的法式。因颁布未久,北宋即灭于金,故实施时仅限于汴京一带。江南及民间则不一定。
- "由于《营造法式》之颁行,削弱了唐代建筑豪放的风格。"《营造法式》颁布于北宋末年,此时宋代建筑之风格早已形成,其于《营造法式》之颁行应无直接的关系。
- "禅宗之发展减少了佛像"。禅宗虽尚参禅,然亦拜佛,因现无宋、辽、金时此宗之寺庙存留,故实际情况难以断言。
- "河南济源县济渎庙之工字殿,影响金、元庙寺、宫殿"。当时济渎庙为二等庙(宋代分庙为三等,中岳庙、后土祠……为一等)。如后土庙出土之碑刻,庙围墙四隅置角楼。其中之碑楼上、下均为二重檐,形制奇特。前置双阶之大殿面阔九间,重檐四注顶,与后部之寝殿间联以过殿,组合平面呈工字形。二侧并建斜廊。……凡此种种,均属宫殿之制。
- 有人称"抽心舍,就是工字形平面"。——"抽心舍"为唐代名称。是否即为"工字形"平面,尚待考。
- 在日本庙内之僧舍,有大批工字形、王字形平面,其时间与唐同。
- "佛寺前不置塔为宋制"。此制于唐代已有,见《酉阳杂俎》、《两京寺刹记》中,记载塔已建于寺外之塔院中。
- "钟、鼓楼置于塔前为宋始"。中国无史证。日本有,见于《大唐五山十刹图》(游南宋之图),但此图原本已失。
- "卢沟桥年代断为金代原状"。乃根据北京所得有金代年号之绘画。因永定河多有泛滥,此桥自金以后经明、清屡次大修。而此画是否属金代,亦尚待考证。

乙、增补

1. 宋代社会属于何种社会性质?

现划分社会性质不可完全按朝代为阶段,过去以两汉、三国——两晋、南北朝→隋、唐→两宋为顺序。皆属封建社会,但其中又有若干区别。

两晋、南北朝——中国政权更易频繁,但又是各民族大融合时期。

隋、唐——中国封建文化、经济发展达到的又一高潮。

两宋——对外对内矛盾尖锐,而内部矛盾受外部矛盾影响。但文化、经济仍有相当大的发展。

唐代形成军阀割据,宋太祖亦由此起家。唐代用军阀割据以对付外患,以对付外患为主。宋代帝王害怕藩镇强大夺取自己政权,故加强对内控制和剥削,对外则采取投降主义,当时文化经济肯定受其影响。澶渊之战获胜,但又称番酋为兄。高宗十八道金牌杀岳飞,表示在政治上的主流是投降和苟安。

宋代文学除少数外,多为市俗靡靡之音,绘画亦以崇尚技巧为主,这些对社会风尚、建筑都有影响。中国建筑风格因此走向精巧细致、绚烂、复杂,而缺少淳朴、刚强之气。

2. 东京城之规划

讲城市必须由整个城市规划,由社会历史背景、发展过程着眼。

如宋东京于唐时为汴州，乃黄河南北交通要道、商业中心。当时已出现草市（见于杜牧诗）。北周加建外围之罗城，导汴水等五河流贯城中。五代于中建宫城。内城即唐之汴州城，东、南为商业区。若干商业地段在此时又有发展。北宋至北方各地都经由城北出发，所以城北部逐渐形成繁华地区。往西至西安、西域，交通亦盛。东南为南方交通往来必经之地，商品多由此输入。

3. 宗教

(1) 宋代宗教宗派：不如唐代多。因经唐武宗（会昌五年，公元845年）灭佛后，各宗受到沉重打击，主要只留下四种：

甲）禅宗。

乙）密宗：佛像中出现了十一面观音、千手观音。

丙）净土宗：十一面观音、千手观音亦用。

丁）律宗。

(2) "伽蓝七堂"：日人于飞鸟（相当于我国隋末唐初）、奈良（盛唐）、平安（晚唐）时期都曾提出。而记载最多则在镰仓时期（宋）。过去以为仅限于宋，实际可上推至唐。而"伽蓝七堂"之定义，亦因各宗而有种种不同见解，故目前亦尚无定论。

塔：

(3) 辽密檐塔之起源，梁思成先生认为栖霞山舍利塔（五代）下有莲瓣，可能受经幢影响。此舍利塔上为密檐，中为八角塔身，下为莲瓣及须弥座。即舍利塔为密檐塔先例，而舍利塔又由经幢来。然而密檐塔在北魏即有（河南登封嵩岳寺塔），早于栖霞山舍利塔四百余年。孰者为先，无庸置辩。

(4) 赵州经幢：建于北宋，其体形、规制及装饰……俱可列为我国经幢之最，应当着重予以介绍。至于舍利塔是否由经幢而来，亦无明显证据可以断言。

4. 宋《平江府碑图》：为我国现存古代城市最详尽之平面图，虽已将街道、官府、寺观、水道、桥梁……等重要内容基本加以确定，但还可继续深入研究，以发掘更多之内容。

5. 住宅、园林、家具

家具补充较多，原来席地而坐之习俗在宋代已基本无存，特别至宋末已完全消失。

家具式样、材料由唐五代至南宋，已基本定型，仅局部小有变化。

家具在室内之布局亦大体同现在。根据当时绘画，常见的家具有：

甲）几：高度加高，几面多为方、圆，以便放置物品。

乙）案：亦加高，原来为条状长的变为琴桌。

丙）桌：由《清明上河图》中，一般为小桌（条桌），坐二人或四人（对坐）。方桌在南宋末已较多，特别是元、明、清以来，使用更为普遍，可坐八人。由此房屋内空间亦生变化。北宋及唐人有时又用大条桌，每侧可坐六七人，但二端不坐人。桌下用壸门装饰，见于敦煌壁画及表现皇宫之绘画。

丁）椅：有各种形式，有靠背椅、官帽椅，有扶手者称扶手椅（名称为后人所加），且已定型化。又有方、圆凳。

五代家具线脚很少，南宋桌已有束腰、枭混线……。材料有竹……，已不限于木（唐画中未见竹椅）。靠背可放下之椅亦有。

厅堂布置已较有规律。常以屏风置于厅堂正中，椅可机动放置（以一个或二个相对）。也有中为宝座，两侧各有四椅者（此画待考）。

书房及卧室之布置则甚为自由。

6. 《营造法式》编写背景

政治上是王安石变法的产物。在建筑工程中则是为了节约工料,杜止浪费。

7. 宋代已较多使用琉璃瓦与璃璃砖,且有镶面砖。现存实物如河南开封祐国寺塔(用褐色琉璃砖,故俗称"铁塔")。

宋代大木作已采用标准化。屋顶出现复杂形式(盝顶、抱厦、十字脊……)

四川江油县南宋道观之转轮藏,其斗栱已用如意斗栱,二者均为今日所存最早实例。

丙．存在问题——应逐一解决下列诸具体问题。

1. 宋东京、辽南京、金中都、南宋临安之复原图均缺。
2. 宋平江府、建康城,都未很好复原。
3. 佛寺祠庙之图有金代之后土祠,建筑实物有晋祠、龙兴寺……,但皆为数不多。禅宗之寺院无实物。因此,对宋、辽、金时期寺观、祠庙建筑尚不明了其全貌及发展规律。
4. 住宅平面、园林均未有完整实例之发掘。
5. 家具布局及与室内空间结合问题。
6. 彩画:亦缺乏实物。清华大学正注解《营造法式》,作文献上之进一步探讨。
7. 对《营造法式》之评价。已有若干论文,但缺乏全面、系统之评述。
8. 伊斯兰教自唐代传入后,其建筑以及各种几何形花纹对中国固有建筑之影响,均缺乏文字与实物资料。
9. 唐、宋、辽、金建筑在木结构上之比较及差别。此问题牵涉范围甚大,因实物不够,目前尚难定论。
10. 天花、藻井之使用。虽佛光寺大殿仅用平闇天花(小方格),而南禅寺大殿为"彻上明造"。均不足说明唐代佛寺、道观、宫殿中未采用其他形式之天花。在宋、辽、金高级建筑中使用各式藻井之例已多,亦表明其前必有渊源。
11. 辽、宋墓葬发现甚多,但未作系统之研究与分析。

辽墓平面以圆形为多,宋以八角为多,方形少。这仅是一种现象,为何如此?原因待考。

九、元、明、清

甲、城市

1. 元

• 元大都由汉人刘秉农等规划设计,依承不少汉制,城形规整,道路、水系……等布置合理。

但宫城位置太近南垣。以致太庙、社坛不能置于宫前,而分弄左右,是一个变则。

都城内设钟、鼓楼,为我国首例。

元灭宋后,即拆除各地城墙。元末农民起义,各地又重修,以砖墙为主,至明初仍有大量建造,如苏州、江西之□□(元时拆城主要拆城墙砌砖、马面,填土多保存,但掘有豁口)。

2. 明

• 明南京为在旧城基础上之改建与扩建,因此城市为不规则形。

扩展东部建宫殿,而未将其置于都城南北中轴线上,是不得已的解决办法。

• 明北京亦为对元大都之改造,压缩北面,扩大南面,解决了宫前"左祖右社"问题。

嘉靖扩建北京南城,是顺应形势发展的结果。

3. 清

• 沿用明北京,二百余年未有改变,仅将北城列为满城,南城为汉城。

乙、宫殿

1. 元

- 将宫城内分为大内、太后、太子三组独立宫殿，为我国历史罕见（西汉长安诸宫与此又有若干不同）。
- 大内非"三朝五门"之制。

2. 明
- 北京宫城较南京者为大，布局仍依"三朝五门"、"前朝后寝"之制。
- 南京故宫午门门洞深 26 米，北京为 30 米。太和殿原来有斜廊，立面亦由九开间变为十一开间。
- 宫城的布局重点在前面（天安门→太和殿），此部各殿间空间也较大（和后面寝宫比较），是为了形成庄严宏伟的气氛。

3. 清
- 宫城及宫殿之布局与单体仍沿用明代，在中国封建社会历朝统治者乃罕见之例。

丙、寺观

1. 元
- 喇嘛教派在元代得到大发展，此类寺、塔建造甚多，如北京西四妙应寺白塔（元代称白塔寺，用以放置皇帝御容）。另如居庸关，门台上原建有三座喇嘛塔（此式称为"塔门"）。
- 建于元末之东岳庙可为此时大型祠庙中之典型，居中之主要殿堂为工字殿（一般用于宫殿、官署、坛庙、宅邸），二侧有配殿，并以廊房围成长方形院子。平面仍受宋、金影响。

2. 明
- 大型寺院及佛塔建筑颇多。前者如南京大报恩寺、太原永祚寺……。后者如大报恩寺塔、山西洪洞广胜上寺飞虹塔……。
- 大报恩寺 在南京聚宝门（今中华门）外，为成祖纪念其母（碽妃）所建，规模宏大，尤以其中之八角九级琉璃塔为最突出，曾被誉为世界中世纪七大奇观之一。清末太平天国以南京为天京，因杨秀清与石达开之内讧而为韦昌辉炸毁。传建塔时制有琉璃件三套，以备修理时更换。现仅发掘出琉璃塔门一座，陈列于南京博物院内。
- 无梁殿 为全用砖石不用寸木砌造之殿宇，明代建有十余处，大部为单层，三开间，时代以万历为多。其用途如下：

① 祭祀建筑：北京天坛斋宫，建于明初。
② 藏经楼：用藏佛经或皇家档案。如北京之皇史宬。
③ 佛殿：最早者为南京灵谷寺无梁殿，建于明成化年间。其上部后经民国 19 年（公元 1930 年）重修。

- 金刚宝座塔：于一长方形台座上建佛塔五躯。国内最大此式佛教建筑位于北京大正觉寺内。
- 铜殿：又称金殿。规模甚小，面阔一间或三间，单檐或重檐。湖北郧县武当山之铜殿，建于永乐时期。另有建于江苏句容宝华山（毁于太平天国）、云南宾川鸡足山（建于崇祯）……者。

3. 清
- 大型佛寺中采取少数民族（藏、蒙……）与汉族混合建筑形制者，其平面及外观均别具匠心与自成一格，如承德外八庙之例。
- 其他如铜殿、金刚宝座塔……等，也有少数实例。

丁、民居

1. 元：北京后英房元代居住建筑中已发现有工字屋。
2. 明：各地民居遗存较多，如山西、安徽、江苏、浙江、福建……等，规模及风格不一。

戊、建筑技术

1. 制砖

元代陶砖已广泛使用于多数大型建筑及一般民居。

明代初年朱元璋建南京城墙，所用大型城砖，质量甚佳，表明至少在元末已掌握其烧制技术。明代中叶（嘉靖、万历）时，各州、府县城垣已普遍包砌陶砖，表明当时制砖业之普遍及发展。

2. 琉璃

元代琉璃较宋代使用更广，种类也多，现山西各地佛寺尚存留大量实物例证。

明代琉璃又有进步，并更广泛使用于大型建筑中，如宫殿、陵墓、坛庙、寺观、官署……等。实例除以前述及的南京大报恩寺塔外，现存实物尚有山西洪洞广胜上寺飞虹塔（八角十三层）、大同九龙壁……等。

清代亦同。

3. 建筑著作

元代有《梓人遗制》。

明代有《鲁班经》（已出多种版本）。

清代则有雍正二年颁行之《工部工程做法则例》，是继宋《营造法式》后最系统的官式建筑典籍。

4. 边城

• 明代为防御北方少数民族来犯，自辽东鸭绿江起，经河北、山西、陕西直至甘肃，在秦、汉长城以南又建造了新的长城，沿线关隘有山海关、紫荆关、偏关、娘子关、嘉峪关等十余处，其重点是辽东至山西一带，重要地区筑有重城数道。

各地构筑之形式与材料也不相同。

① 辽宁东部——土城，柳城。

② 河北、山西——砖、石城，保存较好（山海关→黄河以东）。建筑形制正规，防御系统较严密，有大量炮台、敌楼、烽火台……等。

③ 黄河以西——夯土城为主，或杂以块石。

• 明代沿海为御倭寇亦构有边城，南自广东，北达辽宁。如浙江定海……，即建筑砖石之卫戍城堡。有城门、城垣、敌台……。

山东蓬莱亦建供停泊水师舰船之水城内港，由石砌城墙、防波堤……等组成。

十、待探讨问题

甲、城市

1. 曹魏邺城南、北城相连，中有三门，北城之南门即南城之北门。此种提法何所依据？

2. 南朝建康城台城和皇城之关系如何？东晋、南朝时建康城内之布局为非对称式，以几个据点为中心，各有一将军率兵驻守。后开御道一条，才形成城市中轴。

3. 北魏洛阳城是否有三重郭？其外郭是否有尚成问题。

4. 唐长安城

(1) 都城内部之使用情况不均衡。文献载因城之面积太大，南部城区人烟稀少，多有盗贼、恶少出入其间。据记载某次军队在南城街坊一次捕捉盗贼多达百人。

(2) 坊里制度的严密可称已达封建社会中的最高峰。这是否主要出于治安问题，即高墙、宵禁是为了严格管理居民还是另外有所考虑？

(3) 城市地形不够理想，南高而北低，南北向又有土岗五道。如何妥善处理街道、街坊……之布置问题？

(4) 引水、供水问题没有解决。街坊内井多，即城市统一给水问题没解决。而考古发掘中亦未见城内有较大和系统之给水设施。

(5) 道路太宽，路面没解决好，均为土路面，下雨泥泞不堪。供帝王车马驰行之御道（如夹城中）是否也如此？大路排水至二侧宽 2.5 米之沟内，道沟二侧用木板挡泥（日本现有），沟上有桥。路侧种柳、槐……等行道树。但都城总的排水渠道及方向不明。

(6) 长安曲江与芙蓉苑问题，现未解决。二者不能混为一谈。

芙蓉苑为帝王苑囿，水面较大，在南侧。其北有围墙及紫云楼。曲江在北，有两条小河流入，沿曲江贵族建有亭榭若干。

5. 洛阳城内因有多条河道经过，迂回曲折，故街坊排列不若长安规整。是否部分街坊平面已为不规则形？又逢弯曲水道处的坊墙如何解决？

6. 宋代城市

- 汴京城内繁荣地区只是因为交通关系（东北→辽、金，东南→江、浙，西→洛阳）形成，还是另有原因？
- 平江府：见于南宋《吴中旧闻》、元初《平江纪事》二书，曾叙述上溯至北宋情况。
- 《平江府图》碑中之城垣外建马面，为江南诸城中罕见，不知建于何时？原因何在？

其繁华地点：城中在玄妙观，城北在桃花坞，城南在今南园、沧浪亭一带，城外为虎丘及石湖。

表示当时市民在生活上，已有多处娱乐场所（又有张氏二兄弟花园）。

柳宗元所述之"值景而造"、"奥如廓如"，即形容南园之风景。

- 宋代东京是仿西京制度。仿，不是完全抄袭。但仿到何种程度？

汴京为在唐汴州城旧址上改建，利用原官署为宫，但无皇城。其官署分布杂乱，且太庙分布在城东，亦非我国传统形制。总的来说，在北宋中期以前都是以利用、改建为主。

- 北宋规定州城始可开双洞城门。是指主要城门，还是全部城门均用？又门上建樵楼，楼中置钟、鼓以司时报警。此门是州城城门还是州治所在之内城城门？

乙、木架

1. 河北蓟县（今天津）独乐寺观音阁在结构上，使用了六角形框架及斜撑，且有暗层。后二者于山西应县佛宫寺木塔中亦予使用。此种暗层最早始于何时？

另一种结构形式为无暗层，仍用接柱，见于河北正定龙兴寺之转轮藏和慈氏阁。但此二建筑历代经多次修理，是否为原来结构式样尚待考证。

2. 山西平遥五代镇国寺斗栱高与柱比例为 1:1，过大，外观上颇不协调。

山西大同上华严寺大殿斗栱尺度同佛光寺大殿，但柱高，相对比例就小。

- 金厢斗底槽

结构上组成内、外二个独立架构系统，而互相又有联系。施工时先立内槽，再立外槽，后再立上层结构。在艺术上较完整。

- 宋、辽结构采用减柱法，主要可使各缝梁架之变化更为灵活（各缝梁架可不一致），以扩大内部空间。
- 减柱法是否始于辽，尚待研究。

辽代主要建筑大多不用减柱，如渤海国（唐属国）宫殿、山西大同下华严寺薄伽教藏殿……等。

3. 斜栿作用：① 承槫；② 压于昂尾上。

福建莆田三清殿（宋）有三层斜昂，上亦承槫，可能由此变为斜栿，此种简化方式，只用于有天花之"非彻上明造"。

- 宋、辽、金建筑平面分析，除满堂柱外，较典型的有下列二种：

① 金厢斗底槽——结构及艺术上较完整。

② 减柱法——它是对传统木架构系统的一种新探索。缺点是室内空间不完整，结构上也不够完美，常形成某一局部之柱、梁荷载过大。

• 山西太原晋祠圣母殿为北宋建筑，面阔七间，有周围廊，殿身五间，上覆重檐九脊殿顶。平面中因减去前檐中部四柱，故前廊特宽，深达二间。上檐柱于二侧及背面承于墙体及下柱之上，前面则承于梁上，此种结构亦属减柱造，但甚为特殊。

• 宋、辽、金建筑中用大量斜撑，形成三角形组合构件，力学上对结构有利。

4. 明栿和草架

• 草架之脊槫和明栿脊槫多不在一直线上。

• 唐、宋时殿堂多用明栿承天花、藻井，上再施草栿承屋顶。殿堂斗栱可出挑二跳。

• 厅堂则多为明栿，因无天花。

• 辽、金、宋则有混合式，斗栱出二跳，而内部用明栿（全部露明，称"彻上露明造"）。

• "金厢斗底槽"今存实物有唐代之五台山佛光寺大殿，辽代之大同华严寺薄伽教藏殿。殿大时可在金厢斗底槽中加单槽（单列柱，与正脊平行）或双槽（仅见于《营造法式》，多为七、九开间或两层之殿堂）。

5. 开间及空间

• "看天三尺"——福建民居由室内屏门向外看，对面民居屋脊上须留天空三尺。

此种手法亦见于苏州园林、北京天坛……

• 比例：唐代明间柱高等于开间阔，即二者形成之空间面积呈方形。佛光寺大殿结构用一等材柱梁及斗栱雄大，所以外观感觉上十分壮伟。

宋代明间加大，柱也增高，其形成之空间呈横长方形。虽用同样材，但因构件尺度与空间比例形成了变化，所以感觉上就不如唐雄壮。

屋顶坡度低，出檐大，人近建筑时，仅见柱及斗栱，所以不以屋顶取胜。

丙、佛教建筑

1. 佛塔

(1) 早期佛塔

• 我国最早之佛塔为东汉建于洛阳之白马寺者，由摄摩腾等仿天竺式样，但史载不详。仅知以塔为寺院之中心，至于塔之形制及另外有无其他建筑，均不得而知。

• 以后北魏建于洛阳之永宁寺，亦为以塔为寺之中心。然此塔已知为九层木楼阁式。寺内又有门、殿多座。

• 以塔为中心的寺庙在辽尚有存者。现有二例：

① 应县佛宫寺释迦塔，其结构、造型、实用都达到很高水平，为世界现存最高木建筑。

② 内蒙古庆州白塔。

• 嵩岳寺塔为我国最早之砖砌密檐塔，其下面二层装饰少，可能原另有建筑。此方式亦见于印度之塔及我国若干实例（山东历城唐九塔寺塔、浙江杭州宋六和塔、江苏苏州宋报恩寺塔），山西应县辽佛宫寺木塔下有回廊可能亦受此影响。嵩岳寺塔之造型、装饰似非中国作风，可能为胡僧所建。

• 北魏起佛教大发展，建佛寺及塔甚多，但仍以木构者为主流。然而亦有若干砖石塔出现。表明我国地面砖石建筑已得到相当大的发展。

• 从受风力而言，塔之平面以圆最佳，多边形（八角、六角）次之，方形最差。

• 应县佛宫寺木塔虽为辽建，但结构系统似与唐同，因辽前期建筑受唐代影响更大。辽宁义县奉国寺大殿之减柱,为辽代建筑典型做法。善化寺大雄宝殿亦如此。辽后期建筑和宋之关系如何,尚待研究。

(2) 宋、辽佛塔平面

① 有塔心室,楼梯在走廊内,如苏州虎丘塔。

② 有塔心室,楼梯在塔心内,各层十字相交,如定州塔。

③ 无塔心室,空筒式,用木楼板。

④ 实心,不可登临,如辽塔。

• 塔发展至宋已达最高峰。在材料上以砖石代替木植;结构上以拱券及实体墙代替木柱、梁,在外观上能很好模仿木建筑形象。

• 辽砖砌之密檐塔下部,雕刻甚为繁琐,与传统之木建筑形式多有相同。现存之辽密檐塔均为辽代中叶以后之作品。

(3) 唐代墓塔

均为砖石砌造,下建须弥座(施仰俯莲及束腰、叠涩,乃由佛座变化来)。中有券门、直棂窗……上置由叠涩及覆钵、相轮构成之塔顶。

① 河南登封会善寺净藏禅师塔,平面八角,单层重檐顶。唐玄宗天宝五年(公元746年)建。

② 山西晋城青莲寺慧峰石塔,平面八角,下有莲座,甚特殊。唐昭宗乾宁二年(公元895年)建。

③ 山西五台佛光寺无垢净光塔,平面六角,唐玄宗天宝年间建。

④ 山西平顺海会院明惠大师塔,平面方形,唐僖宗乾符四年(公元877年)建。

⑤ 北京房山县云居寺塔,平面方形。唐开元年间建。

⑥ 山西运城泛舟禅师塔,平面圆形,孤例。唐长庆二年(公元822年)建。

2. 佛寺

从唐佛光寺大殿应用情况来看,主要作用有:

(1) 殿内置佛像,屋顶稍低则显得佛像高大。佛后之背光向前倾(南北朝之铜佛背光亦向前倾),使与佛像及月梁下华栱等有所呼应。

(2) 僧人弘法及信男信女礼佛时,殿内空间紧凑,气氛适宜。

(3) 建筑结构与艺术空间形成良好关系。

当心间内槽进深与高度差不多。外槽进深窄,梁栿低。内槽进深大,梁栿较高。形成二对比空间。又利用梁下空间大小,形成不同空间感。入殿门即可直视佛像全貌及背光,阑额不阻挡视线。角部斗栱稍嫌单薄。佛像高度大于柱高,使生庄严之感。唐以后建筑内空间扩大,佛像也需增高。但为了不增加体积,所以加高佛像下佛座的高度。

• 如五台山佛光寺大殿内之主要佛像为净土宗者:

阿弥陀佛——降魔释伽——药师佛

3. 石窟

• 石窟分期:(以云岗)为例。

(1) 大石龛,外原有木建筑(楼阁),石壁上尚可见椽孔及两坡屋面明显遗迹。

(2) 石窟,外建木廊(石室中置塔柱或佛像)。

(3) 石室外附石廊。廊已具石琢仿木建之斗栱、阑额、柱、柱础。

丁、其他

1. 鸱尾:六朝时非帝王贵族不得用——《陈书》肖摩诃传。

2. 唐采考试制,废止六朝之九品中正制(推选,由士族把持)

考试制始于隋，正式由唐太宗颁行。

3. 唐与萨珊王朝关系密切，萨珊王朝于唐高宗时为回教所灭，当时曾遣人来求援，唐欲派兵但已不及。后萨珊王朝一部贵族逃来长安（见《唐书》）。

卷草加花纹，以及新月之装饰仅见于唐初。昭陵六骏之鬃毛三道，亦为波斯风格。

隋之三出阙上装饰亦为波斯式。

- 新月为中亚之传统崇拜形式，回教入侵后仍沿用至今。

4. 乌头门用于大住宅之外门，五品以上用（见《唐六典》）。

5. 园林：唐代已相当普遍，数量众多。然似不及宋、明之普及。

(1) 长安城内、郊区都有。贵族、达官（如王维）之宅多有园林。白居易晚年在家亦建园（见《全唐文集》、《白居易集》）。

(2) 官署内亦有置者，如苏州刺史官署，建池、岛、走廊、石峰（称"奇石"）（《吴县志》）。

(3) 玩石之风唐时已盛行，亦见于记载。

(4) 庙宇佛寺多植花木，辟山池，以供香客、游人观赏。

(5) 山池布置又见于盆景（园池中有山，周围为人物）。

- 盝顶最早见于宋画。

对《佛宫寺释迦塔》的评注*

▲ 日本奈良唐招提寺金堂的内槽柱，就比外槽高，可见此法不始于宋与辽。

▲ （应县木塔）各层的重量——主要是结构木料的自重，不但相当大，而且大部分集中于内、外槽的十八根角柱上，由平坐暗层的柱子再传到下层的斗栱上。下层斗栱的容许荷载力，虽然勉强可以对付，但栌斗往往被压入柱内，使柱身破裂或普拍枋与阑额弯曲。这是木构楼阁建筑的一个大缺点。应当提出来，不应有所回避。其次，各层楼板下的六椽栿及塔顶的六椽栿（二层）与四椽栿，都采取南北方向，而未采取交错的东西方向，使楼面荷重未能均匀分布到塔的八面，也是结构布局上的缺点。（针对P.60）

▲ 中国古代木结构有几个不同系统，还待研究。现在大体了解有三个系统，即梁柱式、井干式、穿斗式。它们的发展经过大致如下（针对P.67～68）：

甲、梁柱式结构

1. 原始社会新石器时代晚期半坡后期遗址中已有柱网平面（三开间），此时应当有柱有梁了。

2. 安阳殷宫室遗址有较大的柱网平面。

3. 西周初期，柱上已有栌斗，但没有栱，栱的发生时间还不明了。它的大量使用与发展，可能在铁工具广泛使用以后，即战国以后。东汉斗栱的复杂，反映了斗栱初期发展的情况。

4. 最初的梁，可能架于柱上栌斗中，其次才有减柱和稍长的梁。但在最初阶段，过长的梁为技术所限，也许为数不多。所以西汉和东汉的宫殿平面，面阔与进深约为5:1，形成宽而浅的平面。南北朝壁画中，还有以两个宽而浅的平面前后相接，屋顶采用勾连搭形式的。可知在结构上还不能解决进深较大的殿堂梁架时，只得采用这种方式，而麦积山壁画是这种殿堂的残余表现。

5. 内、外槽双重柱圈，上施斗栱，并仿井干式结构，重叠数层柱头枋的方法出现以后，才解决了扩大殿堂进深的要求，不过这种方法何时产生？尚不明了。根据日本法隆寺金堂已有这种结构，则最晚不迟于南北朝时期，但事实上可能更早一些。

6. 内、外槽斗栱的井干式柱头枋，在佛光寺大殿、独乐寺观音阁、佛宫寺塔三例中表现得最为明显突出。可是当时是不是只此一种方式呢？我认为不止一种。如大雁塔门楣雕刻所示，就不是重叠数层柱头枋。日本遗物中，法隆寺金堂外槽用井干式，内槽如大雁塔雕刻。而唐招提寺金堂内、外槽都如大雁塔雕刻。后者乃鉴真法师所建（随法师赴日一行24人中即有木工）。可证盛唐时期最少已有两种做法。

7. 内、外槽的柱，于佛光寺大殿虽然保持同样高度，可是唐招提寺金堂的内槽柱已升高，一如佛宫寺塔，可知此法不始于辽、宋。

8. 内、外槽柱的联络，佛光寺大殿仅靠斗栱上的明乳栿，而唐招提寺金堂已用月梁式搭，从外槽柱上部，插入内槽柱内，可证以梁枋直接联系内、外槽柱，在唐代已经有了，不始于宋代。

9. 佛光寺大殿的明乳栿前端，做成华栱形式以承托昂，而不是直接承托撩檐枋。法隆寺梦殿的第一、二排华栱乃后部月梁式乳栿的延长，直接承托外檐重量。可是辽海会殿的乳栿、善化寺大殿与善贤阁的四椽栿、三圣殿的六椽栿等都将前端承托撩檐槫，可知此法渊源已久。经过元代到明、清成为桃尖梁，可说是由渐变到突变了。

10. 内、外槽双套柱圈的结构方法发明以后，木塔是否就都采用，我认为还值得研究，不要马上下断语。如唐洛阳明堂建于盛唐时期，仍使用很大的中心柱，即是明证。原文措词应修改。

乙、穿斗式结构

1. 穿斗式结构的特点：柱子小而密，柱顶直接承托檩；以水平的短枋贯穿各柱，因此可以用小木料做成大的屋架（九檩是普通方式）。

---

*[整理者按]：此文为作者审阅陈明达《应县木塔》书稿后，附记于其上的意见，时间约在1964年。

2. 原始的穿斗式结构，柱与枋仅能用绳索捆绑起来，只有到金属工具尤其是铁工具发展以后，枋子才可能贯穿柱子，柱子才可以安插出跳的栱，如汉明器与画像砖所示。

3. 穿斗式与梁柱式的混合结构，往往用于南方的厅堂中，就是两山用穿斗式，中央二缝或四缝梁架用梁柱形式。

丙、井干式结构

其结构体系和围护体系合而为一，形制与前述二种完全不同。由于木材耗量大，形体笨重而缺少变化，且难以形成巨大的单体面积空间，在建筑技术和艺术处理上都属于较原始状态。因此除深山密林地区，这种结构形式未得到推广与发展。

原文："楼阁式木塔从汉末笮融到佛宫寺塔连续八百几十年，它的初期是否设有塔心柱，还难判定"。（P.69）

▲在木建筑没有内、外槽结构以前，楼阁式木塔不可能没有塔心柱。

我以为必须先搞清楚何时殿堂已用内、外槽结构，才能考虑木塔运用这种结构方法（实际上就是有了内、外槽的殿堂，木塔也未必马上采用这种结构，如唐洛阳的明堂还使用中心柱，即是一个证明）。

原文："在宋代建筑中，斗栱的主要作用，一是挑悬出檐部分，二是梁、柱间的过渡结构，同时可以缩短主梁的净跨，担负荷重的主体是梁，不是斗栱。释迦塔的斗栱作用与之有很大差别"。（P.64）

▲不完全如此，这个论断有些片面、武断。

原文："……证明用下昂是在于加深出檐，即不增或少增加高度（也可说是减低铺作总高）"（P.64）

▲昂是怎样产生的？它的最初目的是否如此？尚待研究。

原文："又如蓟县辽独乐寺观音阁，下檐七铺作出四抄，上檐七铺作出双抄双下昂。同是七铺作或用昂或不用昂，完全是由有无使用必要决定的"。（P.64）

▲观音阁下檐不用昂的原因尚待研究。

原文："……又可见《营造法式》中所列'上昂'，其原来功能是在于只增加铺作高度，而不增加或减少挑出深度"。（P.?）

▲这是表面现象，未说结构的作用，我认为应当从出跳和结构力学方面探讨。

▲（插图31，唐、辽、宋斗栱比较图中，辽释迦塔斗栱与宋《营造法式》斗栱）这二者不是文中所说的很不相同，而是相当相同。宋《营造法式》斗栱中明乳栿的作用，仍与唐、辽一样。（P.65）

南京瞻园的整治与修建*（1964年3月14日）

南京是我国著名的古都之一，自汉末三国以来到近现代，共有十个朝代及政权建都于此。历代统治阶级为了满足其自身的奢侈生活，曾经先后建造了大量皇家苑囿和私家园林。然而随着岁月的流逝，它们绝大多数都已归于烟消灰灭，目前还能够保存若干旧貌的，只有明中山王府的瞻园和太平天国天王府的西花园两处。

一、历史沿革

瞻园位于南京城南秦淮河畔大功坊明中山王徐达府第的西偏，始建于明代何时以及园中的主要布置情况都已无从考证。据《明史》记载，太祖朱元璋曾严限臣僚百姓于住宅周旁建造园池。当时徐达虽居高位，但风以谦恭谨慎著称，自然不敢冒犯这一禁令。尔后其长子徐辉祖因力抗靖难北兵，为永乐帝削爵幽禁。凡此种种，倘若瞻园建于明初，度以当时之情势，似全无可能。

永乐迁都北京，徐辉祖一系仍留守南京。随着政治中心的转移和事过境迁，原来的苛厉法制也渐现松弛，于是徐氏子孙在南京者建造宅园日多。据明代中期及以后的记载，已有太傅园、凤台园、万竹园、魏公南园及魏公第西圃……等多处，惟独未有瞻园之名。然据《儒林外史》所称，明中山王裔徐九公子之宅园已称瞻园，园中种植大片梅林，并建有内中可生火取暖的铜亭。此事是否属实，尚待今后考证。

入清以后，就徐宅建为衙署。其园林也就此属官，不再为外界所知晓。乾隆南巡，曾驻跸衙内，现通向园中内门额上的"瞻园"二字，相传为乾隆手笔，从此瞻园之名又渐闻于世。但当时园中建置与山池、花木，仍未有片语只字介绍。民国鼎革后，园中面积日被侵削，峰石、花木亦多损毁。（20世纪）30年代童寯先生曾来此园调查，并作有平面图及说明（详见童寯《江南园林志》）。抗日战争前后，园为国民政府及汪伪所据，不但未对园中进行整治，反而予以任意改筑，致使园内景物受到更多摧残。

二、修整过程

1958年春，南京市人民政府鉴于瞻园为一代名构，具有较高的历史文物价值和造园艺术水平，对已有之破坏不能再任其延续，因此决定予以整修与扩建，工程准备时间定为二年至三年，市委书记彭冲同志特别强调"不求其速，但求其精"。遂任命作者主持该项工程。

甲、保存状况

该园年久失修，建筑残毁，山池颓塞、花木凋零，旧日面貌已大为改观。为了替整修工作提供可靠依据，首先对园中现状进行了详细调查、测绘。其可表述者有如下数端：

1. 园中北池周围之湖石石岸、石矶及北山部分叠石均有较高水平，可能仍为明代之旧物。如北山之最高点不在中央而在其西南角，且上砌陡削石壁，下建临水低桥，都是当时造园中的优良手法。

2. 北山下临水建石矶二层。除上层供交通往来，其下层石矶于水位低落时即露出池面，高低参错，不一其状。而水位高时则可隐约掩见于波光水影之中，极富景观变化与自然情趣。此种手法，在我国各地园林中尚属罕见。

3. 园内现存建筑不多且欠变化，其中主厅静妙堂形体过于宠大，与周围环境颇不协调。

4. 静妙堂南之水池平面呈扇形，池岸形状规整，显然为近世所添改者。

5. 园南部之花房及杂屋多座布置零乱，造型粗劣，与园中景物极不相称，应予拆除改建。

6. 园外西、北二侧，现有新建之高楼多座，且形成包围之势。又南墙外之电线亦甚为突出。此等现代化之建构、筑物，对园中气氛及景观均带来负面影响。

7. 就目前之总体而言，此园之景物主要集中于北部，而南部则甚为平凡简庸，殊为失调。

---

*[整理者按]：此文为作者就瞻园之修治所作之内部介绍，未曾发表。

乙、修整规划：拟分为两期方案予以逐步实施

（一）首期方案

就目前园址进行修治与整改。此工作开展于1958年春，后因其他任务而暂停，及至1959年底方告完成。其主要原则是要修整并进一步充实园内景观，特别是应使南、北二景区达到平衡。而具体内容为：

1. 为使瞻园今后可独立对外开放，除保留东墙北侧原有通向太平天国展览馆之小门外，拟在南垣面临瞻园路处开辟正式园门。既便于游人直接进入园内，又有利在特殊情况下对人众进行疏散。

2. 在新园门内，以曲廊、小轩、厅堂等构成小院三重，并布置不同品类的花木、峰石，以增加园内空间及景物之变化。

3. 园中现存走廊过于狭高及僵直，应予改造。另以曲廊在东墙内侧辟建水院一区，以弥补上述景观之不足。

4. 将现有呈扇形平面之南池改造为不规则形之前、后水面二区，其间散置湖石及步石。如此既可使该处景物显得自然，又得以与二侧山石有所呼应。

5. 拆除南墙前之杂屋，于该地构土、石假山一座。从有利园中景观出发，在此山北面之大部施用湖石，另于其东侧构筑水洞，中部砌筑附钟乳石之石洞穴。山之南面则以积土为主，仅偶点布少量山石。

6. 就北池原有湖石岸加以整修，并在其南岸辟草坪，以为游人户外活动提供较大空间。

7. 对北池北岸石壁再予扩廓，增加其高度与广度。另在池东北隅新辟一较大水湾，可增添此区景物之变化与深度。

8. 在南、北二池西侧辟一溪涧，用来沟通二池池水，并增添溪谷景观。

9. 降低主厅静妙堂南轩地坪高度，使与南池水面更加接近。

10. 在西、北二侧园垣内列植具丛枝密叶之大树，以遮挡园外之楼屋。并可适当隔绝外界噪声。

（二）二期方案

系为今后进一步扩大园区范围之规划设计（其实现前题是须将位于瞻园西南之某军事单位宿舍迁出）。为了探索社会主义社会条件下新园林的建设，我们在规划设计中贯彻了几项原则：①尽可能减少建筑在园林中所占的面积；②最大限度扩展游人的户外活动空间；③为了在不同气候条件都能参观游览，将各观赏点联以走廊或其他建筑。

新建部分大体可划分为三区：

1. 南区：以厅、堂、楼、馆……等建筑组合成具有一定封闭性的若干大、小庭院。庭中分置石峰、花台，并栽种较高大树木。此区功能主要为游人提供室内活动的场所。

2. 中区：以点缀若干中、近距离观赏花木之广阔草坪为主，供游人作各种户外活动。其周边布置开敞式之走廊、亭、榭……，兼具交通与坐息之用。

3. 北区：将目前瞻园所设计之小水院向东展延，以形成一较大之集中水面。环池亦构筑若干水榭、半亭，其间联以行廊，形成一半封闭的环形游览路线。

三、个人体会

1. 由于资料缺乏，对瞻园过去的设计构思、园林风格、范围面积、布局特点和山、池、花木、建筑的具体配置，以及沿革变迁等等，皆不甚了解。而目前的修缮整治，只能依靠现存的遗址遗物，由于认识不能全面，使得所采取的措施难以全部合理。在实际操作中，因受到现有状况的局限，不得不"削足就履"而予以迁就（例如主厅的形体过于庞大，就不能拆除另建）。二期方案在实施上的困难更大，因该地之地形地貌已完全改变，且无任何文史及实物线索可循，因此只能选择我国传统园林设计中的若干手法，结合当前社会对园林建设的新要求，在创造社会主义新园林和实现"古为今用"方面，努力进行一些探索，

并希望通过实践能得到大家的认同。

2. 在传统园林的整修或设计中，除了必需的物质条件外，主持者本身的专业素养水平，往往起着决定性的作用。首先他必须对该园的整体情况有一个较全面和深入的理解。例如园中的主景为何？用何种形式保证它的突出？园中是否划分景区？它们又各具何种特点？在局部处理方面，如对山池、花木、建筑的具体布置，应掌握较多的不同手法，并努力协调它们之间以及与周围空间的关系。特别是在对旧园的整修，由于既有条件的种种限制，需要作出更多的推敲和反复的比较，才能得到好的效果。

除了对现有园林中的各类实例进行仔细观察，从中辨其优劣以外，还应当多看大自然中的真山真水，以及著名画家的各种创作，借以获得最为翔实与可供参佐的依据与素材。如有机会还要多参加造园实践，以便从中检验自己的认识并取得最宝贵的实际经验。

3. 在对瞻园南山的设计和叠造过程中，曾经耗费了不少时间和心力。为了省工省料及有利植物生长，此外筑山采取了土石混合形式。并将大部由湖石叠砌的正面朝向园内主要的观赏面。为了使山的造型有所变化，我们在假山东端叠造了水洞（仿苏州小灵屋洞），又在中部构筑具下垂钟乳石的大洞龛，以及在池间水面布置湖石与石矶，这一部分的构思和实践，后来都颇得好评。同时又将瞻园中的主要景观，由水面转换到了石山。

设计时先绘出山的轮廓和形状草图，然后以泥土做出模型，以便从各个方面来研究其比例与形态。施工中又和匠师们共同选择石料，在叠砌中注意石材纹理及大小形状，并极力使其合缝处符合自然。苏州环秀山庄戈裕良叠造的假山，为瞻园提供了许多极可宝贵的经验。

4. 在植被方面，瞻园中原有的大树不多。由于现有面积不大，因此新栽花木除满足园中的观赏要求外，还必须考虑与周围空间的协调。如在南部土石山上新植的树木，就选择了树形较低矮美观且生长缓慢的品种，以避免日后林木过于茂密高大，形成"山矮树高"的反常景象。依照这一原则，在新园门内的三区小庭院中，除布置不同形状的石峰外，又在庭中分别栽种了海棠、桂花和竹丛，以形成有特色和有变化的景观和空间。

为了遮挡园外的高楼和电杆，沿墙种植具有巨大树冠的成行乔木，借以部分缓解上述建、构筑物对本园的不利影响。

5. 瞻园整修工程是自己在长期研究苏州古典园林后的一次具体实践和检验，非常感谢南京市人民政府能够给予这样一次难得的机会。在工作过程中，下属研究室的工作人员张仲一、朱鸣泉、叶菊华、金启英和詹永伟都做了从测绘、设计、绘图到其他方面的许多具体工作。与从事叠山的匠师王其峰之间的合作也极为良好。另外，市委书记彭冲同志曾经多次莅临指导，而太平天国展览馆的同志们自始至终也给予了大力支持，为此在这里一并予以致谢。

对苏州部分古建筑之简介（1964年6月15日~23日）

一、玄妙观

北宋时即为道观，称"天庆观"。现建筑为南宋淳熙二年（公元1175年）始建，四年（公元1177年）建成。面阔九间，进深六间，重檐九脊殿顶。结构属殿阁系统，但梁架是"金厢斗底槽"之变体。原应为"双槽"，现多一排中柱，成为"三槽"之形式，是较特殊之例。

天花用大方格——"平棊"。

在中部三间置道教祖师像。柱上斗栱雄伟，又用上昂结构，为我国现存宋代木架构建筑中的孤例。

殿前有月台，其石上雕刻（由土中掘出）为南宋至元代之作品。西南角之石栏一段为宋代原物。

殿之下檐外檐柱全用八角石柱，在素覆盆上放石碿，同《营造法式》，惟以石仿木（木的榍可予抽换）。但此处碿和覆钵同用一整石雕成。

内柱下用素覆盆上加石鼓墩，乃后世所添。

殿内木柱和梁架，均经后代换修。

斗栱有宋、元、明各代的式样。

上、下檐各间之补间铺作斗栱均为二朵，比例雄大，间隔疏朗。

下檐斗栱为四铺作单昂出一跳。但其昂嘴卷杀形式至少有三种，可能是历代抽换的结果。

普拍枋薄且宽，为宋代形式。出头处刻海棠纹，则是元代做法。可见此观在元代曾予大修。柱头铺作之昂为真昂。补间为假昂。

上檐斗栱为七铺作双杪双下昂。共出四跳。第一跳偷心，其余三跳计心。其柱头铺作均为假昂，昂嘴平直，是南宋至元代昂的特征。

按《营造法式》重檐殿阁，上檐斗栱应比下檐斗栱多二跳。殿堂多一至二跳。而玄妙观多至三跳，恐系当时南方做法。

内檐道教祖师像上的斗栱，用人字形上昂，实物在国内仅此一例，与《营造法式》亦不相同。

祖师像置于砖须弥座上，此座依形制可能亦为宋代遗物。

祖师像之衣褶式样，至晚不出元代至明。

观后原有三层之弥勒阁（建于清光绪九年，公元1883年），惜于民国元年（公元1912年）毁于火。

观前山门为乾隆三十八年（公元1773年）重建。

二、双塔寺

北宋初太平兴国七年（公元982年）建。原称：罗汉院（唐、宋佛寺分为寺、院、庵三等，寺又分为大、小寺）。寺内现存双塔，故寺有是名。

塔八角七层，砖砌，仿楼阁式木塔形制。有平坐、斗栱。但仅于四面辟壸门，以通向塔内之四方形塔室，迢绕直达塔顶。各层均置有木楼板。此种方室到顶的手法为唐代以来所习用。

各层所辟之壸门，至上层即错位45°。此制对塔的稳固性有利，因可使塔身重量得以平均分布，致塔身不易开裂（虎丘塔即有此缺点）。

八角形楼阁式砖塔始于五代。依现知资料，首建者为五代末吴越之杭州雷峰塔。其次为苏州虎丘塔，始建于五代末，落成于北宋建隆元年（公元960年），即赵匡胤立国之首年。而双塔仅比它们晚23年。但结构上较它们进步，此点值得注意。

此塔在南宋建炎四年（公元1130年）金兀术陷平江府时，被毁一部。绍兴五年（公元1135年）重予修复。现西塔第二层枋上（藻井西侧梁内）尚有该年之墨题字迹百余，为研究塔史极珍贵之资料。

塔各层外表均砌隐出之八角倚柱、阑额、斗栱及直棂窗。

塔刹甚高，基本保有唐代风格。内中以木柱为刹心，自顶向下承于第六层之大梁上。塔刹于清道光年间及解放后均经重修。

塔后有大殿遗址，遗有石柱础及须称座、柱身之残段若干。

柱身为十瓣形平面者四，八角形平面者四，圆形平面者二，均为宋代遗物。

石柱础为低平之圆形覆钵式，表面雕以卷草，甚为精美。础上再置八角形硕，亦为宋物。

三、报恩寺塔（北寺塔）

此塔位于苏州城内北端，府志载为南宋绍兴年间重建。塔身平面八角，外观楼阁式九层，砖木混合结构。塔身外壁与塔心壁为砖砌，二者之间构环形走廊及楼梯，塔心中有方室供佛像，此种平面为五代至宋发展起来的。

在塔壁之外，自第二层起，都有腰檐、平坐、走廊，均为木构。

底层塔壁外又加一圈称为"副阶"的回廊，形式同辽建之应州木塔，可保证雨水不致侵蚀塔基，又有利于交通。

"副阶"之台基为须弥座式，下用"不断云"，断为宋代风格。

外层之木腰檐、平坐皆为清末太平天国后重建（光绪二十六年）。

内部各层楼梯亦为木构。

进入塔心室走道二侧之砖砌须弥座，其上之天花藻井（八角及四方形）与塔壁之壸门，均为典型宋代式样。

塔刹为后代所建，结构同前述双塔，其刹柱亦下达二层，立于第七层大梁之上。

此塔在历史与艺术上之价值，不如罗汉院双塔。但塔心室内檐斗栱中之砖砌上昂，则为目前所见宋塔中之孤例。

四、瑞光寺塔

此塔位于苏州城内东南隅，近盘门，惟寺已不存。塔平面八角，外观楼阁式七层，砖木混合结构。外面亦有腰檐、平坐、勾栏，形式同报恩寺塔，但规模差小。平面中建有塔心柱，仅最下一层，砖砌，但其斗栱雄大，出二跳，确为宋代之物。

外部木廊檐下斗栱为明代时物，均不出耍头。

记载上此塔原为十三层，北宋朱勔改为七层。第二层以上之若干砖面均刻有北宋年号。此塔于二、三层八面开门。四～七层四面开门，另四面则隐出直棂窗，且各层相错。门为壸门式样。内部装饰用"七朱八白"、如意头、菱花、睒电纹、罗纹、多瓣团科……等，均见于《营造法式》。

五、灵岩寺塔（虎丘塔）

寺位于苏州市西北郊，始建于东晋，原为司徒王珣及弟珉宅第，后舍为寺。

寺原在虎丘山下，唐代迁至山上，现称灵岩寺。为苏州著名风景区之一，有剑池、千人石（石上置五代经幢，但非佳作）……等名胜。

塔始建于五代吴越末，完成于北宋建隆元年（公元960年）（后检修时发现有北宋工匠遗留工具）。为我国八角形砖塔现存早古之实例，平面同前述报恩寺塔内部之砖砌塔身部分。即由塔外壁、回廊、塔内壁及塔心室组成。外观为七级楼阁式、仿木结构，以砖隐出倚柱、壸门、斗栱、平坐等，上覆短木檐（已毁）。各层均八面开壸门。塔直径与高度比为1:3.5。

此塔在结构上最大的特点是其走廊采用了砖砌体形式，从而将内、外壁联为一体，加强了塔身的整体刚度。

内部走廊内砌有硕大之砖斗栱，栱眼壁绘写生花。枋上施"七朱八白"，天花用毯纹，色彩为红、白二色。

第二层塔心有砖雕门二扇，下有障水板，上用毯纹为窗格（为五代末遗物，较《营造法式》早百余年）。

第二层：补间铺作内出二跳华栱上托令栱。内柱有束腰，塔心隐出有门，上施毯纹格扇。

第三层：用宝相花、牡丹为饰，壸门内两侧之栱上有半圆石鼓状物。补间出一跳华栱，上托令栱。

第四层：斗栱用一斗三升泥道栱及万栱。补间一朵，上二层菱角牙子。内柱呈梭形。塔心内柱栌斗出一华栱上二斜栱。塔门内天花用二层菱角牙子。

第五层：塔心柱间二枋之走马板上，塑出卧棂造栏杆及湖石假山或栏杆内牡丹花为饰，枋上则用如意头纹及菱形花饰。砖中嵌竹钉，似为当时粉塑时之施工需要。

第六层：内柱有卷杀。内柱斗栱侧出一跳一斗三升泥道栱。外层内侧柱间铺作一斗三升。塔门内上部用牡丹及如意头装饰。塔心施方形天花。

第七层：内柱头上用二跳华栱。补间均用菱角牙子，无泥道栱。塔门壸门已简化。柱有卷杀。塔心亦施方形天花。

此塔目前损毁较严重，原因：

① 塔体建于红花岗岩层上，而岩层往北倾斜。因长年受水流浸蚀，表面岩层已酥化并产生位移。

② 垫基时于岩层上置碎石，上再置碎砖三合土，虽基深 1.7 米，但仍不足以支承塔身。

③ 塔基本身厚度仅四块砖。

④ 砖质量不佳，且砌砖之灰浆为未加石灰之泥浆。此塔之总重量达 6000 吨，而基础每单位面积之负荷已超过其最大极限。

⑤ 塔体结构亦有欠妥之处，即不应每层均于八面开门，使重量分布过于集中于塔身之八角部分。

⑥ 塔之外壁及塔心之连接用叠涩而未用拱券，故联系不佳，导致内外下沉不均。

此塔地基下沉现象可能出现很早，现已向西北倾斜。

1953 年检查塔之第七层，发现塔之外壁及塔心往南移，砖之质量亦与下面六层不同，而与塔下明末所建的殿之砖相同（上都印有小花一朵），因此断定明末曾修理塔的第七层，并有意调节塔之重心。

太平天国以后塔之外檐又被毁。

1954 年政府拨款 5 万元修理，但未能根治，现每年尚在继续倾斜（先用加铁箍、水泥灌缝等方法暂时加固，并新装避雷针）。

六、灵岩寺二山门

二山门位于苏州虎丘山上，面阔三间，单檐九脊殿顶。外檐斗栱无普拍枋，坐斗为骑栿斗，内部次间天花用平闇。现已知国内之例仅有：山西五台佛光寺大殿（唐）、河北蓟县（今属天津）独乐寺观音阁（辽）、浙江宁波保国寺大殿（北宋）及苏州虎丘灵岩寺二山门（元）。（1957 年苏州市城建局将其修理成清代式样，内加四枋，坐斗下添平板枋。后又去枋，但坐斗已非骑栿式）。柱头有卷杀。斗栱雄大，坐斗角施海棠纹，其补间铺作后尾为昂尾形式，角部不用抹角梁，而用三昂尾相交。梁架用月梁。柱下有石礩。凡此种种，均保存了较多的宋、元建筑风格。但其建筑时间应在元代。

七、开元寺无梁殿

中国地面上之建筑用拱券者，由画像砖石、明器或可上溯至汉代。但实物仅见于唐、宋砖塔，其他建筑中尚无有发现。

元代由于征调大批西方工匠（色目、回教……）来华，介绍来不少外来手法，如圆拱形之城门（见于元上都——和林）、穹窿式圆形房屋（见于沽泊梁。平面圆形，四面有门，规模相当宏大。可能为教堂或坟墓）。

明代全用砖拱砌造之无梁殿，已知今日最早的为北京天坛中的斋宫，建于永乐十八年（公元 1420 年）。其次是南京灵谷寺无梁殿，可能建于成化年间。为重檐歇山顶。体形雄伟朴素，除外檐用砖斗栱外，其他无木建筑风格构件，但檐部及屋顶于 1930 年已经改修。

明末万历年间各地寺庙中曾建有大量无梁殿，从外形到内部都依木建筑为蓝本。如山西五台山显通寺有三座（万历三十四年，公元 1606 年），江苏句容宝华山隆昌寺有两座（万历三十三年，公元 1605 年），苏州有一座（万历四十六年，公元 1618 年）。

苏州开元寺无梁殿，面阔七间，高二层，上覆单檐歇山顶。外用圆拱门，并以砖隐出圆倚柱、二层屋檐及平座、檐下斗栱、栏杆等。内部楼上明间之顶部，用砖砌成八角形藻井。

八、文庙大成殿

位于苏州市内部偏东，原建于明成化十年（公元 1474 年），面阔七间，进深五间，重檐庑殿顶，下、上檐斗栱均用真昂，斗栱比例较大，柱下用木楯。此殿毁于太平天国之役，同治三年重修，一年完成，故部分梁架已为清代式样。

庙中贮有重要碑刻三方：

① 《堪舆图》。

② 《天文图》。

③ 《平江府图》：南宋绍定二年（公元 1229 年）刻。为反映宋代平江府（即今苏州）极为重要之城市及建筑资料，特别是有关城内道路、水道及官署衙门之布局。

大运河由南、西面经此，可北至开封，南达临安，为我国自隋、唐以来南北交通重要水道。平江府之城市平面呈长方形（东西短，南北长），城市街道作十字或 T 字交叉，南宋起路面铺砖。城垣共有旱城门五座，城墙外表建有供防卫之马面（元时已予拆除）。

城市内交通系统有水、陆两种，道路、河网纵横，住宅、商店、作坊大都为"前街后河"。城内河道于唐中叶整修，出入城有水门及闸七处，城内建桥三百余座，为南中国典型水乡城市之一。

子城在城中部稍东南，亦有城墙。具南北中轴，南部为府署，北部为主官住宅与园林，西侧为仓库、兵营、校场、武器作坊……等。其四合院及王字平面（三堂并列，贯以走廊），对后代衙署、王府有很大影响。

城西南为驿馆（盘门附近）。东侧有米市及粮仓。乐桥（今城中偏西）为商业区。城南、北各有南寨及北寨，是为兵营。

城内外之著名风景区有虎丘（城外西北）、石湖（城南近太湖）、桃花坞（城西北角）等。

苏州园林讲座之一：历史与现状 *
（1964年5月19日～6月11日）

一、概说

有关江南私家园林之文史记载始见于两晋南北朝。汉代除帝王苑囿，私家花园极少（仅若干贵族、富商才有）。

- 南北朝：江南经济已日益繁荣，政治中心也南迁江左，记载中苏州在东晋已有花园（如顾辟疆园，但遗址已不可考）。又见于南朝之《宋书》载颙传："颙出居吴下，士人共为筑室，聚石引水，植林开涧，少时繁密，有若自然。"由此可知当时园林已经模仿自然。

南北朝时之士大夫亦已欣赏奇石，而苏州盛产湖石，故当时花园当不止戴颙一处。

- 唐：苏州手工业及商业均很发达，私家园林渐多，庙寺中亦有建者。根据诗文中知园中建置已有竹、木、池岛及怪石夹廊。欣赏奇石已成为当时统治阶级嗜好之一，达官、贵族在洛阳兴建花园都由苏州运石去（如宰相李德裕、牛僧孺园），永泰公主墓壁画内亦绘有太湖石。苏州当地更不待言，唐代刺史衙门及庙宇中都建有花园。

- 五代：时苏州属吴越钱镠（音留），其子封中吴（苏州）节度使，曾大建花园。其中最著名的为南园（今文庙及建工学校一带），其孙更加以扩廓。而属下将官亦建有园林多处，有说汪义庄故迹一带即为所建。

- 宋：南园成为北宋政府招待往来使臣之所。已采用"值景而造"的原则，表明当时已考虑园中的对景。其他私人花园有朱文长之乐圃（故址在今景德路），苏子美之沧浪亭（在钱氏园林故迹上）。

北宋末，有章氏兄弟购得南园及沧浪亭，又在城北桃花坞建大型林园。

南宋偏安江南，苏州更见繁华，花园更多，靳王韩世忠又将章氏沧浪亭予以扩大。造园的艺术与技术日益提高，当时已有专门从事造园叠山的工匠，称为"花园子"。

唐时诗人描述苏州"绿杨深浅巷"，城内有桥三百，上施朱栏，风景优美。五代城墙砌以砖。北宋时街道铺砖，表示经济富庶。玄妙观为当时活动中心，亲友相会，儿女定婚都在此。城外游乐处西北至虎丘，南至石湖；城内南至南园，西北至桃花坞，城北则有若干庙宇。某些私人花园也定期允许游人入内。南园在北宋已改为文庙。

- 元：此时苏州花园不多。较有名的仅狮子林，为元末高僧维则之徒所建。

- 明：明初朱元璋灭张士诚，迁苏州富户至边境，经济一度萧条。中叶后经济复又繁荣，农业、手工业、文化也都有发展。江南富户、退职官吏多来此居住，建宅造园，一时称盛。著名的有拙政园（城北，建于正德间）、紫竹园（阊门外）、东园（留园前身）、惠荫园……。

明代中叶大画家沈周（石田）、文征明（璧）、唐寅（伯虎）、仇英（十洲）都出自苏州。许多画家亦参加造园叠山，如周秉忠（时臣）曾参与惠荫园和东园的建造。明代家具，刺绣亦以苏州为中心，手工业发达对花园极有影响。南宋时临安、湖州园林多于苏州，明代则反之。此时苏州已成为我国东南地区的园林中心。

- 清：明、清二代苏州儒生经科举入仕，而又荣居显位者最多，社会久享太平而无战祸，也促进了当地园林的发展。如环秀山庄为明中叶宰相申时行建，怡园前身为明尚书吴宽建……。清代则更为众多，如拙政园、网师园、涵碧山庄（留园）、小灵岩山馆……等。清代中叶（乾隆）扬州盐商亦曾建大量园林。太平天国时杭、苏、扬三地花园大部遭到破坏，仅苏州保留较多，如留园即其中之一。以后次第有所恢复，但目前园林大多为太平天国以后所建，仅若干假山为过去所砌。由于杭州自明起园林即渐式微。扬州园

---

*[整理者注]：此文为作者对青年学人之专题讲座，未经发表。

林亦以盐业衰落而一蹶不振。而苏州则以经济复苏与人文昌茂而成为江南私家园林之集中地。

二、苏州园林特点

① 造园历史悠久，发展基本未曾间断。

② 经济基础好。农业、手工业……长期居全国前列。

③ 文化发展，文人及画家多。为造园意境设计形成深厚文化底蕴。

④ 商业发达，交通便利。

⑤ 附近洞庭东、西山出湖石，黄石也多。

• 苏州在历史上亦有几次破坏，但恢复都快：

① 隋：文帝灭陈，南方人民反抗，以苏州为中心，大将杨素毁旧城，建新城于阳山下。

② 唐：又迁回原址，经济再度恢复。唐末钱镠与杨行密二度争夺苏州，但破坏不大。

③ 南宋初金兀术破平江府，烧杀破坏甚大。平江府图碑为南宋恢复后所刻，图中已难见战火创夷。

④ 元代拆城墙，但对城内无大破坏。

⑤ 元末，张士诚修苏州城墙（盘门瓮城……）以抗元。明初朱元璋平张士诚以后，曾将苏州富户迁往他地。

⑥ 清末太平天国之役，苏州屡经争夺，破坏较大。

拙政园（1964年5月20日～22日）

此园为我国重点保护文物之一，① 明代始建（公元1512～1513年，明武宗正德七年至八年）。② 造园艺术成就高。

原为明御史王献臣（槐雨）所建。因其祖先原为苏州人，故贬返还居苏州而建是园。

据记载花园面积达二百亩，并将原有佛寺——大岩寺及西侧道观均纳于园中。但其界线现已不明。据考证其北界不可能越过平家巷（宋代已有），东达百家巷，西止萧王弄。

经测量，现中、东、西三园之总面积共67亩。南面原为园主住宅，目前改为苏州市博物馆。

一、历史沿革

依园之规模、布局变化可分为五个阶段：

甲、王献臣所建之拙政园情况如何？目前了解不多。

此阶段留下之文献仅有明·文征明之《拙政园记》（嘉靖十二年，公元1533年）。他是王献臣好友，又作拙政园图三十一幅并题诗，王献臣为之刻石嵌于墙内，墨迹现存，石刻已散失，但三十一景均为分散而无总图，园总平面只可根据文征明之园记，可知当时情况：

该园系以沧浪池为中心，南有若墅堂、繁香坞，北有梦隐楼，池周有竹林，园以水主。文中未提有山，但树多、竹多、柳多、建筑少。沿池植柳、竹、芙蓉，园中松树不多，果林（李、桃、梅）、槐、芭蕉则不少。所有建筑都位于水边，池岸以土岸为主，间夹以石，和今日苏州园林中手法迥异，然较符合自然风趣及古来传统。

王献臣死后，其子将花园一夜豪赌输予徐家（为留园及紫芝园主）。

袁中朗（宏道）文集中亦载及拙政园风景优美，可知当时已很有名。

明末花园东部荒废，售给刑部侍郎王心一，改名"归田园"。王心一在崇祯末退休，后起兵抗清，失败自杀。归田园仍由其子孙所守，至清嘉庆、道光时尚存。

拙政园中部及西部在清顺治时归宰相陈之遴（浙江人，明时为探花）。当时著名文人吴梅村为陈好友，曾作《山茶歌》(拙政园中过去有山茶树)。陈后因罪充军(沈)阳,而此园未及住。拙政园亦由此被没为官产。

顺治末年台湾郑芝龙反攻,八旗兵驻苏州,拙政园属将军府,后又为将官所住(顺治末——康熙初)。

乙、康熙初年吴三桂婿王永宁据有今园之中、西二部,并大肆建造。文献上记载"易置邱壑",园林面貌为之大大改变。吴三桂叛乱后不久,王永宁即死,其新建之斑竹厅、娘娘殿……均没入官。康熙二十三年(公元1684年)改属道台衙门——苏、松、常道署,康熙南巡时曾来游此园。不久衙门他迁,花园也渐荒废(康熙—雍正—乾隆)达六七十年之久。

当时名画家王石谷、恽南田曾各作画一幅,画已不存,但恽南田在画上题字为他人抄录留传。知园中有南轩与横岗隔池相对,岗上叠石,有涧、路迂回,又多植槐、柳、桧、柏,另有艳雪亭、红桥、湛华楼等建筑。且堤上广植芙蓉,池水澄明,游鳞可数,与今拙政园似有若干相近,惟土山后之水当时有无尚不得知。

丙、何时官产变为民产不明,花园分为中、西二部

乾隆十二年(公元1747年),中园为蒋诵先所得,经重修,大体恢复王氏规模,故又称"复园"。蒋为袁子才(文学家)之亲家,但当时园中情况不明。

嘉庆时售与查氏。道光时又售给当时宰相吴某。时名画家戴熙(醇士)于道光十六年(公元1836年)绘《拙政园图》情况,和今日大同小异。

西园于乾隆时属叶氏,称"书园"。记载中有八景,其一为读书阁,可望北寺塔。

丁、太平天国阶段

中园:咸丰十年(庚申,公元1860年)四月,太平天国忠王李秀成进苏州,以此为忠王府,至同治二年冬(公元1863年)土木之工不绝。其时将苏州各地大宅之厅堂迁拆来,又将中、西二园合并。

画家兼金石家汪鋆曾二次来苏州,与当时金石家吴云(平斋)往来,留有记游画册。主要是他二次游苏州所绘,其中所绘之《拙政园图》,可能表现了当时太平天国忠王府园(中园)之大致情况。

汪鋆之《拙政园图》既不同戴熙之图,亦不完全和目前现状符合,由图及绘画年代,推测可能是二者之过渡。

西园:情况已不明了,既无图又无文献。太平天国后归张履谦,时称"补园"。根据张氏子孙言:

① 三十六鸳鸯馆原为小旱船,前面水面广阔,太平天国之役此处战斗激烈杀人很多。张氏购得此园后,在池后建小石塔以超度亡灵。又将旱船改为大厅,供宴客用。

② 浮翠阁原为三层,可能为忠王府之望楼,张氏改为二层。

③ 西南隅之水本向南展伸,另有小水池二。民国初年此地售给一医生,因建洋楼,池遂填没。

④ 西园诸建筑楼上室内油漆原为太平天国所涂之朱红色,后为张氏除去。

东园:仍属废弃之地。史文俱无记载。

戊、太平天国以后

李鸿章官苏州,初以为巡抚衙门,后迁出(同治三年,公元1864年)。将中园以三千两银自吴家购得,作为公产。西园仍属叶氏。

同治十一年,江苏巡抚张之万将中园改为八旗奉直会馆,并大兴土木,其状况和现在的面目大体相同。张之万能文善画,延江阴画家吴儁,于同治十三年绘拙政园图十二幅。

其中柳阴路曲廊一部横跨水上和汪鋆图相同,小飞虹桥上无顶。

后旗人溥良于光绪二十六年(公元1900年)去广东为学台,经苏州时住拙政园,遣人绘有园图,现为其孙启功(北师大教授)保存。图中除北面近墙有水门外,其他大体同现在状况。此园于抗日战争中曾属汪伪江苏省长公署。解放后归苏南文管会。

总的情况：

明代以水为主，山少。大改变始于清初王永宁。太平天国时增建三条水廊，通至二山之间的二层楼上（现已毁）。

二、造园分析

甲、中部：

1. 分区：用山池、树木来划分，而少用围墙，形成各区间似分似合，较为自然。
2. 水面较辽阔，占全园40%。给人感觉是水虽多，仍有主有次，主体浩渺宏阔，分流曲折深远，能各尽其妙。
3. 房屋不多，面积不大。建筑又多临水，但周围不用走廊包围，与园林的自然景色配合较佳。
4. 对比：高山广池，是为园中重点。但也有由若干建筑组合之小院，如梧竹幽居，小飞虹、小沧浪水院……等，它们和大池、土山形成良好且强烈的对比。房屋和近远花木结合也很好，如建筑旁多植有大树，互相衬托，硬软线条配合，颇具匠心。
5. 对景：远香堂为四面厅，四面风景均佳。又考虑景观层次，用桥、走廊、树木、山石……之层叠以增加景深。走廊临空而不完全依墙，如柳阴路曲，也是其中手法之一。
6. 花木处理：有的暴露树木根干，有的用半隐半现的遮蔽，有的突出近赏，有的强调远观。又结合花、果、叶之形、色、香及四季之变化，方式极为多样化。

此园经多次修改，亦有缺点如下：

① 远香堂后之驳岸平且直，显得生硬。
② 绣绮亭北岸亦太平直而无变化。
③ 池北近墙之土岸亦过于直狭，无园林自然风趣。
④ 池岸大部都用石砌，而明代则以土岸为主，比较符合自然。
⑤ 东部复廊长三十余间，太长，中间无变化。应使之曲折并增添亭、榭建筑。

中园处理较佳的建筑：

远香堂：乃中园主要之厅堂，三开间，四面厅式，单檐歇山。整修精美。

小沧浪及小飞虹：为一区水院，建筑临水，小巧玲珑，组合有序。

香洲（旱船）：前置露天石桌凳。中为厅堂，二侧有连窗可观景。后二层为楼，置梯可登。

见山楼：二层，附近有曲桥及二层廊（西）与岸通。

枇杷园：外构波形墙，施圆洞门，内有亭、榭，建筑与花木结合好。

乙、西部：总的是缺点多于优点。

① 水池处理不佳，不够曲折。
② 三十六鸳鸯馆体积太大，本身造型亦不佳。角部四小亭虽为功能所需，但与主体不调和。
③ 浮翠阁虽为二层，但距鸳鸯馆太近，位置应稍退后（往北）。
④ 塔影亭附近之水面过于窄小，又狭隘曲折如羊肠，景观不畅且不佳。

西园处理较好之建筑：

水廊：驾凌水上，又有起伏，为苏州园林中少见之例。

倒影楼：二层，临水，位置适当，造型亦佳。

与谁同坐轩：平面呈扇形，临水，精致玲珑，名称亦颇有特色。

丙、东部：

因废弃已久，少有建树，因此较空旷荒庞。归田园之原有最大建筑为兰雪堂（已毁）。

① 现建之八角亭及秫香馆尺度都偏大。
② 水上用拱桥不妥。
③ 池岸平直欠变化，西南水池形状亦太规整。
④ 欲与中、西部达同等水平，还需精心规划、大加改建（山、水、树木、建筑……）。

三、花木配置

甲、中部：

朴树：在入口处，根多凸出地面。主干以上之支干有横纹，主、支干都较细，叶两面有毛，边有锯齿（过去用来打磨铜器用）。旱船西北斜向水面者，亦为朴树。

广玉兰：在玉兰堂前。五月开花，花大而密，白色。叶狭长、厚、硬。常绿（又称美国玉兰）。

中国玉兰：三月开花，花较小。叶较宽、薄、软。落叶。

① 紫玉兰又称辛夷，花紫红。
② 白玉兰，花白。

榆树：在玉兰堂东北。枝干较秀，干上呈鳞状，干多为黄灰色。叶小。落叶。

白皮榆：其树干像白皮松，呈灰白色，惟苏州留园有一株。

榉树：苏州一带官宦之家门前常种有二株，以希冀其子弟登科中举之意。树向上长，落叶。生长慢，皮青灰色，无斑纹，根亦不突起，主干在高一二丈处分为若干枝杈。树冠向上呈伞状，枝条疏畅，不密，叶较榆树较大。

枫杨：见于玉兰堂西北水侧，绣绮亭侧及柳阴路曲西。干上有纵裂纹，又有横裂纹，宜植于水傍湿处。姿态好，生长快，落叶。叶长（较柳为长），边有锯齿。

八角金桐（鸟不宿）：叶呈多角形，有刺，常绿。在旱船西北有。

枇杷：常绿，为观叶观果之树，果黄，花开于十一月底，花小色黄花香，故亦可观花。

女贞：常绿，对叶，果为紫色，生长快。

冬青：常绿，非对叶，果为红色，生长慢，一般少种。

迎春：藤类，叶互生，三叶一组，二月开黄花。常植于水边。

皂角：植于雪香云蔚亭西。

山茶花（又称曼陀罗花）：属半阴性植物，阳光不宜过多，常种于南墙脚，早晚有阳光即可，生长慢，干光滑，黄灰色，叶深绿，有光泽，叶脉凹，叶厚，尖部翘起，花有红、白（少），一月开花。

柳：生长快，植于水滨。但三十余年即死，故一般不用。

桂花：干小时发光，但为灰白色，叶亦深绿，顶亦卷，但较小，密，较薄。江南一带桂树可长高一二丈，此时树干下部有呈方块状之裂纹（至少60年）。桂有金桂，其花黄，较多，九月开。银桂，花白，较少（怡园最多，以此闻名）。

慢生植物：多作为近距离观赏之植物。

黄杨：生长慢，多种于小院。叶小，树干美观。

天竺：生长慢。

夹竹桃：生长慢。开白色或粉红色花。

紫竹：生长慢。形状低小。

四、山石

中园：此部以池北二座土山为主山。二者相互呼应，更显得其体量宏巨，山上除各建小亭一座以外，均蔓生林木，野趣盎然。山下临水又广植芦苇，形成极好的自然气氛。局部之山石则砌以黄石。

西园：黄、湖石混合，章法混乱。

东园：大部以湖石为主，仅东北土山有黄石。今兰雪堂前石峰缀云(中)、联璧(西)，尚为明归田园居旧物。

狮子林（1964年5月25日、26日）

一、历史沿革

自元代起已有六百余年的历史，也是当地历史最复杂，各种传说纷纭的园林。主要讹传错误有二：

① 称狮子林为东晋顾辟疆之故园。

② 称狮子林为元末画家倪云林所设计。

此园始建于元末顺帝至正二年（公元1342年）。当时名僧维则（天如）禅师年高，其门人购旧花园一所，修缮为之养老。以园中多怪石，踞立卧坐如狮状，故有狮子林之名。清中叶嘉庆、道光时，顾涛《吴门表隐》（道光甲午印）中述及此园为北宋张綖所有，而在唐时曾归任晦，而任氏之园又为东晋顾辟疆之故址，因唐诗中已有称顾氏花园即任氏花园者。但宋代志书中已述及任氏花园不可觅，而顾涛为清时人，又如何能知花园之确实地点？故书中并无确实凭据，其说不能成立。

天如禅师之弟子于至正十二年（公元1352年）往大都请名寺为菩提正宗寺。十四年又去大都请当时学者欧阳玄作《菩提正宗寺记》及危素作《狮子林记》。元末各地群雄起义，至正十六年张士诚据有苏州。天如禅师圆寂于何时不明，现知其弟子克立（卓峰，江西人）于二十三年（公元1363年）延名画家朱润德作《狮子林图》。二十七年朱元璋灭张士诚，次年即洪武元年（公元1368年）。洪武初年该寺之住持为如海（高昌人），好文学，与倪瓒（云林）相识。洪武六年（公元1374年）倪瓒绘《狮子林图》，七年画家徐贲（幼文）又绘《狮子林图》十二幅，倪瓒与如海曾为园图赋诗（一般人将如海错为天如）。然明代文献中无倪氏参加设计之说，此说尔后始见于康熙时之碑刻中。

据记载徐贲《狮子林图》之十二景已不全，现由图上题字及画法，可证非一人手笔。

王彝于洪武五年作《游狮子林记》，甚详，称园规模不大，中有土阜，阜上有建筑，前有二峰，后有大片竹林（石山不能种竹），园西及北均为水面。西又有桥。由此可见今日之大面积石峰、石洞非当时所有。

明代花园与佛寺同时存在，因明嘉靖初寺僧道恂尚出有《狮子林记胜集》二卷。嘉靖十二、十三年（公元1533～1534年），钱谷曾在此庙内读书。又称四十一年（公元1562年）此庙及花园为豪家所夺。明万历二十年（公元1592年），明性和尚去北京请求恢复庙产复名圣恩寺，花园是否交还不明。

寺在崇祯至清初曾大修，由宁波人陈大贤捐款修理。此时可能寺庙与花园已分离，因花园归张籲三所有，而庙仍属圣恩寺。张氏为何许人不详。花园后归王氏（乾隆时状元，安徽人）称"涉园"。

乾隆三次南游，都住狮子林。《南巡典》中亦载有《狮子林图》，但面积较今日为小。太平天国时荒凉。民国初年由王家售与李平书。民国5～6年李售与贝菽荪（苏州人，颜料商，又营银行业），后又收购附近民居，扩大花园范围。并在园东南修家庙。今园之西部皆为其新建。

二、造园分析

甲、特点：

① 保持住宅、园林、祠堂，四个完整部分。

② 湖石山面积大，用石量亦多，石洞及磴道构造综错复杂，结构上有一定水平。

③ 建有小型瀑布，为苏州诸园所无。（环秀山庄后也有）。

④ 水池石岸较高。

⑤ 个别建筑及局部装修受近代西方建筑影响，为苏州园林中罕见之例。

⑥ 总体布局亦由小空间与大空间组合，若干小空间（燕誉堂、五松园……）处理较好。

乙、缺点：

① 房屋太多，致使园林气氛不够。

② 整个花园都由走廊连通。各庭院也不够小巧曲折，景观差不多雷同。又多用红、黄玻璃、铁架……等近代西方建筑材料及结构，致使中国传统风味不足。水泥花架、瓶式栏杆及石舫，均属西洋建筑风格。

③ 苏州园林一般水池三面不用山。此园荷花四面厅则否。但全为石山，其间变化少，不够自然。

从真趣亭南望，二山间留有水口，层次较多，空间流通，是为上佳手法。但水口太狭至内无大水面，不够开朗。

④ 复廊不佳（东南角），空间封闭。内部窗处理亦欠佳。

⑤ 假山：主体部分共设置有十条山洞，但规律一样，处理雷同。且假山用石及造型均感零碎，堆砌手法亦不见佳，被人称为"刀山剑树"，不能突出以石山为主之园林艺术效果。

三、花木配置

银杏：在园西之石桥附近。

豆荚：扇面亭前。

柏：真趣亭与荷花厅之间。

白皮松：民国初年栽。

留 园（1964年5月27日、31日）

一、历史沿革

历史可上溯至明代嘉靖，徐墨川氏当时有大花园二处：一名紫芝园，在阊门外上津桥，为文征明、仇英代为布局规划。明末售与项煜，崇祯十七年（公元1644年）明亡时毁。

另一为徐时泰（冏卿）所有，又分二园：东园即留园前身，西园即今西园寺前身。其中以东园为最有名，袁中郎集中即记曾游东园，言园中有石山如屏，高三丈，长二余丈，如一幅真山水图，该山为周时臣（秉忠）所叠（周为当时画家及砌山名家，其子亦善叠山）。

拙政园当时亦为徐家所有（王献臣子赌输，曾编为剧）。

当时徐家由其亲家（董姓）送来五石峰（瑞云、冠云……），送来不久家中即有丧事，认为不吉。清代东园临街为踹布作坊，内部花园则几经易手。乾隆末年为刘姓所有（刘蓉峰，洞庭东山人），易名为"寒碧山庄"，当时有名画家王椒畦（音西），长住刘家，花园布局可能与他有关。修整至嘉庆二年完工。根据刘蓉峰之孙刘运铃在咸丰七年（公元1857年）所绘留园图，为今日遗留最宝贵资料。

咸丰十年（公元1860年）太平天国据苏州。同治二年（公元1863年）李鸿章又官苏州。东园在城外破坏较少而留存较多，故又称"留园"。俞樾（曲园）在太平天国占苏州前、后都至园中游览，称园未有大毁。

同治末年留园为盛旭人（盛宣怀之父）所购，光绪二年（公元1876年）修复。清俞樾改名为"留园"（以久经战乱仍存），后又扩大，东面扩展至今冠云楼，北面及西面亦扩大，住宅置于东南，正南为家庙，又在林泉耆硕之馆以南建戏台，光绪十三年（公元1887年）全部修竣，冠云峰亦于此时搬来园内。

瑞云峰置于织造署（为乾隆南巡之行宫，现为苏州第十中学）之水池中。

民国时盛家将此花园对外开放，出售茶食。抗日战争时中炮弹，北面房屋多毁。解放后（1953年）始拨款修理。

盛氏修东、西二部之史迹，亦见于《吴县志》（民国五年编）。

二、造园分析

基本保存了嘉靖—乾隆时代原有风貌，可称当时园林之代表作，而拙政园、狮子林之面目则多有改变。

甲、中区：布局又可分为二部：

1. 东部为宴客之所——中区之东侧。
2. 西部为花园山池所在——中区之西侧。

布局不及拙政园自然，多用围墙分割，较为生硬。

但在建筑处理方面，如采用大小庭院结合，曲廊……，则以留园为最佳。如揖峰轩一带之建筑与空间，大小相间，变化多端。园中大厅（五峰仙馆）之规模及使用楠木，亦为苏州他园所无。

主人经入口由东南入园（住宅在东南，南为布坊及民居，入园须经花步里，门东向）。外客则由南面账房入园，经曲折廊屋至五峰仙馆（楠木厅）。楠木厅体积宏大，为鸳鸯厅形式，内部可分可合，能灵活使用，为主要宴客之所。二侧又有若干小屋，以备客人休息之用。小屋之布局自由，既实用又符合园林风格。在景观上，小建筑可挡住大厅之山墙，避免了后者的单调生硬。此园这一手法的运用，是苏州诸园中最为成功的例子。

拙政园西园之三十六鸳鸯馆四角亦有小室，但布局太刻板，在实用上及艺术处理上，均不及留园远甚。

刘、盛二家之入口虽然分别在园东及南面，但处理手法一致。即先经曲折廊弄及小院至五峰仙馆，然后再至园中游览。

由南面入园经"绿荫"，已可从围墙漏窗中看见中区园中景色一部，不如由东面入园，而景观完全被遮蔽为佳。

五峰仙馆以南实际为三合院，东为平房，西为楼，为不对称布置。院西北角又有小院，以增变化。五峰仙馆北则为四合院，中用廊分隔，亦采用不对称布局手法。

西南隅有西楼，西北建远翠阁，东北置书楼，如此则不显五峰仙馆之单调。此楠木大厅为五开间，但内部用槅扇划分为八间，以符合诸多使用要求。

山池集中于中区之西部。四面皆有房屋、走廊，但西、北二面之廊隐于山后。山包围池之西、北二面，房屋、走廊则包围池之东、南二面，均以池为中心。

人工之建筑和山林如何调和？建筑有高有低，有虚有实，如此方能与山池结合。艺术之处理也很自由，如有的建筑屋角朝花园之一面起翘，朝墙外的则不起翘，如明瑟楼、西楼即是。池畔之濠濮亭可取消。池西、北之石山无洞，是其特点，较大方。相传为周时臣所砌，尚待考。

乙、东区：

为盛氏在光绪初所建，主要建筑为林泉耆硕之馆，乃五开间之鸳鸯厅，现其内部划分已非原状。厅南原建有戏台，现已毁。厅北辟平台，前有小池，形状方整而不够自然。池北之冠云三峰，为此部之重点景观。冠云楼在三峰之北，为进深颇狭之二层建筑。原登楼借景可以远眺虎丘。又可作为三峰之背景，但楼前之二亭位置及造型俱非佳作。

丙、北区：

原名又一村，其东侧旧有建筑一组，原为供宾客所居，于抗日战争中被毁。

丁、西区：

积土为阜，上建三亭可以远望，中之亭称"小蓬莱"已毁，根据其亭匾，知此部完成于清光绪十三年。此区以山林野趣为主，其中又以枫树及银杏为多。惜山南之谷道颇不自然，南部之花圃亦无规划。

总的来说，留园以建筑之精丽多姿、院落之曲折玲珑居苏州诸园林之冠，但其山池处理及景色则远不及拙政园。

三、花木配置

留园之树木少而精，每株大都有其特点。

紫藤：在小院"古木交柯"中，为明代所植，故设院以保护。现已死（因加铁箍）。

朴树：在池北。现亦死（因以水泥嵌补树缝）。

枫杨：二株，在池东及东南，姿态优美，现亦都枯死。

银杏：池北及西。

榉：池西北，二株。

榆：池西北，三株。

白皮榆：池西北，为极珍贵之树木，苏州园林中仅存此一例。

桂花：在闻木樨香轩前，原有十余株，现只剩二、三株。

榉：在清风池馆北，原有二株，可遮山墙，现只余一株。

青桐：在绿荫与明瑟楼之间，起二者之联系作用，为留园中最佳之树木。

石山上应植松、柏，因生长较慢，而落叶树生长快，易形成头重脚轻之病，如留园中之银杏、榉、榆。绿化中低矮之常绿树少，不能形成过渡及对比以致远观山低而树大（沧浪亭用小院分隔，则无此缺点）。

枫：在西区山上。

柏：西区北。

果树，有橘、枇杷……均为常绿（杨梅）。

沧浪亭（1964年6月4日）

一、历史沿革

五代吴越时中吴节度使广陵王钱元璙（钱镠之子）在苏州大建园亭，其最大之园林为南园（今文庙→瑞光寺塔一带）。今日沧浪亭一带则为其将孙承祐所建园林。

吴越并入北宋后，南园改为官府之招待所，但春季花开时对外开放。而孙承祐园则陷于荒芜，后为当时名文学家苏舜钦（子美）所得。尔后屡经易手，至南宋时为韩世忠宅园。元属大云庵。明代为南禅寺（唐时已有）。经寺僧修缮，名之为沧浪亭，时在明代中叶。此庙至清乾隆时仍存，咸丰间寺及花园毁于太平天国，同治时又予复修。

目前之沧浪亭已非苏子美之旧物，可靠之年代仅始于明。康熙时浙江巡抚宋荦修沧浪亭，有记有图，知当时园中有亭无廊，是为今日资料已知之最早者。乾隆南游时，《南巡盛典》中亦绘有沧浪亭图，和康熙时大同小异。光绪九年（公元1883年）之石刻图中已有回廊，见山楼南又有花园（现已不存），规模及建筑和现状差不多，即同治重修后之情况。

二、造园分析

① 此园园内以山为主而少水，山又保持较自然之山林气氛，大树下植箬竹……不以欣赏树根为主。山不大，由于有建筑包围，因此达到"小中见大"的目的，是设计成功之处。

② 借景处理好，利用外面之广大水面，沿水北建复廊、厅堂。该复廊在墙上开窗，既可通风、采光，又有利交通及观景。园中南部建见山楼，原来也是起借景作用，可远眺虎丘，但现为近代建筑所阻挡，已失去此功效。

③ 建筑：太平天国后已变为市内名胜古迹，其产业半属寺庙半属官府。但建筑用料及装修在苏州都极不佳。惟漏窗甚好，与苏州传统（扁、横长为主）不同，形式自由，又多用写生花鸟，自成一种风格，较狮子林为佳。出现此种形式和使用近代材料有关（铁片、铁丝、石膏被广泛使用），由此可见生产力对

建筑的促进关系。建筑使用漏窗始见于明，旧时用薄砖、瓦、木板上加粉刷制作，因材料所限，只能作几何形花纹。此外，砖雕亦颇可取，内容多为人物故事。解放后小木装修得到重配，但精致程度仍不及其他各园。

④ 假山：土石相杂，还较自然。山上多植竹、木，有山林野趣风味。

园中西部水池太窄小，其形如井，且水位又低，池岸亦少高低与曲折变化。假山东部及中部施用黄石，处理较好。西部为湖石，乃后人所砌，若干布石生硬，效果不佳。东北角沿水用黄石者仿湖石亦不合常理。建筑以翠玲珑为最好，平面曲折，颇具匠心。附近又密置竹林，形成很好气氛。室内装修亦为此园中之最佳者。

怡 园（1964年6月4日～6日）

一、历史沿革

明代为尚书吴宽所有，今日所存之若干石栏即明代所刻。此园在太平天国以前已荒废，后由顾文彬于同治末年开始经营，光绪二年建成。同时又建有住宅及祠堂，但为地形所限，未能完全联在一起。当时主人经住宅自东南入园，宾客则由东北角进入（即目前入口），西北另设门通向祠堂。园内东北隅之六角亭已毁（在四时潇洒亭北）。中部之水阁已改建四面厅，其南之梅林现为牡丹台，东侧梅林仍存在。明代之石栏原在水榭南平台（梅林北），现移至园西北旱船北，池北之围墙一度拆除。解放后又重建。

二、造园分析

园中之山、池、建筑三分天下，无突出重点。景区划分则以山、池为主，入口曲折，然后逐渐扩大。主要景区布局亦同留园，西北为山，池为中心，东南为建筑，但规模较小，建筑数量亦少。叠山以湖石为主要材料。假山西北角较高，为清末之上佳作品。构有二凹入之山洞，形成了虚实对比。此种临水有高峰又有山洞的手法，似较留园为佳。明代假山以垂直之山谷与水平之山路相配合，变化较多，至乾隆时仍如此。而怡园只用水平山路划分层次，是其不足，即虚实对比不多，并为清末所砌假山之共同缺点。假山有水口，处理幽深。旱船位于西北角，可登高望远，但制高点不暴露，有含蓄之意。

苏州园林一般用楼阁为制高点。小园因面积小，多置于园之一侧或较隐蔽之所，如网师园楼即在后。大园因面积大，水面也大，其楼阁多暴露在外，但仍应注意建筑与环境之配合，不应使其生硬。佳例如拙政园及留园，劣例如狮子林之暗香疏影楼。

怡园另一制高点为东南之读书楼，体量虽小，但处理颇佳。

建筑以坡仙琴馆→石听琴室、拜石轩→岁寒草庐、藕香榭→锄月轩及画舫斋等处较精美，旱船基本仿拙政园。

三、花木布置

花台：四面厅南有牡丹台，虽为民国初年建，但规模大，层次多，山石布置亦佳，近墙处用树为背景，也是一种较好的手法。

大银杏：原在西北假山者已死，现仅余西面一株。

梅林：在四面厅南正在恢复中。

白薇：在东部复廊侧有（银薇）数株，十分名贵（廊西北部）。

银桂：在复廊南，亦很稀罕（廊西南部）。

网师园（1964年6月6日）

一、历史沿革

宋时为侍郎史正志所有，淳熙初建，称万卷堂，号"渔隐"。一传售与丁氏。明代情况不明。现园始建于乾隆初，属宋宗元，以位于王思巷，又因渔隐之故，遂名网师园。末年归瞿远村，今日规模大体同瞿氏。乾隆→道光→嘉庆时园中多芍药，道光时转为吴氏所有。同治时李鸿裔（曾国藩之秘书，四川人）购得，装修精美。民国时属张家。解放后归公。此园在抗日战争前后破坏很烈，装修大部不存，仅道古轩西侧之屋内为清末时物，其他均为1958～1959重修者。

抗战前叶恭绰与张大千均曾居住此园内。

二、造园分析

为苏州园林中"小而精"的代表作。亦采用景区划分，先由南面经住宅轿厅西侧小院入园，至道古轩后，才能见到主要山池，原则和怡园等相同。山池虽为主体，面积不大，但比例好。水池小但因集中而感觉大，且附近之山体小，建筑亦少而小，大建筑都距池较远，相对之下水池显大。大建筑在后形成若干院落，变化也多。

从楼、后院……都可看山池，沿游览路线，观赏点多，特点是"小而精"。又以房屋布置巧佳为其特点，如射鸭廊一带的布局。

住宅山墙暴露在园中，是其大缺点，但在墙面用了水平线条和假窗作为补救。水池为求其变化，在其西北及东南用小桥形成二个水湾（东南为水源），池水清澈，因下有井，与地下水有联系，冬季又可供鱼类避寒。

西北临水有石矶，亦为较好手法，但稍嫌高。池北有柏及罗汉松，寿命都在300年左右，姿态好，又能将楼屋与平屋联系。道古轩西有垂丝柏，亦为少见之树种。西北院中有大青桐。

濯缨水阁：三开间，单檐卷棚歇山。阁驾凌水上，观之有不尽之意。木构件施栗壳色油漆，装修及家具均精美。除临水，傍山，此建筑又以其造型优美，为园中最佳建筑之一。

竹外一枝轩及射鸭廊：在水池东北，与濯缨隔水相对，曲折有变化，又为五峰书屋和集虚斋之外围建筑。共构成一有变化之群体，从功能与立面上都是成功的。

看松读画轩及殿春簃：此区为园林西侧独立庭院，园主读书处。建筑装修及家具均精巧，后有小院，散种修竹，间以峰石，……清幽可爱。前设月台及广庭，布花台、亭、泉水。

前述住宅山墙虽有缺点，但已予以若干补救：

① 墙下立假山，但形体不甚佳；
② 山墙上部刷黑，下部粉白，使墙面在外观上划分为二部；
③ 墙上砌出假漏窗；
④ 墙面砌出水平线脚；
⑤ 墙下植爬藤。利用它遮挡部分墙面。

艺　圃（1964年6月9日）

一、历史沿革

为明末文征明之孙文震孟之宅园，称"药圃"，其前为袁祖庚之所有。明末清初属姜氏父子（山东莱阳人），因反对宦官被贬，亦为当时有名文人。与当时苏州名士往来密切，如魏禧、汪琬均为园作记。此时园已称"艺圃"，又名"敬亭山房"。太平天国时为某天将所居，其人喜荷，曾收集各地荷花种池中，内中有开方形花者。民国初年属绸业公所。

二、造园分析

尚保持若干姜氏旧园风格,如今之入口,山面柱下用木㮿(宋《营造法式》及玄妙观三清殿柱下用石碾)。园中布局以水池为中心,池近于方形,在东南及西南角用矮桥划出二个水湾,亦为明末、清初苏州园林常用之手法。

池北为房屋,居中五间跨水上为水阁。根据记载在姜氏时为念祖堂,现屋基可能仍为原物。池东有乳鱼亭,其结构亦为明末清初物,施八角形木柱,其仔角梁后尾搭于抹角梁上。池西走廊则为近代之构筑物。池南建假山,为念祖堂之对景。假山布局为明式,沿池建绝壁,下有石路,为明代常用手法。东南置一石洞。西南则以谷来划分假山,清代很少如此。又用无洞之湖石横置,利用石面之凸凹形成阴影,十分玲珑,亦为明代手法。这些都是研究明代假山的好资料。

山上之亭为后代所建。园的西南隅列小院二区。外院为过渡性,进月洞门有水池,上有二桥(交错布置)。池南有土山,上布若干湖石,内院为小三合院,小巧玲珑。

总的布局很简单,仅由一大院二小院组成。先至大空间(主要景区)再至小空间,其处理和对比手法都很好。

园中树木无上佳者,但仍采用高大落叶树与低矮常绿树相结合之原则。

五峰园(1964年6月9日)

一、历史沿革

明代亦属文家,可能原为一院中小山,但布局为明代假山的典型,是研究明代假山重要资料。因山上列石峰五,故以此名园。

二、造园分析

池(1958年被填没)南为石砌主山,西南为土堆辅山。园中有无其他建筑现已不可考。

主山:东南有洞,山北临池有绝壁,迎东西向之路,至西面经谷折南,再转西面上山,渡谷上桥至山顶平台,台上立石峰五(其一已倒)。

辅山:以土为主,用石很少。山上原有六角亭,已倒。亭侧原植有若干树木,现只存朴树一株。

山间用谷可增加景深层次,即可增加纵向层次(纵深),是明代构山的常用手法。而清代一般只用路以增横的层次(水平)。采用方式和形成效果均不相同。

环秀山庄(1964年6月9日、10日)

一、历史沿革

宋时可能已为花园,传朱文长之乐圃即在此。但现考证乐圃应在此园之南(隔景德路),元末至明初此地属景德寺,旋改为学道书院,后再改为兵巡道衙门。

明嘉靖属宰相申时行(文定公)。清顺治归朱家。乾隆中属蒋楫。

清乾隆归于毕沅(两湖总督、陕甘总督),后因亏空公款房屋没官。园售予宰相孙士毅(蒋楫在书楼后建假山,为戈裕良作品)。

道光末年孙家售予汪家,汪氏在假山西建祖祠,假山遂属祠堂。咸丰十年太平军入苏州,将汪宅楠木大厅拆去修王府花园。假山也受到若干损失,但未涉及根本。

同治二年李鸿章占苏州,汪氏重修祠堂。光绪时又修假山,但未修好,原西北角之瀑布水已不流。

民国时花园仍保存完好，抗战期间上海二资本家购汪氏花园，准备兴建里弄房屋，遂将祠堂和假山南之二重院落拆除，假山幸而未拆。

解放后在附近成立苏州刺绣工艺研究所。

此假山为乾隆年间南方最佳之湖石山。

又常熟燕园黄石假山亦为戈裕良所砌，但规模较小，风格手法则大同小异。

二、造园分析

花园西原为祠堂，南为会议之所，入口在祠堂与花园之间。祠堂原有楠木厅，太平天国时拆毁。

此园林特点：

① 以山为主，水为辅，周围封闭，得以小中见大。

② 主山位于东侧，以三谷分山为三部。南部临池有小路，在绝壁之下。主山进谷入洞曲折至山顶，渡飞梁（桥），原则上和明代手法一致，惟变化更多。辅山在西北角，与主山遥相呼应。水池甚小且曲折，西北角池中有天然泉水（现已堵塞）。

用小块湖石砌山，较特殊与不易。洞内及洞门利用石块特点，结构上起拱券作用而外表上不呆板。且石缝隐于内，无需嵌缝，故外观较为自然。后多处经过勾缝，已失原有风格。现东南、东北及山顶枫树下三处仍保留明代之原状，此种手法虽较费工，但效果极好。

山之东北角为土坡，仅置石数块以挡土，但布置颇佳，不似后来狮子林驳岸式做法。临岸之石多挑出水面，使有幽深之感与不尽之意，此项处理手法亦很符合天然石岸之构造与外观。

③ 池南平台原建有走廊，朝北之一面辟有窗，近东墙有花墙，有虚有实，可供近观假山之用。由西墙西南角登边楼，得以远观假山全貌，并由此通向西北角边楼。由西北边楼可至土山。

④ 假山主峰与石壁向南倾斜，形成一走势，使外观更为生动，可称是恰到好处的手法。

⑤ 由备弄入园，可经走廊至"问泉亭"。亭东及西北均为假山包围，人在亭中有入深山之感，由亭往北及东北至"补秋山房"，现为三开间，原名"补秋舫"（舫即船厅），由此东至"半潭秋水一房山"亭（现已毁），可上山入谷。出谷，经主峰南绝壁下路，即可由紫藤桥而回至西走廊。

此园游览路线仅一条，然曲折多变化。园虽面积小，但其山池、房屋、花木布置紧凑，可谓煞费苦心，全国少有。而且又是戈裕良作品，因此至为珍贵。

三、花木配置

此园因面积不大，且绝大数面积为石山及建筑占据，可供栽培花木之空间极为有限，但仍尽可能在林木上创造较多的自然气氛。

主山上原只有三株大树，南有紫薇，中植青枫，东为柏树，达到了少而精的目的。后因园中泉水一度不通，池水枯竭，三树均枯死，至为可惜。

畅 园（1964年6月10日）

此园在庙堂巷22号，面积甚小并呈条状，建造年代在民国初年，为潘氏所有。园内以条状水池为中心，周旁绕以走廊、厅堂，主要游览路线呈环形。池上用曲桥（西南）将池分为大、小二部，又形成一辅助路线。走廊曲折，与墙间形成若干小院，以增加变化与小景。西南角有亭，为园中之制高点，此种手法与怡园类同。水池中有井泉五六口，故池水常得保持明净。小花园如何能产生多层次？在布局上可用桥、曲折走廊，以及树木、太湖石。故园中树木位置及品种的选择至为重要。园之入口在东南。池南有客厅。池北为住房，前有平台。西为旱船（纵轴与湖石平行），东侧及西侧为曲廊、半亭，池岸大部分平直，部分曲折。为苏州小花园中之佳例。

壶 园（1964年6月11日）

亦在庙堂巷（7号），面积较畅园更小，小巧玲珑如盆景，亦属潘氏。

以水为主，以石代山，无较正规之石山，是其特点。

入口在东南，为圆洞门，进门有湖石一块，为良好对景，入门向南有临水之曲廊及半亭，北部建平台，下部空悬而驾凌于水上，使游人在视觉上增加了深度。

西北有小桥。绕池西岸，折向南又经小桥回至入口。池虽小，用石桥二道划分，沿岸又布置湖石若干，使人不感池面积狭小。西岸之石布置自然有层次，东北角池岸伸出若半岛，上植竹数竿，其外有小石矶棋布水中。西岸近墙植白皮松，墙面延布络石，上再加大叶之薜荔及爬山虎，故墙面绿化亦极有层次。

王洗马巷7号万宅（1964年6月11日）

光绪时属任道镕（曾任浙江、山东巡抚及河督），此宅为供其外室所居。民国初年归上海颜料商万曾龄，因在园中改建洋房，故目前任宅之旧屋仅存二间：

① 花篮厅：无内柱，用垂莲柱。
② 书房：在园东南，面东，西侧有小院。

此园之特点为有山而无水。东侧建有石壁、石洞，布置颇有层次。

所植之树少而精，花台上栽矮树，山上种大树。东墙上施爬藤三重同壶园，以弥补小园中绿化少之欠缺。

铁瓶巷任宅东花园（1964年6月11日）

为任道镕之住宅。其住房位于园之西侧。

花园在功能上很突出。其主体建筑在园之北部。西北部为待客之客厅，作成船厅式样。中称东花厅，是宴客之所。东北系二层建筑（下为主人书房，上供藏书之用）。其中央之主厅及东侧之书房向北收进，平面上亦增加了变化。中部为东西向之庭院，院中以假山隔为三区，东侧凿小池，绕以亭、廊。中为亭式建筑之戏台，正面朝向花厅。西南为次要入口，有廊分别通向园西之住宅及园北之船厅，以及通向舞台与供演员化装之小室。庭中假山所形成之屏障，对演戏时音量集中有利。

耦 园（1964年6月11日）

在小新桥巷6号。

清初称"涉园"，为陆氏所有，后属祝氏。光绪时归沈秉成，建有住宅及东西园，故有今名，民国时售于常州刘氏。

中部为住宅主体部分，中轴线上有门厅、轿厅、大厅数重。两侧则为书塾、账房及书房、书楼所在，又可经此后通向后宅。

1. 西花园：

南端叠有湖石山，但无水。主厅为三间之"织帘老屋"。

2. 东花园：

总的布局是：西北叠山，东南辟池。

假山可能为"涉园"时所造，叠法高明，皆用黄石。主山在假山之中部，与西部辅山之间以谷相隔。主山东侧建绝壁，南循石路登山，处理甚佳。但山顶部之石峰为后代所加。

园东为走廊及亭，虽为新修，但基本保持原状。

池南有水阁"山水间"，原较高大，现已降低，较好。阁中置有苏州最大之圆光罩，其构图及雕刻都十分精美。阁西石岸新修，较高直。阁东花台亦为新建，石多土少，不够自然。

东南隅有二层之听橹楼，可俯览园内，又可观园外之景。北部有附前廊之大面积楼屋，可与中部住宅相联，形如迷宫。清代末年苏州民居常用此种手法，亦为苏州此种平面之典型。

东花园与正门厅之间尚有空地一片，原状不明。

作为大型住宅与花园结合之例，且东、西园各具特点，故此园有相当价值。

铁瓶巷顾宅（1964年6月11日）

其东花厅——"艮庵"前有三间小屋，朝南，为起居之所，称"五岳起方寸"。南有庭院，平面略呈方形，并于南部置大石五块。石后辟路及置种花木靠墙之花台。处理十分简洁明快。是当地完全用石、花木布置庭院之佳例。

苏州园林讲座之二：园林设计特点 *（1964年6月14日）

苏州园林是中国传统园林中的一个有代表性的组成，当然脱离不了中国自然风景式园林传统做法。它又是在山明水秀的江南地区长期接受中国传统文化影响而逐渐形成的。但它却具有其特殊风格，从整体设计、规划到单体构图、色彩，都以秀丽精巧玲珑见长。

一、布局

中国古典园林有其丰富的功能内涵，不但可游，而且可住。例如，有供宴客的大厅、观剧的戏台、书楼、主人的住房及客人的宾室等。园中建筑众多，为防止日晒雨淋又多用走廊联系。这是中国园林的特征之一，而苏州园林又进一步突出了这一特点，乃是西方园林中所不曾有的。这特征既有其优点又有其缺点，因为表现自然风景的园林希望山池、花木多，建筑多了则有矛盾，此矛盾在苏州园林中有的解决好，也有解决不当的，故花园布局亦有优有劣。

私家花园为经济条件所限，面积一般较小。园主为了企图在有限面积中创造更多的风景，因此在划分景区上尽可能采取曲折多变化的手法。但这种手法往往又形成不自然的现象，从而出现了第二个矛盾。

苏州园林用人工来模拟自然山水。因面积有限，不可能完全模仿自然，只能通过提炼和再现手法，这是一个艺术加工的过程，因此也有好有坏，即人工和自然的矛盾是否能够得到妥善解决的问题。

我们观察花园，就是看这三个矛盾是否解决得好。

布局之具体手法：

1. 划分景区：入园应多用小院落，或用假山、房屋、树木、围墙形成若干不同的小空间。由此曲折而进，最后才来到大空间。拙政园、狮子林、留园、怡园都如此。

景区要有主有次，主要区应大，次要区应小。

景区之间常用小庭院过渡，通过空间和景物的疏密相间，以增加变化。如留园之五峰仙馆与林泉耆硕之馆间就以揖峰轩及若干小庭院作为过渡。

但有时因地形所限，入门即进至大景区，但此种现象为数很少，如艺圃、环秀山庄、沧浪亭。此时，则以小景区置于其后为衬托，也是一种对比手法。

景区间之关系，大过渡中还有小过渡，在山池和房屋过渡中有时采取不完全封闭的渗透手法，即空间渗透，如留园之"古木交柯"，由漏窗可隐约看到园内主区。又如在"鹤所"使用空窗的手法，都是扩大空间，增加层次的好办法。

山池组合时亦可用此方式。因受中国传统山水画影响，园林中也常用水口的形式，如从狮子林真趣亭南望，四面皆山，但西南有水口，从桥→池→水口→桥→池→走廊看，层次甚多，是好的手法。又如自拙政园远香堂看见山楼，及由荷风四面亭南望小飞虹，由香洲东望或北望，三个水口相互交叉，形成的变化更多。

用走廊亦可作为分隔景区之手段，如怡园，墙上用漏窗，亦起似隔非隔之作用。

用树木作若断若续的分隔亦可，但树不可过密，否则如屏似幕，完全丧失其原来用意。

用桥亦可划分水面并由此延及景区。

2. 水池：苏州园林中以水池为主要景区的为数最多，此和汉代起之皇家园林传统（太液池、三神山……）有关，又和苏州当地多水有直接关系。

水池附近布置假山、房屋也是最易获得自然景色的最有效方法，苏州园林最佳景色也多见于水滨池畔。

小园之池多使用单一的池体，其平面近似长方或圆形。为求景观上的变化，常在角部用桥梁划分为若干水湾，如艺圃、网师园、畅园、半园、鹤园都用此种手法。

---

*[整理者按]：此文为作者对青年学人之专题讲座，未经发表。

大园有主要水面，又要有次要水面（较小、弯曲）。若水面多，沿岸就可布置多种建筑、花、木、山石。而水面又以狭长者为佳，如此则纵深之景多。如拙政园、狮子林、留园即是。

水池是园中最大空间所在，它能联系建筑、树、木、山石，又可产生倒影，增加景观内容与质量。但池岸切忌高、平、直，否则将形成呆板、生硬感觉。

桥梁：园中桥以矮、平者居多，尽可能不用拱桥。特别是石山下，桥近水面，可显山高。划分界区之桥则可稍高。又应少用直桥而多用折曲桥，以增加本身之变化。

荷花：种植面积也不宜过大，过去多种于缸内，再置池中，可限制其扩展面积及使池水清洁。现有用睡莲代替传统之荷花，一是更为美观，二是可避免残荷败叶的景象。

3．叠山：一般有二种：

① 作为园内主景，如沧浪亭、环秀山庄之石假山，但为数较少。拙政园中部之二座土山岛屿，亦可称为此类中之特例。

② 配合水池作为辅景，多建于园林水池之一面，如艺圃；或绕池二面，如留园、怡园；三面有山的如狮子林。

山之构图，苏州一般以石为主土为辅。以石为主之优点为可创造各种理想形体，缺点是难以形成自然景象（仅环秀山庄石山例外）。山上植树亦受限制。此外，耗费材料及人工极多。

石山之构成：明代常于临水建绝壁，壁下有路。又构纵深之谷，谷上架桥。山间洞少。山上或建平台。外形上既有横也有纵，且组合较复杂，有深度，有明暗对比。如环秀山庄之例。清末不用山谷，只有水平路，形体较简单，表明了不同时代在手法上明显的差异。清末又喜在山上砌出许多石洞及各种仿生形象砌体，而未从整体着眼。

石之处理：在院中或走廊侧常置若干玲珑之太湖石，是一种好办法，但石不宜太多。或以天然石砌不规则之花台。早期者石多半埋土中，有高低，较自然，后期花台砌石增高。又有以水平石条砌作石洞或架桥者，则表现之艺术水平不高。

根据不同种类的石，砌法亦不相同。湖石用于直的或斜的拼图好，如环秀山庄。用石应考虑其形状与纹理。黄石用于横纹理较好，如耦园东花园。

石洞：安徽会馆（原称惠荫花园）之小假山（称"小林屋"）为最佳，乃明代末期叠山名手周时臣（秉忠）所砌。

水洞：以小灵岩山馆池畔之二水洞为佳，但现已被填没。

4．房屋：

① 鸳鸯厅：常为园中主要厅堂，供主人宴客之用。夏天可用北半部，冬天用南半部。

② 四面厅：可供四面观景用，亦为园中主要厅堂。如拙政园远香堂，但规模较鸳鸯厅为小。

③ 楼阁：多置于园内较隐蔽之处或后部，而不置于园中间。如网师园之集虚斋和读画楼即隐于廊及院后，又用树木遮挡，以增加景深。留园之西楼虽暴露在外，但和其他建筑配合良好，并不显其体量巨大。而狮子林之暗香疏影楼则否，因其本身造型不佳，又与周围环境配合不好。

④ 水榭：多低临水面，且体积不大，造型轻灵优美。如网师园濯缨水阁。

⑤ 亭：平面形式有方、圆、五角、六角、八角、扇面、梅花……等多种，外观也极富变化。一般亭顶为歇山或攒尖式样。亭多点缀于山顶、水滨，面对园中风景优美之处。也有沿走廊使用各种形式之亭或半亭，但体积较小。在苏州园林中常用作走廊的入口或终点。

⑥ 廊：使用极为普遍，处理手法也多。种类有直廊、曲廊、波形廊、复廊、爬山廊、水廊……等等。其用途除联系各建筑作为交通线外，又可将若干分散之建筑联组为一个群体，也可用作划分景区或增加

风景深度的手段,还可遮挡房屋之高大山墙面及直且平之围墙(用曲廊、小院及花木、峰石)。廊之宽、高有变化,随人流之多少,空间之大小而定。

⑦ 墙:一般作为园林对外隔绝之围垣,亦可作为划分景区之用,如拙政园枇杷园之波形墙(又称"云墙")。

墙上漏窗花纹有数百种之多,过去由于材料只能用薄砖、瓦片、木片等,构图多限于几何形体。清末开始使用铁条及石膏,则可做得更加美观精细。苏州诸园中以沧浪亭为最佳。

⑧ 铺地:室内多用方砖。室外走廊用方砖或普通砖。露天之庭院中常用小石、陶瓦片或石片铺成各种几何图案或动植物纹样。苏州称为"花阶铺地"。

⑨ 踏步:除正规的条石踏步外,有的还使用天然湖石为踏步,可显得更为自然,并能与院中或池畔之山石相呼应。

总的说来苏州园林中之建筑较多,但水平不一。狮子林布置较差,留园则较好。过多则失却园林气氛。拙政园建筑虽多,但因园内面积大,并不显得密集。而其临水者尤有生气。建筑最好能有树木遮挡,观之若隐若现,并表现较多层次和变化。

5. 花木:

特点有:

① 用当地花木易成活,生长也快。

② 四季花木不绝,时时都可欣赏。

③ 因受传统绘画影响,一般采少而精的布置原则(姿态、位置)。

植于山上之树可分为二种:

① 为欣赏山石及树根,因此山上植树不多,此种方式在园林中常用。

② 为欣赏整个山林,则于大树下栽小树,小树下栽灌木或竹。例见拙政园中部二岛及沧浪亭。

将高大之落叶树与低矮之常绿树配合,四季咸宜。冬季可欣赏树干、树枝。

日本园林都用常绿树。

水畔在唐、宋、明代多植垂柳,后因柳寿命仅三四十年,遂改种枫杨……。水畔植树不应成行,采用独株或成林,可随宜处理。成行则使风景呆板,过密又遮建筑视线,所以应稍稀朗。

院中因主要供近观细赏,所以采用少而精手法。一般种植桂、女贞、玉兰……等姿态及色、香俱佳之树,或树形不太高大且生长缓慢品种,如紫薇、八角金桐、槭……。竹过去用得不多,一般用于树下或走廊近墙及室后小院内。狮子林指柏轩、沧浪亭玲珑馆皆前植大竹,茂而不密,效果亦佳。近来用竹之种类增加,有方竹、佛肚竹、紫竹……。

苏州园林之花木在配置时有其丰富经验,如利用大树木(枫杨……)既可配合房屋,又可共同形成优美轮廓,还能联系建筑,起陪衬对比作用。使用多种高低不一,树冠形式有别的若干树木,除丰富了景观,还可增加景物的层次,从而形成了园林中更为良好的自然气氛。

二、游览路线

这是园林设计关键,也是将各景区有机联系起的问题。西方皇家或贵族宅邸的园林面积大,景点也相对不多,因此游览路线不是突出的问题。中国私家园林面积一般都很小,欲在小空间中有较多之观赏点,非好好设计路线不可。

甲、园中游览路线分类:

① 静览:由厅堂、亭……等建筑之门窗或由桥头、路曲、山巅之处,都应布置好的对景。同时还应考虑对景之远近、高低、大小,要形成一幅幅良好的画面,如看远山,从门框内应形成如画的比例与构图。

而对景又须有陪衬，不能孤立。小的可以衬托大的，低的可以烘托高的，明暗亦由衬托而来，其间的关系是相对的。园林中常用树木、墙垣、山石来作背景，以衬托其前面的各种景物。借景也是对景，不过景在花园以外。

② 动览：人随游览路线前进，附近（前、后、左、右）之景物如画面展开，并不断变化。进行中原来的中景变为近景，远景变为中景。因此应考虑每一风景点既可远观也能近赏，布置时应有曲折和含蓄，否则就一览无余。因此对景物的要求，是应当具有尽可能多的不尽之意和深度。例如对假山而言，远看要轮廓雄伟幽深，近看则每块石头都应纹理清楚，从不同的方向看有其不同外貌造型。

乙、何处看园中全景：

一般是从园中之制高点，如楼阁、土石山……之上。

① 将楼阁等制高点置于游览路线之末，到最后登临才能欣赏到全园风景。如网师园之集虚斋、拙政园之见山楼……。

② 将楼阁等制高点置于入口附近，入园即可看到全部景物之一部，以引起兴趣。如怡园之读书楼。但此种方式在苏州用得不多。

丙、游览路线形式：

① 主要为一条环形路线，其中再加若干辅助路线，如一般中、小型园林：壶园、畅园……

② 大型园林主要路线不止一条。因园中景物多，变化也多，可使游人一时不能尽观，而有不尽之意。但亦应有一最主要路线（为一般人经常走的），也是景物最佳的路线。

用对比方式也是游览路线中常用手法。如留园由五峰仙馆→揖峰轩庭院和建筑空间大小，峰石花木配置的变化，都会给游人留下不同的印象。此外，动观是若干静观的连续，是线和点的观赏联系。因此对它们的组织是否合宜，则是至关重要的。而主要观赏点应置于主要园景对面，常隔水对山，例如拙政园中部从远香堂观看隔水的两座岛山，或自岛山俯览对面。

《中国古代建筑史》的编辑经过*

全国建筑历史讨论会的古代建筑史编辑组，从1959年8月到1961年10月，为苏联建筑科学研究院主编的多卷集《世界建筑通史》编写了五次中国古代建筑史稿，绘制了两次图样。1962年10月又着手编辑第六稿。这次工作在建筑工程部刘秀峰部长亲自领导下，组织了一个三十多人的编辑委员会，经过十几次讨论，明确了中国古代建筑史的分期和若干重要史料的处理以后，由刘致平、辛其一、陈明达、卢绳、罗哲文、陈从周、王世仁、赵立瀛、潘谷西、郭湖生等十位分别执笔，到1963年1月写成初稿。再经刘敦桢、梁思成、汪季琦、袁镜身、乔匀五人小组的整理，于同年4月底全稿完成，文字约十万字。与此同时，王世仁、傅熹年进行了若干古建筑的复原研究。并于同年5月起，又与杨乃济、孙大章、吕增权、叶菊华、金启英、詹永伟、张步骞、傅高杰、戚德耀、吕国刚、杜修均、李容淦等绘制了图样180余幅。

六稿杀青后，各方面认为目前国内正需要这样篇幅简短的中国古代建筑史，希望在这稿的基础上编写一本《中国古代建筑史纲要》。适陈明达、戴念慈、杨耀、单士元、宿白、徐苹芳、王世仁、辛其一、叶启燊、卢绳、陈从周、刘致平、张驭寰、叶定候、潘谷西、郭湖生等对六稿提供了许多宝贵意见，参加六稿工作的人员从具体工作中也发现了不少问题。同年6月到8月，刘敦桢、王世仁、傅熹年、杨乃济、郭湖生等又编写第七稿，除整理文字，掉换一些实例外，并对各时代建筑的特点作了若干分析和补充。文字增加到11万字左右。

接着，七稿执笔人经过多次讨论，认为中国古代建筑的各种特点及其和中国社会发展的关系，主要反映于各时代的建筑遗迹和有关文献与文物中，可是现有资料我们还未充分利用，已引用的又往往分析研究不够细致深入。因此于1963年冬再拟定提纲，搜集资料，着手编写第八稿。1964年3月到4月，杨乃济、郭湖生、戚德耀、李容淦分别赴西安、巩县、杭州调查实物；同时，刘敦桢、王世仁、傅熹年、杨乃济、郭湖生等改编文字，补充内容，又改绘图样50余幅。脱稿后，又经汪季琦修订，全稿约计13万字。不过我们的水平很低，再加主观努力不够，这稿内容并未达到预定的要求，希望读者给以批评和指正。

最后应当郑重声明的，这稿是在过去几次史稿和《中国建筑简史》的基础上进行编写的；同时得到各方面的热心协助，代为搜集资料、审阅文稿，或惠赐未曾发表的研究成果。如安志敏关于原始社会建筑，陈公柔关于商、周装饰纹样，陕西省文管会关于西周文物和唐永泰公主墓，罗哲文关于秦、汉长城，王仲殊关于汉长安城，叶定候关于汉代建筑文献，辛其一关于四川汉阙和崖墓，中央美术学院关于麦积山壁画，宿白关于敦煌石窟，马得志关于隋、唐长安城，陈明达关于唐以来木构架建筑的演变与辽佛宫寺塔的分析，张驭寰关于山西唐、辽两代的砖石塔，古建筑修整所关于唐、辽、宋、元建筑的测绘和摄影，太原市城建局关于晋祠，四川省文管会关于江油云崖寺宋飞天藏，徐苹芳关于元大都和清北京城图，王世仁关于山西明长城，傅熹年关于历代城阙和宫室演变，江道元关于拉萨住宅，祁英涛关于我国古代建筑重要遗迹表，杨乃济、王世襄关于中国家具史料，王偕才关于历代尺度表，以及新华社和人民画报社关于若干古建筑的照片，都给予本稿以很大帮助。谨向以上各机关、各位先生以及参加过去各次史稿的工作人员（名单见后）表示深切的感谢。

刘敦桢
1964年6月

---

*[整理者按]：此文为小结《中国古代建筑史》之成书过程，写于1964年6月。

历次史稿编辑人员

第一稿（1959年8月—11月）
    刘敦桢　潘谷西　郭湖生　张驭寰　邵俊仪

第二稿（1960年3月—7月）
    刘敦桢　郭湖生　张驭寰

第三稿（1960年8月—9月）
    赵立瀛　辜其一　刘致平　张驭寰　王世仁　陈从周　喻维国　郭湖生

第四稿（1961年2月—5月）
    刘敦桢　陈明达　郭湖生　王世仁

第五稿（1961年8月—10月）
    赵立瀛　王世仁

第六稿（1962年11月—1963年4月）
    刘敦桢　梁思成　汪季琦　袁镜身　乔　匀　刘致平　辜其一　陈明达　卢　绳
    罗哲文　陈从周　王世仁　赵立瀛　潘谷西　郭湖生

第七稿（1963年6月—8月）
    刘敦桢　王世仁　傅熹年　杨乃济　郭湖生

第八稿（1964年3月—6月）
    刘敦桢　汪季琦　王世仁　傅熹年　杨乃济　郭湖生

资料搜集及校核工作
    傅熹年　王偕才

注释
    傅熹年

历次绘图、洗印相人员

第一次绘图（1959年10月～11月）
    邵俊仪　潘谷西　叶菊华　金启英　詹永伟　傅高杰　朱鸣泉

第二次绘图（1961年5月～8月）
    傅熹年　叶菊华　詹永伟　傅高杰　金启英

第三次绘图（1963年5月～8月）
    傅熹年　王世仁　杨乃济　孙大章　吕增权　叶菊华　金启英　詹永伟　张步骞
    傅高杰　戚德耀　吕国刚　杜修均　李容淦

第四次绘图（1964年3月～6月）
    傅熹年　王世仁　张宝玮　张步骞　傅高杰　戚德耀　叶菊华　金启英　詹永伟
    李容淦

历次相片洗印、放大、加工（1959年～1964年）
朱家宝

有关《中国古代建筑史》编辑工作之信函

（1963年12月16日～1964年10月26日）

祥祯同志：

陈宝华同志来南京，悉你在苏州患病，不知已否见好？甚为悬念。关于《中国建筑简史》第一册我已就抽看部分，提出若干一般性意见；另外还有些问题不便写在一起，只得写此函奉告。

①我认为本稿最主要的问题应是篇幅与体裁。记得今年四月下旬在南京开始编写时，首先讨论这个问题。由南京工学院副院长金宝桢同志传达有关注意事项，印发上级指示三种及教学时间表供大家参考。由于目前各高等学校中国建筑史的教学时数约在50～60学时之间，而课堂上还请看幻灯、电影、绘图、讨论等，平均每学时学生可能阅读的篇幅只能以4000字计算。如以60学时为标准，全部字数应为24万字左右，加上若干课外阅读，亦不能超过30万字以上。如是，可印为16开本200面，再加图样、相片200面，共计400面，装为一册，既便携带，售价亦不昂，符合国务院人手一册的指示。当时大家基本上按着这个篇幅编写，到五月中旬古代、近代、现代三部分史稿陆续写完，不料篇幅突然扩大，据说全稿将达四十余万字，同时图样、相片也加多，非装订成三册不可。这样，书价当然提高，不是目前学生经济能力所能购买，将来各校恐需另编讲义方能解决学习中的困难。可是再编讲义不但浪费人力，还需向国家请拨纸张。在今天纸张奇缺的情况下，《人民日报》还要紧缩篇幅，能否如数拨下，不敢乐观。即使照拨也不符合"精简节约"的原则，我认为这是应该认真考虑的一件事情。

本稿的体裁内容，我以为须尽量配合当前各校《中国建筑史》的教学需要，方符合国务院编写教本的精神。目前除重庆建筑工程学院采取中建史与西建史混合教授法及清华大学采用分类法讲授外，其余各校大都按时代发展来讲课。本稿本来是按时代发展编写的，五月中旬以后忽然将近代和现代二史改为分类式，不但与古代史不一致，而且和各校的民用建筑设计原理、工业建筑设计原理、城规原理等相雷同，引起教学上的困难，因此从体裁方面来说，近代与现代二史非重新编写讲义不可。

总之，我以为教本既可满足教学上的需要，又可作为一般建筑工作者的参考书。可是作为一般参考书来编写，则不一定能适合教学上要求。二者之间显然存在一定的差别，不能等同起来。在目前纸张十分紧张时候，似乎以教本为主体，比较恰当，何况本稿是在今春国务院大力编写教本的指示下展开工作的。不知你对这些根本问题的看法如何？能告我否。

②本稿第一册的序言和编后记，我认为有若干问题还可商榷讨论。

第一，从建研院历史室本身来说，近代史资料确是白手起家。住宅与园林的调查研究从1958年开始加强，并对整个建筑学术界发挥联系、组织和推进的作用是众所周知的。不过另一方面，某些高等学校、研究室、建筑设计院和文化考古部门等也陆续做了不少工作。工作本身可能做得不够理想，但不能否认曾发生一定的作用。这篇序文登在全国高等学校的教本与广大的建筑工作者的参考读物上面，除了叙述建研院历史室本身的努力和成就以外，是否还可以适当反映党领导下建筑历史领域内蓬蓬勃勃的发展情况，请予考虑。

第二，叙述编史经过，将重点放在这次的《中国建筑简史》上是理应如此的，但对以前工作似乎有若干遗漏。就我知道的，十万字的《古代建筑简史》是在一稿两用，即一方面为苏联多卷本《世界建筑通史·中国古代建筑史稿》，另方面以《简史》名义在国内出版的企图下展开工作的。1959年八月下旬由张驭寰、邵俊仪、潘谷西、郭湖生及南京分室部分同志在南京编写，到同年十一月底完成初稿。1960年四月到六月张、潘、郭三人又在南京编第二稿。七月初，我带到北京讨论修改。八月到九月在北京编第三稿。这三稿不但具有明显的禅替相承的关系，甚至今年编的《中国建筑简史》也有若干部分引用了《古代建筑简史》第一、二稿的原文或略加修改，不难一见立辨，可是序文与编后记对第一稿只字未提，仅从第二稿说起。又《中国建筑简史》的图样、相片约有百分之八十左右沿用了《古代建筑简史》第一、二稿的原物。其中大部分是南京分室收集的资料，而南京分室是1953年春季华东建筑设计公司和南京工学院为了研究我国传统住宅、园林而设立的。1955年起转移到建研院，仍然合办。九年来南工教师一直参加了工作，可是编后记谓"书中插图基本上由建研院供给"，并以詹永伟、叶菊华、傅熹年三人概括过去很多人从事的调查、测绘和研究工作。又两年以来编史中的相片放大工作，包括古代建筑简史第一、二、三稿与今年的《中国建筑简史》，绝大部分是南工朱家宝同志的辛勤产物。这些遗漏事项可否酌量补加，请予考虑。至于编后记谓我也主持这次编辑会议，可是当时会议由汪院长与你及范书记等人所主持，我未预闻不应该列入，请删去为盼。

第三，序文列举过去几次会议和编史过程中曾经批判的某些学术问题，我以为当时这些批判是必要的，也是基本正确的，可是方式是否恰当，被批判的人是否心服，是否有副作用，却值得研究，也是我们大家有责任来反省一番的。最近中央指示过去各种批判项重新审核，如有不妥，可作为遗留问题来处理，因此，序文所述各种批判事项，须特别慎重，以免和中央指示相抵触。我建议问题的性质和措词轻重须仔细推敲，某些无关轻重的事情似乎可删去；而会议中重点批判过的问题，反未提到，应该加入，方符合当时情况，不知你以为如何。

③本稿用"建筑科学研究院理论历史研究室及各高等学校历史教研组合编"的名义发表，似乎还可以斟酌。首先是全国高等学校中设有建筑学与城规专业的共有二十几个学校，而今年参加编史的仅八个学校，称"各高等学校"，似乎与事实不符。其次我记得今年四月中旬通知有关学校派人来南京编史的电文，并未请派教研组负责人或代表，而是要求派过去参加编史的人，而且全稿完成后未寄给各学校讨论研究，用各校教研组的名义，也未事前征求同意，这样做，恐不妥当。此外，我还有一个顾虑，就是历史著作免不了有大大小小的错误，而国家最高学府的名义应当爱护。去冬中国科学院历史研究所编的《中国历史》六册，用中国历史学会的名义发表就是这个意思。因此，我建议用"建研院历史室中国建筑史编辑委员会"的名义发表，也许比较妥当些。又听说苏联多卷本《世界建筑通史·中国古代建筑史稿》将于本年内寄出，如用历史室名义，万一有错误，被对方指出，将影响国家的名誉。尤其是在今天中苏关系相当紧张的时候，似乎用编辑委员会的名义较好。

以上意见可能提得很不客气，但编史是党的事业，知而不言，于心不安。意见如有错误，盼见告，当尽量纠正。此致

敬礼

刘敦桢
1963年12月16日灯下

季琦同志：

前函计达左右。关于整理《中国古代建筑史稿》和编订参考书目，还有些事情打算和您商量，收到二月七日王世仁同志来信，甚为快慰，兹一并奉复如下。世仁同志处恕不另写回信了。

这次的《中国古代建筑史稿》，我希望做到短小精悍，内容不但增加许多新资料，而且取舍谨严，简单扼要，既有深入分析，又翔实可靠。原稿某些文字可简化，另外一些文字须略加详细，但字数至多不可超过十二万字，俾便于阅读和携带。前月王、傅、杨三君在宁已讨论整理项目，请您与梁先生及室内同志们多提宝贵意见以便着手修改。世仁同志来信，谓拟赴北京图书馆核对《皇明九边图考》，很好。熹年同志主张增加江陵出土汉代瓦脊走兽资料，及四川江油宋道教转轮藏，我都赞成。我想宋代小木作中的天宫楼阁，以及金净土寺正殿，明智化寺万佛阁，隆福寺大殿等处的藻井内罗列的许多小楼阁，都是好资料，可否增加少数相片？请考虑。此外，这稿出版采用何种版式？16开、24开、抑32开？也请大家讨论决定。俾他们来南京改绘若干图样时，并将版式一起设计完成，以便于付印，不审您的意见如何？

关于中国古代建筑史的参考书目，我希望在广泛基础上进行研究工作，所以宁愿多些。这两天，一写就已近五百种，然仍有不少遗漏，如 Q.Siren 的中国园林及日本方面的新著作都未列入。我希望个书目能请思成先生过目，并请室内各同志多提意见，为我补充补充。考古所、文化研究所……等处，请熹年、乃济二同志为我跑一次，可增加的希望尽量增加。我的意思，第一步最好做得详细一些。如果嫌多，第二步再减削不迟。至于这书目的缺点，我初步发现：①《日下旧闻考》、《顺天府志》、《缀耕录》等应该列入综合类，而原目分别载入元、明、清等代。②综合类的《中国营造学社汇刊》、《考古》、《考古学报》、《文物》等，有不少重要的专门论著，应该抽出来列入各时代内，俾以便于检读。这事当然要花些功夫去做，而我只列举《大同古建筑调查报告》于辽、金二代，将来还须仔细搞一下。③综合类与各时代的书目，多则一百余种，少亦数十种，都须分类，按先后排列。而原目未做到这点，应该改正。此外，大家如有其他意见，盼不吝指教，至盼。这书目如果做得好，我想对青年教师们一定有所帮助的（过去张之洞和思成先生的老太爷就写过书目，是我们应该学习的）。

专此顺候

近祉

刘敦桢
1964年2月10日

季琦同志：

前二函计已达到。《中国古代建筑史》（第八稿）已复写三份，桢处留一份，余二份连同底稿由王、傅、张三同志带京。相片已放大者一并带上。还在制版的五十多张，容后派人带京。

这次稿子有不少改动处：①结论第二节各时代发展概况比六稿、七稿稍详细，并加了一些断语。第三节六个特点改为结构、组群布局、建筑艺术、园林、城市与工官制度。内容都以发展过程为纲，说明各自特点，作为全书的帽子。②重要实例如唐佛光寺大殿、辽独乐寺观音阁、佛宫寺释迦塔，明、清北京故宫……等，以功能（包括规章制度）与结构为基础，说明其艺术形象。写法与过去不同，分析也比较细致、正确。如明、清北京故宫就是明、清时期的产物，不能移到其他时代或其他地点了。③唐、宋、辽、金、元、明、清三章的最末一节，对平面、结构与艺术处理等，突出几个特点，并叙述其前因后果，使建筑发展这条红线，贯串到各部分。④掉换一些例子，如以燕下都代替赵邯郸城，以白居易洛阳宅园代替绛守居园……等。⑤删掉少数有问题的资料，如汉武帝在十年内建造三百多处离宫……等。⑥新加南朝大墓、香积寺塔、北宋陵、明长城……等。⑦改绘墨线图数十张。⑧订正若干文字上错误。总之，这稿在六稿、七稿的基础上的确提高了不少，主要在"发展"二字下了一些功夫。但有些地方因资料不全还不够连贯，同时我们限于水平，虚实结合也不够好，只有等待将来补充和修正了。

这次工作大家合作得好，上述②③两项由王世仁同志挑大担。傅熹年同志除主持绘图外，又提供很多重要资料，并为我改文字。杨乃济同志虽先回北京，在调查资料与写作一部分稿子方面功劳不可没。张宝玮同志的绘图成绩也很好。

目前各高等院校中建史古代部分的讲课时间多在40小时左右，每小时阅读三千字，而八稿约十三万字，正符合要求。因此，我希望此稿能够早日付印，以解决目前大家盼望解决的问题。这稿文字少，插图、相片多，合装一册固然好，分装二册更便于携带，因学生设计时只带图，较方便。书的大小鄙意以十六开本为妥。不过付印以前：①文字语调还须通一下。重复的句子，你也用，我也用，须略修改。②少数相片稍模糊，如宋画《文姬归汉图》、《中兴瑞应图》与热河普宁寺大乘阁等，须重新翻版或掉换相片。③书中有不少资料未经发表，由于大家无私协助，我们也引用了。如陈明达同志之于佛宫寺塔、徐萍芳同志之于元大都……等，应一一申明出处，以表谢意。

我在一月前，红、白血球又有下降现象，后来一边打针服药，一边改稿子，居然挺过来了，现在身体还好，足释遥注。此问

近祉

刘敦桢
1964 年 4 月 17 日

再者：王、傅二同志的意见，国内出版时最好在文字下，注明资料出处及引用之书刊，俾读者可以由此了解原始材料。我同意这个意见，不知王锡才同志有无时间做这工作。（先编号码，再注明书名，如有问题，可问王、傅二同志及我。）

季琦同志：

连日寄上勘误二份，想已收到。这几天因我患伤风，所以工作速度慢了一些，现在又寄上第四章勘误表，祈察收。

关于汉、魏洛阳城的平面尺寸，一般都称为"九六城"，就是南北九里，东西六里，不过东汉的文献没有证明这点。因此，前天寄上的勘误表关于东汉洛阳的平面数据，请予删去。到西晋，洛阳城的尺度据《晋书》地理志是南北九里，东西七里，我已加入第四章勘误表内了，请王锡才同志换算为米，注入。北魏洛阳城仅《洛阳伽蓝记》载：京师东西十五里，南北二十里，一般都认为是外部尺寸，但实物不存，无法证明。我主张将原稿这段文字全部删去，较为妥当。

今年二月，毛主席对我国现行教育制度有重要指示。从三月中旬到四月中旬，全国各高等学校的校长，在北京开会一个月，决定从小学到大学，适当缩短时间，对课程教授法与考试都有所改变。更重要的是防止修正主义，加强政治教育，每100个大学生置一个专职的政治干部（南工5000学生，就要50个专职干部）。对于文、史、哲、艺术方面的招生，将有严格的标准。因此，我想我们写的《中国古代建筑史》，既然是史，就应该有明确的阶级立场，对于遗产要有适当的批评才对头（如"诗情画意"的园林）。请您考虑一下，这份稿子在送审以前加入一些阶级观点，还是付印前再加？如果在送审前须加入，则时间迫促，只有偏劳您在绪论内酌量增补增补了。

关于十年规划中南工担负的工作，牵涉到人员编制问题。历史教研组按工作量只能有二位教师，可是我们有四位，已经超额了。去年受教育部指示而成立的研究室（共十人），主要为解决教材而服务。其中又以建筑设计为重点，由杨、童二先生指导。历史不是重点（仅二人）。如果要研究东方建筑史，则日本、朝鲜一人，印度及东南亚一人，中亚、西亚一人。这三人的名额无论历史教研组或研究室都插不进去。待与院领导接洽后，再行函告。

此致
敬礼

刘敦桢
1964年4月22日

季琦同志：

寄上第五章勘误表四纸，请察收。

这章由王世仁同志分析佛光寺正殿的各种特点，我认为比过去任何人的稿子都要高明得多。不过他的文调与我略有不同。为了文体统一起见，我顺了一下。不知有无"以词实意"之处，请他再看看。如不妥，请他再修改为盼。

这章第154页的香积寺塔的年代，比玄奘塔稍晚，但置于玄奘塔之前。我建议前后对掉，请王锡才同志作为剪贴为感。

稿中关于阶级性问题，我想采取白描方式。如都城布局是以宫室为中心。建筑有等级制度。抬梁式木结构依着使用目的，产生繁、简的差别（实际是等级制度）。宫殿用贵重材料作装饰。"诗情画意"是士大夫阶级的生活与思想的情调。白居易的洛阳宅园是为悠闲自适的生活而服务。五代卫贤《高士图》反映"高士"的生活、情趣（只要一看图，便知所谓超世绝俗的高士，是过着腐朽的剥削生活）。不过这种写法是否过于温和？如不妥当，请您代为增写几句文字。至盼。

此候

近祉，不一。

刘敦桢
1964年4月23日

季琦同志：

　　前月建筑大纲讨论会在南京开会时，有人向我提出去年第六稿有若干毛病：①文字不统一。各人有一套造句法和常用的词句，收入一书之内，很不和谐。②有些文字相当繁冗，可简化一下。③重复处不少。因此，我决心大动干戈，通顺它一下。这事与其迟，不如早。从王、傅等同志回北京那天起，花了一星期功夫，将上述三点改正了不少。虽然还不够理想，大体上没有多大问题了。现寄上第一章勘误表五纸。余下部分改动不大，明天可抄录寄上。

　　这稿如打印送审，请给我一份。

　　关于十年规划，我已看见科委下达文件，印度、印尼、东南亚及西亚伊斯兰教等部分工作拨给华南工学院，我只担任日本、朝鲜、越南部分。对我来说，担子轻了不少。南工领导已同意给我三个名额，着手研究。这样，问题解决了。再加我想休息一下，下月上旬北京的会议，我想请假，另以书面报告今后的研究计划。此问

　　近祉

刘敦桢
1964年4月26日

世仁、熹年二同志：

昨接 23 日熹年同志的信，奉复如下：

① 汉代既然有歇山建筑，就应该修正原文。请费神将序论中屋顶部分及第三章最后一节文字代为改正。图样如来信所提，只能另加一小图。将来国内出版，再将汉代建筑详部一图，重画一遍。

② 佛宫寺塔不是位于辽城中央，而是唐末城中央，也请代为更正。

③ 新华出版社所制玻璃版，经夏振宏同志交涉，已为我们提前做好。昨天李容淦全部取来，交给朱家宝了。所余宋陵平面图，戚德耀于 24 日赴巩县，估计明天有电报来，由小李更正原图，送去制版。总之，一切图样的制版和放大，于 5 月 5 日左右完成。只等戚德耀回南京后，就嘱其送京。

④ 宋陵文章已告郭湖生快点完成，他明天赴巩县，估计来回十天左右。不过如要总平面图，则十公里的面积，不是两个人、十天内所能测绘的，恐怕只有一个略图表示位置而已。

⑤ 王其明同志写给戚德耀的信，等老戚回来后再面交，请代转告。

此问

近好

刘敦桢

世仁、熹年、乃济三同志：

为了统一文体，我已将第八稿掉换了一些句子和各人惯用的词汇。是否妥当？请您们再看看，才能算数。勘误表已全部寄出，我又看出几个漏洞，真是"校书如扫落叶"，总是扫不尽。现在写在下面，请你们代为更正为感。

① 秦与西汉虽在洛阳建有宫殿，但并无东京或东都之名，我已更正了第75页原文，但结论部分忘记修改。请将第6页第3～4行"汉朝曾建设规模宏伟的首都长安与洛阳"改为"西汉与东汉曾先后建设规模宏伟的首都长安和洛阳"。

② 绪论第11页第15行"在中国封建社会的建筑中，由于建筑上的等级制度"，我感觉有点啰嗦，请改为"中国封建社会的建筑，由于等级制度"。

③ 日本的《中国艺术》所载四川出土汉明器上覆九脊殿屋顶，想已绘图并修改结论25页第1～2行及第三章第92页第11～13行文字矣。昨天看熹年同志寄来草图，偶然发现这明器的当心间面阔比左、右次间稍大。请您们再核对一下，如果确实如此，不能不写入稿中。并请将结论第17页第19行及第三章第95页第15行文字代为补充为盼。

④ 什么时候产生举折？根据东晋云南墓内壁画，似不应晚于东晋末期，可是史稿忘记写。请将绪论第24页第18行及第四章第126页第20行，加一句"当时屋顶应有举折结构了"。

⑤《明皇避暑图》如出南宋人手，原稿可不更动。若是元、明人所画，就只有忍痛删去此图及第六章第226页有关文字。不知您们以为若何？

熹年同志所要草图，已嘱小李找到后即付邮。万一找不到，则只有等戚德耀回来后再问他了。此问
近好。

刘敦桢
1964年5月2日

王世仁同志：

昨函发后，阅读本年四月份《考古》的郑州二里岗汉砖墓发掘报告，可证明汉代歇山式屋顶，是由中央的悬山顶和周围的单庇顶（一面坡）组合而成。在最初阶段，悬山顶与单庇之间，形成踏步形状，是结构上很自然的事情。到东晋壁画及碑刻所示，虽没有这个"踏步"，可是旧法仍然流传下来，不但日本法隆寺金堂如此，明中叶所建四川蓬溪县鹫峰寺大雄宝殿还保存这个做法。我想请您在第三章第92页第10行介绍汉朝屋顶形式时，说明歇山顶是由悬山顶和周围的单坡顶所组成。专此并问
近好。

刘敦桢
1964年5月3日

世仁、熹年、乃济三同志：

连寄数函，想都已收到，尚有数事奉告。

① 第五章第 169 页第 13 至 14 行"各面阔"应是"各间面阔"脱一"间"字，请代补添。

② 春秋、战国的高台建筑，西汉初期及中叶还在盛行，但后来便逐步减少，原因何在？史稿未予说明，是一个漏洞。我想这事也是中国建筑发展过程中一件相当大的事情，应该加以解释。我初步想到的是不是和木结构技术的进步，即高楼建筑的发展有关。因为在高台上建房屋须先用夯土筑成高台，既费人力，又浪费土地（因台分数层，下层面积相当大）。后来楼阁式建筑发展，纠正了这些缺点，高台建筑自然归于淘汰矣。关于楼阁式建筑的发展，文献中可以约略看出一些线索。如汉武帝所建井干楼，颜师古注引《汉宫阁疏》谓："积木而高为楼，若井干之形"。可见当时木构架技术除了用很笨的井干方式以外，还不能建造很高的楼阁。可是王莽所建之九庙皆重屋，其太初祖庙高十七丈，余半之。而现在汉长安礼制建筑的故基，中央之台不过二公尺余，不难推测其上已有高大的木构架。到三国魏文帝（曹丕）在洛阳建陵云台，《世说》与《洛阳宫殿簿》谓楼方四丈，栋去地十三丈五尺七寸五分，先称平众木轻重，然后构造。明帝虑其势危，以大木扶持之。可证明其为木构架楼阁无疑也。这里可看出从西汉武帝到三国间楼阁式建筑的发展概况，同时这种方形楼阁盛见于汉明器中，应是后来楼阁式木塔的前奏。以上意见请与汪主任、致平、明达三同志议论一番。如果大家同意这个看法，将来史稿付印时，请在第三章、第七章第 94 页楼阁一段，补充几句。

③ 八角形建筑始于何时？过去我们根据嵩山会善寺净藏禅师墓塔，断于唐天宝间。现据日本编辑的《世界考古学大系》，6 世纪朝鲜佛寺故基中，已有八角形殿堂遗址。而颜师古注西汉井干楼，谓其形"或四角或八角"。师古是初唐时人，如未看过当时实物，不会凭空想出八角形平面。又开元二十七年改建东都明堂，于平坐上建八角楼，亦早于净藏禅师墓塔。此外，敦煌壁画内往往在屋顶上建平屋与八角小楼，可知此制在中唐已相当流行，也许是宋代八角形楼阁式塔的权舆？至于屋顶上以八龙捧火珠，见于前述东都乾元殿，即自明堂所改造者。而遗物中如嵩山唐嵩阳观圣德感应碑亦如是（北海白塔东麓清乾隆碑仿此制）。将来史稿付刊时，请在第五章最末一节，补充几句为盼。

此问

近好。

刘敦桢

1964 年 5 月 5 日

世仁、熹年二同志：

您们的4、5、6日三封信于今天下午同时收到。逐项答复如下：

① 科委既然同意将第六稿翻译寄出，那就省力多了。我想第六稿字数较少，而且已往翻译过一部分，一定可以很快地完成任务。不过我因苏州方面吕、金、叶、傅、詹五人的工作，急需我去解决一些问题，我已买好11号的票与童寯先生同去一趟，来回约一星期。在这几天最紧要的关头，我却抽不出时间来改第六稿。此外，第七稿与图样都不在手中，修改也有困难。而梁、汪二先生又都十分忙碌，恐怕没功夫亲自动手。想来想去，只有分您二位三天功夫，修改一下，请梁、汪二先生过目就可以了。修改的范围请以第七、八稿为底本，先改以下数项：

甲、显明有错误处。

乙、必须掉换的例子（以燕下都掉换赵邯郸城，以白居易宅园掉换绛守居园等）。

丙、过分夸大的文献（如西汉在十年内造三百多所离宫）。

丁、不恰当的分析（如戴念慈对隋大石桥所提意见，说明第六稿的分析有问题）。

戊、错误的图样。

至于第七、八稿新增加的资料及许多新看法、新分析，我想就不必加入了。

② 日本《中国美术》所载汉明器，既然是当心间较大，就请您们补充第八稿为盼。将来付印时，请熹年同志照原书所载相片，勾一草图加入"汉代详部"图中为盼（这图可以剪贴）。

③ 《明皇避暑图》既然有南宋人的可能，我们就引用吧，原文不必修改。但是要在原文内，加上"南宋绘画"数字，请您们代为斟酌斟酌。

④ 唐应天门一段文字，我完全同意增加进去。同时您们将绪论第26页第7～8行文字，略予修改，使前、后所说完全一致。

⑤ 佛光寺大殿删去宋朝改移门窗一语，我同意。

⑥ 关于伊斯兰教穹窿顶一段文字，我同意照来信所改的。不过方形平面的四角，除了用斗栱以外，还有用叠涩挑出的。我记得北京东四清真寺大殿就如此。请将"四角用砖制斗栱出跳"，改为"四角用砖制斗栱或砖叠涩挑出"。

⑦ 第三章第92页第11～13行关于汉代屋顶部分，修改得很好。但同章第97页第3行有"有些屋面做成上、下两叠形式"一语。为了前后说法一致，我建议在修改稿中"自然在两者之间形成一个阶台"之后，加一句"成为上、下两叠形式"，庶与97页文字互相呼应。

⑧ 汉代正脊两端微微反翘见于孝堂山石室及画像石中，角脊反翘则画像石中很多，已在第三章第97页提到了。至于汉代屋角是否反翘，我想有些可能。本打算用推测的语气写一二句话，后来与梁先生商量，决定目前暂时不提，等待证物续出，再写不迟。郑州二里岗出土汉明器，有一件檐端仍是水平状态；另一件则一端水平一端反翘，不知是否烧制时陶器弯曲的结果。为慎重起见，我想还是再等待一个时候。不知您们以为如何？

⑨ 王莽礼制建筑确受到谶纬之说的影响，请世仁同志在第三章第69页及73～74页酌量增加一些文字，至盼（文字不必再征求我的同意）。

⑩ 夯土部分我忘记写了。请熹年同志结合唐代城垣、城门，写入第五章材料技术部分为盼（文字不必征求同意了）。

⑪ 宋代建筑的基础，据《营造法式》与宋人笔记，汴京宫殿的基础曾采取换土的方法。此外，上海龙华塔（南宋建）下部已打木桩，桩的断面是长方形，桩上盖以厚木板，其上做砖基础。我想请您们在

第六章技术部分简单地提一二句。因为全稿没有一字提到房屋基础，借此提及也是必要的。

⑫"亦步亦趋"不必改，请您们再改过来为盼。

⑬ 熹年同志要的草图，已找出来了，马上付邮。

⑭ 世仁同志致戚德耀的信已转交他。

⑮ 孙宗文住杭州湖滨八弄，浙江建筑工业厅招待所209号。世仁同志有事，可直接写信给他。写稿事等他月底回南京后，再当面说。

⑯ 宋陵总平面图已画好，打算加入史稿内，由戚德耀带京。

⑰ 史稿出版问题，去冬汪主任来南京时，我们商量结果，用梁、汪、刘三人名义写信给刘部长，请求在国内出版。这样，也许比我写信给出版社更有力量。这事请汪主任代写代签名。世仁同志急于赴山西，则史稿结尾工作与拍大乘阁相片，只有请熹年同志代为主持。这事我另函与汪主任商量，不必赘言了。此问

近好。

刘敦桢

1964年5月8日灯下

世仁同志：

十七日我自苏州回来，今天收到十日来信，九日我答复您与熹年同志的信，恐未收到，只得再写一遍。并将十日来信所谈诸事，及我对于第八稿还有一二处意见，一并叙述如下：

① 寄苏联的译本，应翻译第六稿，抑第八稿？我没有成见。不过第六稿的错误处必须更正，不恰当的例子和不恰当的分析也都须改正。这样，也就与第八稿相差不多了。是否可以将第八稿简化一下，去掉一些次要文字，即外国人看来可有可无的文字（如明长城的历史背景及制度问题等）请您与汪主任决定为盼。

② 《资料汇编》登一些我们的信件，我没有意见。不过有些信件我未保存。去年夏天陈明达、陈从周等先生所提意见，您们八月间回北京时已经带去。现在将戴念慈的意见，宿白及您们最近几次来信，附寄此函内，希察收为幸。

③ 汉代礼制建筑，我主张详细写一下（字数以不超过千字为度）。另立一节，置于第三章第三节之后。标题是否用"两汉与新莽的礼制建筑"，请斟酌。同时，请将第73页第18行至第74页第8行的文字删去，或简化，以免前、后重复。

④ 汉代建筑的各间面阔，根据沂南汉墓画像石各间是相等的。但日本出版的《中国美术》所登汉明器则当心间稍大。因此，第95页第15～16页文字，请您代为补充，并请熹年同志描一插图为盼。

⑤ 《考古》1964年第4期所载郑州二里岗出土的汉明器，有一件的屋檐保持水平状态，另一件一端水平，一端反翘，我疑是烧制陶器时不平均收缩的结果。因此，我主张屋角反翘还是写在东晋最为妥当。如果汉代证物续出，我们再更正不迟。

⑥ 熹年同志所绘唐大明宫玄武门复原图可采用，请在第五章第二节第137页大明宫部分加几句话。夯土技术，加在第五章第七节唐代建筑技术内比较妥当，请熹年同志执笔为盼。

⑦ 第八稿未谈基础结构是一个漏洞。我主张在第六章第七节宋代建筑技术内，加《营造法式》及宋人笔记中所载宋东京宫殿换土的办法，及南宋建造的上海龙华塔基础打桩的情况（桩的断面像矩形，桩上压以木板，再在板上砌砖基础。由于地下水线较高，这些桩板还保存很好）。这事请您代为执笔为盼。

⑧ 第203页第16行，"一步亦趋"系笔误，请改为"亦步亦趋"。

⑨ 佛光寺大殿的槅扇，不要一口认定是宋代移改的，我赞成。原文请修改（第149页第2行）。

⑩ 第三章第92页第11～13行您们修改的文字，我主张在"两者之间形成一个阶台"之后，加一句"因而屋顶成为上、下两叠形状"。其余都同意。

⑪ 上述歇山顶的正、背二面成两叠形状，我前次虽举日本法隆寺金堂及四川蓬溪县鹫峰寺大雄宝殿二例作为旁证，但不必写入稿中，为盼。

⑫ 二里岗汉明器的屋顶，有一件恐残缺不全，不是盝顶，不写入为妥。

⑬ 熹年同志提出的绪论第26页第8行关于隋、唐洛阳应天门及唐长安大明宫修改"阙"的文字，我完全同意。

⑭ 又熹年同志所提增加第五章第142页第9行文字，我完全同意。

⑮ 《明皇避暑图》既然有南宋人手笔的可能，我们就引用吧。原文不必修改，但请在第226页第1行加"南宋绘画"四字。

⑯ 第七章第314页第9～15行修改的文字，我同意。但"在方形平面的四角用砖制斗栱出跳"，请改为"在方形平面的四角用砖叠涩"（请您们看看可能我记错了亦未可知）。

⑰ 战国时代的高台建筑以防御为主要目的是很明显的。高台建筑之所以逐渐消灭，既有使用功能方

面的关系,也有结构进步的原因,最好两方面都提到。这事我主张在第三章第一节内先简单提一下,再在同章第七节内详细说明。请您执笔为盼。

⑱ 长安汉礼制建筑我同意您的看法,是高台与楼阁建筑的过渡作品。从中央夯土台仅高二公尺左右来看,恐怕高台只是残余,而新兴的楼阁建筑已居于主要地位。此外,有一处夯土台上,中央留有一个大石头,我疑是中心柱的柱础?也许和六朝时代的木塔中心柱有关系?但系孤例,不敢随便引用作为证据,只有留待将来证物续出时再说了。

⑲ 八角柱早见于东汉石祠与四川彭山崖墓中。但八角形建筑始于何时?现在缺乏证物,只能推测初唐可能有了(即前函所引颜师古注)。印度方面,公元前1世纪开凿的Rarle石窟已用八角柱,比我们略早。但现存印度佛塔平面都是圆形,用亚字形平面的Vermana原属婆罗门教,玄奘《大唐西域记》称为"天祠"。佛教虽也使用这种高塔(如佛陀伽耶塔),玄奘称为"大精舍",内有一室供奉佛像与圆形平面的实心塔(Stupa),性质不同,时间亦较晚。至于印度有无八角形塔?据我到过的地方,尚没有见到。

⑳ 梁先生的文章我未读过,实在孤陋寡闻。但不知他引用的资料属于什么时候?

㉑ 洛阳明堂平面八角形,而内有中心柱,洵如您说的是一种过渡时期的结构。

㉒ 绪论第30页第15行"佛寺中亦盛植花木,开后代寺观园林之端"。请改为"佛寺中亦盛植花木,而庐山莲社已筑台凿池,开后代寺观园林之端"。

㉓ 第七章第282页第19行关于藏族住宅,我根据一般三层住宅情况,将原文改为"中层住人,上层往往作经堂,内有精致的木装修"。可是我们的图样,却是拉萨的二层住宅,文字与图不一致,请您将这几句话再修改一下,至盼。

㉔ 第七章第十一节关于明、清的材料、技术和艺术部分,我们主要就官式建筑的演变进行分析讨论。对于民间建筑,仅在最后一页(第230页)简单地说了几句而已。我想请您再略加详细些。如江、浙民居,据明中叶出版的《鲁班经》,已有以明间面阔为基本单位来决定各部分的比例尺寸。内部天花配合室内布局,已使用各种式样的轩,轻巧秀丽,富于变化。而天花以上部分,仍使用唐、宋以来的草架结构是一个特点。此外,福建的土楼,河南、山西的窑洞住宅,都在这时期内作了很大的改进。藏族与西北民族的建筑,也于这时出现了模数制度等等。虽然有些在各节内已经说过,似乎在结语中,应该再提出来,总结一下。

㉕ 由于时间迫促,这稿不再修改了。文字方面,请您与汪主任做主,也不必再征求我的同意。这稿打印后,请给我一份为盼。此信因托刘主任带京,忙中执笔,缭乱万状。

此致
敬礼

刘敦桢
1964年5月19日上午

季琦同志：

祥祯同志返京，一切想代面达矣。前天收到电报后，已将故宫平面图改正。唐长安城复原图只将曲江池三字略为移动，好在是推测的复原图，只要没有大差误，似乎可以送出去。此外，加了一幅苏州王洗马巷万宅花厅的天花，可否采用，请王世仁、傅熹年二同志斟酌。以上三种相片，共计九张，今日挂号寄京，谅不日可收到。

这次放大相片费约八百余元，由南工放映室垫付。为了资金流转及添购纸张起见，请将放大费用早日寄宁为盼。（详细数字，陈根绥已函达矣。）

这几天翻阅日本建筑史，看到几种数字，可作中国建筑史的参考：①飞鸟时期佛寺平面，在已发掘的八座佛寺中，除一座不完整，其余七座都是方形平面，而法隆寺最大（高丽尺约80丈见方）。因此，使我想到第四章北魏洛阳永宁寺的平面，我曾将"平面方形"四字删去，似乎可以再添入。②飞鸟时期的建筑平面，有五座金堂，都是歇山顶。面阔五间，中央三间相等，两侧梢间稍窄，与佛光寺大殿相同。在进深方面，这五座金堂，都是四间，中央二间大，南北二间小。可能都是采用"金箱斗底槽"结构，也与佛光寺大殿一样。③飞鸟时期的讲堂只存法隆寺与四天王寺二处，面阔都是八间，各间相等。覆以悬山顶。进深各四间，也是中央二间略大，南北二间略小。④飞鸟时期的木塔一般都是第一层面阔三间。其中有五个例子，各间相等。有三例明间略大。另有三例明间略小。除明间略小者外，其余与我国汉、唐间遗物一致，可证明第八稿的论述没有错误。我想王、傅二同志知道后，一定很高兴。

此问
近好

刘敦桢
1964年5月23日

熹年同志：

接本月23日王世仁同志来信，悉渠赴山西工作40天，史稿由您与王锡才同志整理。前有数事奉白如下（其中有数处，须修改原稿，请注意）：

① 部里既然决定将六稿寄苏，一切都明朗化，事情好做多了。我同意王世仁同志所提诸事。㋐明显错误须更正，其余不必多动。㋑以白居易园池换绛守居园。㋒寄畅园不必动。如缺相片，由南京补寄。㋓明长城不必加入。㋔删去明、清一般城镇。㋕插图可酌量减少，尤以次要例子，文字与图、相片等都可删汰。㋖绪论第三节的六项标题，可采用八稿方式，简单化，历史演变也不必加入。㋗绪论第二节各时代发展可参考八稿，加少数定语，使时代特点明确起来。㋘各章的材料、技术分析，八稿比较详细而正确，我看可以不必加入六稿，以免变动太多影响交稿日期。

② 据说稿件付印，须经部里的编审委员会通过，才能交出版社印行。这样，八稿恐怕不能于年内与大众见面了。不知有无简化手续的方法？我想送审是应该照办的，但希望审查时间不要太长，同时可先与建筑工程出版社交涉出版手续。这事请与汪、刘二主任商量为盼。

③注释问题请您与王锡才同志办理。大部分文献出处您都知道。万一有不明了处祈见告，当即奉复。现在我想到的，列举如下，以供参考。

第15页第1～2行，"因而从三国时代起，中国历史上有不少拆运成批宫殿易地重建的记录。"

注：三国吴大帝（孙权）赤乌十年，迁拆武昌宫材，建造建业太初宫，见《三国志·吴志》二·孙权传。

东魏孝静帝天平元年自洛阳迁都邺，见《魏书》卷十二·孝静帝纪，卷七十九张宣传。

唐昭宗天祐元年自长安迁洛阳，见《旧唐书》卷二十（上）昭宗纪，《新五代史》卷二十一·寇彦卿传，及《资治通鉴》卷二百六十四。（金营中都，用宋汴京故材，见宋人笔记，上刻"燕用"二字。但书名已忘，祈代查补入。）

第16页第17行"公元6世纪上半期，北魏宫殿已使用琉璃瓦"。

注：《南齐书》卷五十七·列传三十八·魏虏。

第17页第18行"这种方法早见于春秋时代的门、寝建筑"。

注：张惠言《仪礼图》。

第22页第1行"是南北朝以来宫殿和庙宇常用的手法"。

注：顾炎武《历代帝王宅京记》卷十二·后魏邺都南城宫殿。

第24页第16～17行"因而汉朝创造了微微向上反曲的屋檐"。

注：《文选》两都赋、两京赋、景福殿赋。

《广州出土汉代陶屋》文物出版社。

第24页第17行"接着晋朝出现了屋角反翘的结构"。

注：《文物》1963年第12期《云南省昭通后海子东晋壁画墓清理简报》，云南省文物工作队。

第25页第16行"春秋时期建于宫殿正门前的阙"。

注：《左传》庄公二十一年，《穀梁传》桓公三年，《公羊传》昭公二十五年，《周礼》天官。

第29页第6行～10行"南北朝、隋、唐间的宫殿、庙宇、邸宅多用白墙，红柱或柱枋、斗栱绘有华丽的彩画，屋顶覆以灰瓦、黑瓦及少数琉璃瓦，而脊与瓦采用不同颜色，已开后代'剪边'屋顶的先河"。

注：顾炎武《历代帝王宅京记》卷十二·后魏部都南城宫殿。

白居易《长庆集》自题小园"……回看甲乙第，列在都城内，素垣夹朱门，蔼蔼遥相对，……"。

《唐长安大明宫》中国科学院考古研究所。

《敦煌壁画》。

第 29 页 14 行 "这种方法在元代基本形成"。

  注：陶宗仪《辍耕录》卷二十一·宫阙制度。

第 32 页第 10～11 行 "也就是唐人所谓奥如旷如的方法"。

  注：柳宗元《柳河东集》卷二十八·永州龙兴寺东丘记。

第 33 页第 5～6 行 "据北宋初期已有'值景而造'的布局"。

  注：朱长文《吴郡图经续记》南园。

第 144 页第 13 行 "园林中往往用怪石夹廊"。

  注：皮日休《任晦园亭诗》："……广槛小山欹，斜廊怪石夹……"

第 144 页第 13～14 行 "或累石为山，以达到咫尺山崖的要求"。

  注：李绅《苏州开元寺诗》："……坐隅咫尺窥崖壑，窗外高低辨翠微。……"

以上随便写写，已经是十多条了，是否须如此详细注释？请您代为考虑考虑为盼。

④ 注释的号码，由于注释较多，恐怕只能以章为单位，来排列 1、2、3、4……等。为读者方便起见，注文最好排在各页的下部。如果出版社不赞成，那就只有排在各章的后面了。

⑤ 绪论第三节园林部分，过去根据《洛阳伽蓝记》说佛寺中盛植花木。实际上，公元 4 世纪 80 年代高僧慧远利用庐山自然风景，建东林寺，时间比北魏末期洛阳诸寺更早。因此，请将第 30 页第 15～16 行原文，改为 "佛寺中亦盛植花木，而东晋太元初慧远于庐山营东林寺，已开后代寺观园林之端。" 注：《高僧传》卷六。

⑥ 关于早期的楼阁式建筑，如汉代的方形楼阁，据长安礼制建筑遗址中央有大石础，可推测楼阁的内部可能已有中心柱。这事我前函已经说过。昨王世仁同志来信，引《文物》1963 年第 4 期王振铎的《张衡'候风地动仪'的复原研究》一文，谓沂南、昌黎、洛阳、成都等处的汉墓与汉建筑遗址中都有中柱，赞成我提出的意见。我记得您也曾说过同样的话。我想在第 95 页第 1 行 "……的基础上发展起来的。"之后，再加如下几句话："至于这种方形楼阁的结构，可能像长安礼制建筑遗址、洛阳汉建筑故基及沂南、昌黎石墓和成都崖墓等一样，以巨大中心柱承载荷重，加强整个建筑的安稳。"

⑦ 关于南北朝木塔有无中心柱（即刹柱）问题，陈明达先生虽然主张没有，但我认为在很大程度上，有中心柱的可能。请在第 115 页第五行（图　）之后，加下列文字："至于这种塔的结构，根据汉长安礼制建筑遗址、日本飞鸟时期木塔和文献所载唐洛阳明堂等，塔内可能有贯通上下的中心柱。"

⑧ 唐代木塔根据武则天所建洛阳明堂确有中心柱。请在第 167 页第 13 行 "所能达到的水平"之后，加 "而明堂有巨木十围，上下通贯，栭栌撑楗，借以为本"。说明这座巨大木结构已以中心柱保证其整体的牢固。同时不难推测，盛唐时期的木塔内部可能已使用了中心柱。

⑨ 在第 201 页第 1～2 行 "结构的稳定主要依靠贯穿塔中心的木柱"，请改为 "结构的稳定主要依靠塔内中央贯穿上、下各层的中心柱"，这样，汉、南北朝、唐、宋的方形楼阁和木塔的结构，可以联贯一起了。

⑩ 北魏洛阳永宁寺系国家所建，平面方形，四面辟门。我认为与汉以来传统的坛庙建筑有关系。汉代长安礼制建筑不必重述了。据《魏书》卷一百七·志十一·礼之二，载武定六年议建齐献武王庙（即高欢庙），内外二重墙，都是四面开门，而内院墙四面有步廊，应是回廊。因此，请将第 112 页第 14～16 行文字略予修改。即 "永宁寺是胡灵太后所建。平面方形，周围墙上皆施短椽，覆以瓦。围墙四面各开一门，与汉以来坛庙制度很相类似，所不同的是建有门楼；其中南门楼三层，东、西门楼各两层，但北门仅用乌头门。"

⑪ 又上引齐武献王庙的 "内、外门、墙并用赭垩"，是墙面涂土红色最早的记载。又谓 "两头各一夹室"，

我疑心"夹室"即"挟屋"的旧名？提出来供您参考，但不必写入史稿内。

⑫《魏书》卷一百十四·志第二十·释老志载：神龟元年冬，任城王奏洛阳佛寺过多，几占民居三分之一。并明言洛阳既有城，又有郭。不过目前我们还未查出郭的四至在何处耳。第107页第2~3行，我们并未否定郭，只说遗址尚未证实，比较妥当。

⑬汉明器图已收到，摄影制版后，即寄北京。

  此问
近好

刘敦桢
1964年5月29日上午

熹年同志：

日前寄一函，计达左右。金海陵营中京用北宋宫室门窗，乃南宋·周密《癸辛杂识》所载，桢年老健忘，一时不能忆及，想已代为加入矣。近阅白居易诗，感史稿有不恰当处，举述如下，祈代厘正为幸。

①白诗言洛阳街渠栽荷叠石者有二处。一为绝句五首，题为《宅西有流水墙下，构小楼临玩之时，颇有幽致，因命歌酒，独醉独吟，偶成五绝句》。诗云："伊水分来不自由，无人解爱为谁流。家家抛向墙根底，惟我栽莲越小楼"（其一）。"水色波文何所似，麦尘罗带一条斜，莫言罗带春无主，自建楼来属白家"（其二）。另五言诗一首，题为《西街渠中种莲叠石，颇有幽致，偶题小楼》。诗云："朱槛低墙上，清流水阁前。雇人栽菡萏，买石造潺湲，……路笑淘官水，家愁买料钱。是非君莫问，一对一悠然"。由此可见雇人栽荷、买石造滩，建小楼，收为园中借景，都是乐天翁所为。当时他虽缺乏买料钱，路人又笑他淘官水，但他在楼上饮酒赋诗，悠然忘怀，不管这些闲是非。同时也知其他街渠是"家家抛向墙根底"；并未栽荷叠石。因此，史稿第36页第11~12行文字，不得不予以修正。

原稿："在大道两侧植槐，而洛阳街渠有叠石、植荷花的记载。不过从宋朝起，……"

改正："在主要大道两侧植槐，而洛阳从隋朝起以樱桃、石榴作行道树。河岸则植柳，为唐长安和北宋东京所沿用。更重要的，从北宋起，……"

②史稿第144页根据白氏《池上篇》记述他的洛阳宅园。近读《全唐诗》白氏诸诗及《旧唐书》本传，知乐天平生好营园林，于庐山建草堂，杭州筑西湖白堤，苏州开虎丘寺新路，洛阳府广建水堂。其洛阳履道里宅园乃杨冯故宅，原有竹木、池馆之胜，似于穆宗长庆间任杭州刺史时所购置。而《池上篇》疑作于文宗太和三年辞刑部侍郎，以太子宾客居东都后不久，盖太和五年任河南尹，开成元年授太子少傅，至会昌间致仕，篇中无只字涉及也。按乐天自太和三年东归，至大中元年逝世，居洛阳十九年。诗中往往咏池西小楼、东楼、书楼（疑自书库改建）。石泉、西溪、小滩、新涧亭等，皆《池上篇》所未载，当建于作是诗之后。因此，将第144页原稿略予补充，祈代录入为感。

以官僚兼诗人的白居易为例。白氏暮年因洛阳杨氏旧宅营建宅园，度其优游吟咏的生活。宅广十七亩，房屋约占面积三分之一，水占面积五分之一，竹占面积九分之一，而园中以岛、树、桥、道相间；池中有三岛，中岛上建亭，以桥相通；环池开路；置西溪、小滩、石泉及东楼，池西楼、书楼、台、琴亭、涧亭等；并引水至小院卧室阶下；又于西墙上构小楼，墙外街渠内叠石植荷。由此可窥，此园布局以水、竹为主，并使用划分景区和借景的方法了。

专此并问
近好。

刘敦桢
1964年6月3日

熹年同志：

接本月二日来信，甚慰。所提诸事，奉复如下：

① 《六稿》经王世仁同志改好，打印后即交出，总算多年积案，一旦了清，为之一快。但不知翻译工作如何安排？专门术语须不断有人解释，才能顺利进展。我主张以意译为主，有些文字可以不必直译，甚至可删减，请转告汪主任为盼。地名、人名均须注汉文。释迦塔、料敌塔之类可迳译为塔较妥当。

② 戚德耀母亲年七十余，血压高，时时头晕气喘。工作结束后，盼促其回南京为幸，报销手续已嘱陈根绥照办。汉明器相片已翻拍，放大后即寄京。

③ 第八稿所引长安礼制建筑，唐含元殿、麟德殿、玄武门四个复原图，为慎重起见，主要叙述发掘情况，不肯定复原图完全正确，以免将来被动。我认为这个意思十分正确。请您接着这个精神，将原文再订正一遍，为盼。

在这原则下，长安礼制建筑不必另写一节了。原来这部分文字附于第三章第二节长安城之后。如果王世仁同志未另写，那就一切仍旧，不必移动。如果文字加多加详细，则不如移置于第三节两汉宫室之后，将第三节题目，改为秦汉宫室及礼制建筑，不知您以为如何？

④ 第142页加洛阳应天门一段文字见您前月写来的信，因为汪主任要摘要发表您我间的信札，我已全部寄给王世仁同志了。请您去查查。我这里没有存底，很抱歉。

⑤ 所引宋画，在小注内加注年代及重摹，我完全同意。

⑥ 关于夯土一段文字，写得很有分寸，请置于汉代技术部分第92页第19行为盼。

⑦ 隋、唐二代的常朝、日朝，恰恰颠倒，请照来信所提修改。

⑧ 第137页，内庭应改为内廷。同时请您查查明、清北京宫殿部分，是否有同样的错误？

⑨ 第139页第4行所加唐大明宫玄武门文字，完全同意，这加的几个字，请您斟酌斟酌。

⑩ 第七章第320页最后一段文字，我完全同意。仅将"河南、山西的窑洞住宅也有了很大的改进"，改为"河南、山西、陕西等省的窑洞住宅，从布局到构造都有了很多改进"。

⑪ 关于宋代基础部分，您所写文字，我完全同意。只是有两个字——"缘"意义不明，不知是否写错？又这段文字，我想置于木建筑与砖石建筑之间，庶前、后联系较好（即置于第223页第18行）请您代为斟酌斟酌。

原信附此信内寄回，请查收。并问

近好。

刘敦桢
1964年6月5日

祥祯、季琦二同志：

接五月二十八日季琦同志来信，奉复如下：

（1）第六稿送出后，如何组织翻译力量，并指定专人说明术语，想早已计及矣。鄙意中、苏文字结构不同，直译不如意译。有些句子可略去不译，名词亦然，如料敌塔、释迦塔之类，不如迳翻译为塔，外国读者反易了解。有些人名、地名，恐须加注汉字，较为妥当。

（2）第八稿已修改不少处，但我认为阶级观点还不够明确。这事思成先生曾要求不要在词句中生硬地搬用阶级斗争等等名词，而读者自然觉得建筑是阶级斗争的产物。不过我的水平很低，达不到这个要求，只有生硬搬用一些名词，聊以塞责。现在我又将绪论部分修改了一些词句，寄给傅熹年同志，请您二位代为斧正为幸。

（3）第八稿如何组织一批人进行审阅？我没有意见。人员问题请您二位决定为盼。不过据说一切刊物须经部里的审查，出版社方能接受印刷任务。不知审稿时可否请部派二三位同志参加，简化手续，使此稿早日付印，以解决当前教学需要问题，则幸甚矣。

（4）这里有人提议，稿中有些重要句子，最好在句子下加点，引起读者的注意。如在中国封建社会里，由于建筑等级制度局限，只有宫殿、庙宇及其他高级建筑才能在柱上和内、外檐的枋上安装斗栱……。其他重要论断和言语，也都可加点，不知您二位以为如何？

（5）十年科技规划的任务，在学校方面最近已经明确了，不过工作人员恐不能指望在今年毕业生内分配，而须调配各处干部参加。具体如何决定，下次到京时再谈。

（6）瞻园的建筑与假山都须于今年8月底完成，因此，我近来很忙，但也很有意思，不觉得劳累。我想在7月20日到8月15日之间，抽四星期时间赴北京料理三件事情，即：①与郭湖生、陆元鼎、侯幼彬三人讨论教科书编写大纲，并收集有关资料。②审改第八稿。③讨论十年科技规划的具体问题。我希望住在建工部招待所或建研院的宿舍内，地点方便，且可节省费用，请预为安排为幸。

（7）侯幼彬同志因工作关系，拟提前到京。如至您处收集资料，祈给予便利为幸。

（8）"苏州庭园"有人主张改为"苏州园庭"请您二位代为考虑一下，孰为可用？最近吕、叶、金、詹四人在苏州所画个体建筑的配景，比过去进步。打算制一二个版，寄京请大家批评，以便改进工作。我希望一切图样，能在国庆节前全部完成。

（9）分室于年内结束后，人员如何安插问题。我只希望他们不改行，能在国家十年科技规划中发挥一些力量，于愿已足矣。多年收集的图书及调查的资料，能移交有关部门，不使成为废物，也是我一个小小的愿望。

（10）孙宗文赴杭州研究南宋临安城。据最近来信，已收集不少资料，多系 过去未刊行的稿本（只能抄录）。可见只要有人去钻研，或多或少，都会有一些收获的。此问

近好。

刘敦桢

1964年6月5日

熹年同志：

接本月2日来信，所提诸事，于昨日函复，并将原函奉还，想已收到。有数事奉白如下：

① 关于北宋诸陵，郭湖生同志云，原稿第209页第1～2行"另在上宫的北偏西或南偏东建有下宫"，改为"另在上宫的北偏西建有上宫"。

② 建筑史既然是史，就应该有明确的阶级观点，问题是如何表达出来。梁先生曾要我不搬用阶级斗争……等生硬的名词，而能使读者不知不觉中感觉是用阶级观点写的。我在六、七、八稿中都作了一些尝试，无奈我的水平很低，达不到这个标准。想来想去，与其画虎不成，不如老老实实搬用一些成语反为妥当。这几天，我将绪论部分再改了一些句子，请您转请汪、梁二主任代为厘正为幸。他们二位改好后，祈费神誊入八稿内为感。

第9页第8～9行改为"汉族农民革命倾覆元朝后，出现了明朝，中国封建社会又延续下来"（原稿用"稳定"二字，我认为"稳定"不如"延续"好）。

第12页第10～11行改为"基本尺度。后来匠师们逐步将这种基本尺度发展为更周密的模数制，就是宋《营造法式》所称的'材'"。

第15页6行之后，加如下二句："至于穿斗式木构架的柱网处理，虽不及抬梁式木结构那样灵活，可是在承重和围护结构的分工方面仍然一样"。

第22页第1行"宫殿和庙宇"改为"宫殿和大型庙宇"。

第22页第9行"当以"改为"可以"。

第24页第10行"殿堂中"改为"殿堂与厅堂中"。

第25页第1行"汉朝发展为庑殿、悬山、囤顶、攒尖四种基本形体和重檐屋顶"改为"到汉朝已有庑殿、歇山、悬山、囤顶、攒尖五种基形体和重檐屋顶"。（因为这五种屋顶，不一定都是汉朝发展的，可能在汉以前已经有了。）（又请查第92页第11～13行，汉代屋顶式样，已否改正。）

第26页第12行之后，加如下几句："明、清二代的寺庙与大型衙署，则往往在正门外建牌坊、照壁、石狮等，构成整个建筑组群的序幕。"

第27页第15行"只有从逐渐展开的"改为"只有自外而内，从逐渐展开的"。

第28页第6行"椅和屏风"，改为"椅和高屏风"。

第29页第10行"白色台基"改为"白石台基"。

第30页第2～4行改为"中国古代园林是在居住与游览的双重目的下发展起来的。这种园林的特点，能因地制宜，掘池造山，布置房屋、花木，并利用……"

第30页第5行改为"不过所谓自然风趣，是设计时将大自然……"。

第31页第10～15行改为"再加唐、宋以来有不少文人、画家自建园林或参与造园工作，甚至有些画家后来成为著名的园林设计者。这些人将传统文学和绘画所描写的意境以及他们的生活思想融贯于园林的布局与造景中，于是所谓'诗情画意'逐渐成为宋以来中国园林设计的主导思想。无疑地，'诗情画意'反映着一定阶级的思想情调，在脱离现实追求悠闲雅逸的意趣方面具有腐朽堕落的一面，而在园林布局与若干具体手法方面都起了不少作用，使中国园林形成为一种特殊的风格。"（作用好不好，风格好不好，我想在这里不下结论。）

第31页第18～19行改为"故房屋数量多和比重之大，与创造自然风趣的园景，存在着一定的矛盾"。

第32页第10～11行改为"也就是唐人所谓'奥如旷如'相结合的方法"。

第33页第4行改为"往往符合对比与衬托的法则"。

第 34 页第 7 行改为"随着国家而出现的城市,是统治阶级进行暴力统治、经济剥削和生活享受的基地。因而城市布局以宫室为主,辅以官署和生产、生活有关的建筑,以及城垣、濠沟等防御设施。在考古学方面,夏、商和西周的都城,目前尚在探索阶段,可是文献和遗迹已证明春秋、战国间的都城已以宫室为主体,并具有规制整齐的布局。而在漫长的封建社会中,又陆续出现了长安……。

第 34 页第 19 行改为"从春秋到战国,以宫室为主体发展起来的城市,如周王城、齐临淄……"

第 35 页第 4~5 行改为"可是近年来考古发掘,发现侯马晋城与邯郸赵王城都有巨大的夯土台位于其纵轴线上,应是原来宫室遗址。而若干战国小城市都具有规划整然的街道,……"

第 39 页第 19 行到第 40 页第 1 行改为"自明中叶以后,雇佣的方式逐渐代替了征工,并出现了私营的包工商。政府所直接……"

专此并问

近好。

刘敦桢
1964 年 6 月 6 日

戚德耀已返抵南京,并告。

傅熹年同志：

连寄二函，想已收到。据旬前汪主任来信，第八稿既然在国内出版，按手续须先通过审查。而我们原来写稿时，主要是满足苏联《世界建筑通史》的要求，当然和国内出版要求存在着一些矛盾。这几天我翻阅第八稿，发现两个缺点。一是阶级观点不够突出。昨天所寄一函，虽在绪论中略增加一些内容，可能还不够。请汪、刘二主任代为斟酌。同时也请您为我考虑考虑，除了我信中所提以外，有无其他部分须修改或补充。如有就请您执笔，不必征求我的意见，以免邮递往返，耽误打印时间。另一缺点是明、清住宅（部分）稍嫌简略，未介绍这时期住宅的各种类型，而已介绍的住宅，仅北京四合院说明较详细，其他则很简单，我想略予补充，一二日内即寄京，请您代为斟酌斟酌。

此外，明、清园林部分，忘记提《园冶》及私家园林发展情况（如扬州在乾隆间，园林盛极一时，应该说一二句）。因此，我想将第283页文字再予修改，寄京。

甘肃武威县汉墓有图而文字未提到，也是一个漏洞。请在第三章汉代陵墓及技术、艺术部分加几句话，至盼。

日来正在修改瞻园南部假山，而此山上茅亭已拆除改为石壁，辅以常绿树（女贞），因而很忙。但我兴致颇高，身体还能支持。此问

近好。

刘敦桢
1964年6月8日

熹年同志：

接十日来信，欣慰一切。《六稿》要配全一份相片存档，已交戚德耀办理。礼制建筑既然王世仁同志未另写，那就照原稿不必更动。住宅、园林部分自第 278 页第 17 行至第 284 页第 5 行本已改好，因这几天校里有事，到今天才誊好寄上，估计不致耽误汪主任阅稿日期。八稿至此告一段落，决不再修改矣。寄上的修改稿，请您看看，不妥处盼代为修正。我想补阿坝藏族住宅和云南井干式住宅图样、相片（都是《简史》内已有的），晒好后，连同其他相片，同时寄京。这稿既须组织审查，可能还有小改动，加注自可缓办也。

明、清住宅园林修改部分：

明朝统治者继承过去传统，制订了严格的住宅等级制度："一品、二品厅堂五间九架，……三品、五品厅堂五间七架，……九品厅堂三间七架，……不许在宅前后左右多建地，搭井亭馆，开池塘"；及"庶民庐舍不过三间五架，不许用斗栱，施彩色。"不过后来不少达官、富商和地主不遵守这些规定。如文献载清朝京师（今北京）米商祝氏屋宇多至千余间，园亭瑰丽；江苏泰兴季姓官僚地主家周匝数里。现存明朝住宅如浙江东阳官僚地主卢氏住宅经数代经营，成为规模宏阔、装饰豪华的巨大组群；安徽歙县住宅的装修和彩画也以精丽见称。

这时期的住宅仍随着民族、地区和阶级的不同，产生很大差别。但总的来说，无论数量或质量都有了不少发展。近年来，全国各地对这份珍贵遗产展开了广泛的调查研究工作，其成果远不是本书篇幅所能容纳。这里只对几种主要的住宅类型，作简单的介绍。

汉族住宅除黄河中游若干地点采用窑洞式住宅以外，其余地区多用木构架结构系统的院落式住宅。这种住宅的布局、结构和艺术处理，由于各种自然条件与社会因素的影响，大体以秦岭和淮河流域为界，形成为南、北二种不同的作风。而在南方住宅中，长江下游的院落式住宅，又与浙江、四川等山区住宅及岭南的客家住宅，具有显著的差别。

北方住宅以北京的四合院住宅为代表。这种住宅的布局，一般按照南北纵轴线对称地布置房屋和院落。住宅大门多位于东南角上。门内迎面建影壁，使外人看不到宅内的活动。自此转西至前院，南侧的倒座通常作客房、书塾、杂用间或男仆的住所。自前院经纵轴线上的二门（有时为装饰华丽的垂花门），进入面积较大的后院。院北的正房供长辈居住，东、西厢房是晚辈的住处，周围用走廊联系，成为全宅的核心部分。另在正房的左、右附以耳房与小跨院，置厨房、杂屋和厕所；或在正房后面，再建后院及罩房一排（图 164－1）。住宅的四周，由各座房屋的后墙及围墙所封闭，一般对外不开窗。而在院内栽植花木或陈设盆景，构成安静舒适的居住环境。大型住宅则在二门内，以两个或两个以上的四合院向纵深方向排列，有的还在左、右建别院。更大的住宅则在其左、右或后部营建花园（图 ）。

北京四合院的个体建筑，经过长期间的经验累积，形成了一套成熟的结构和造型。一般房屋在抬梁式木构架的外围砌砖墙；屋顶式样以硬山式居多，次要房屋则用平顶或单坡顶。由于气候寒冷，墙壁和屋顶都比较重厚，并在室内设炕床取暖。内、外地面铺方砖。室内按照生活需要，用各种形式的罩、博古架、槅扇等划分室间。上部装纸顶棚，构成丰富美丽的艺术形象（图 ）。色彩方面，除贵族府第外，不得使用琉璃瓦朱红门、墙和金色装饰，因而一般住宅的色彩，以大面积的灰青色墙面和屋顶为主，而在大门、二门、走廊与主要住房等处施彩色，及大门、影壁、墀头、屋脊等砖面上加若干雕饰，获得良好的艺术效果。

长江下游江南地区的住宅，以封闭式院落为单位，沿着纵轴线布置，但方向不限于正南正北。其中，大型住宅在中央纵轴线上建门厅、轿厅、大厅及住房，再在左、右纵轴线上布置客厅、书房、次要住房和厨房、杂屋等，成为中、左、右三组纵列的院落组群。后部住房常为二层建筑，楼上宛转相通，并在各组之间，设贯通前、后的交通线"备弄"（即夹道），兼具巡逻和防火的作用。为了减少太阳辐射，院子用东西横长的平面，围以高墙，同时在院墙上开漏窗，房屋也前、后开窗，以利通风。客厅和书房前每凿池叠石，种植花木，构成幽静的庭院。有些住宅再在宅左、右或后部建造花园。现存杭州吴宅由中、左、右三部分及备弄所组成，整个布局井然有序。而中部厅堂尚为明代所建。是这地区的典型住宅之一（图 ）。

江南住宅的结构，一般用穿斗式木构架或穿斗式与抬梁式的混合结构；外围砌较薄的空斗墙，屋顶结构也比北方住宅为薄。厅堂的内部随着使用目的，用罩、槅扇、屏门等自由分隔（分为前、后二部分的称鸳鸯厅）。上部天花做成各种形式的"轩"，形制秀美而富于变化（图 ）。梁架与装修仅加少数精致的雕刻，涂栗、褐、灰等色，不施彩绘。房屋外部的木构部分用褐黑、墨绿等色，与白墙、灰瓦相组合，色调雅素明净，是一个重要特点。

浙江、四川等处的山区住宅，利用地形，灵活而经济地做成高低错落的台状地基，在其上建造房屋。因而住宅的朝向往往取决于地形。在布局上，主要房屋仍具有中轴线，但左、右次要房屋不一定采取对称方式，院落的形状、大小也不拘一格（图 ）。房屋结构通常用穿斗式木构架，高一、二、三层不等。墙壁材料每因材致用，有砖、石、夯土、木板、竹笆等。屋顶形式一般用悬山式，前坡短，后坡长，出檐与两山挑出很大，但也偶用一部分歇山式屋顶。房屋外墙用白色或灰色粉刷；木构部分多为木料本色，或柱涂黑色，门、窗涂浅褐色或枣红色，与高低起伏的灰色屋顶相吻合，形成朴素而富于生气的外观。

客家住宅沿着五岭南麓，分布于福建西南部及广东的北部和江西的南部。由于长期以来客家聚族而居，因而产生体形巨大的群体住宅。这种住宅的布局有二种形式。一种是大型院落式住宅，平面前方后圆，内部由中、左、右三部组成，院落重叠，屋宇参差，而以中轴线后部的高楼为全宅的主体（图 ）。另一种为平面方形、矩形或圆形的砖楼与土楼。其中最大的土楼，直径达八十余米，用三层环形房屋相套，房间达三百余间。外环房屋高四层，底层作厨房及杂用间，二层储藏粮食，三层以上住人。其他二环房屋仅高一层。中央建堂，供族人议事、婚丧典礼及其他活动之用。在结构上，外墙用厚达一米以上的夯土承重墙，与内部木构架相结合，并加若干与外墙垂直相交的隔墙。过去因治安关系，外墙下部不开窗，故外观坚实雄伟，很像一座堡垒（图 ）。

河南、山西、陕西、甘肃等省的黄土地区，人们为了适应地质、地形、气候和经济条件，建造各种窑洞式住宅与拱券住宅。窑洞式住宅有二种：一种是靠崖窑，在天然土壁内开横洞，常数洞相连，或上下数层。有的在洞内加砌砖券或石券，防止泥土崩溃，或在洞外砌砖墙，保护崖面。规模较大的则在崖外建房屋，组成院落，称为靠崖窑院（图 ）。另一种在平坦的岗地上，凿掘方形或长方形平面的深坑，再沿着坑侧面开凿窑洞，称为"地坑窑"或"天井窑"。这种窑洞以各种形式的阶道通至地面上，如附近有天然崖面，则掘隧道与外部相通。大型地坑院有二个或二个以上的地坑相连，可住二三十户。此外，还有在地面上用砖、石、土坯等建造一层或二层的拱券式房屋，称为"锢窑"。用数座锢窑组合的院落，称为"锢窑窑院"。

居住于广西、贵州、云南、海南岛、台湾等处亚热带地区的少数兄弟民族，因气候炎热，而且潮湿、多雨，为了通风、采光和防盗、防兽，使用下部架空的干阑式构造的住宅。这种住宅的布局和结构很富于变化。以云南傣族住宅为例，不但因地区不同形成差别，在同一地点内，宣慰司（土司）府和一般住宅又悬殊甚大。建筑结构以木架居多，但也有全部用竹料的。房屋平面多为横长方形，仅少数作纵长形。下层作畜圈、碾米场及储藏室、杂屋等。楼梯置于室内或室外，不拘一式。上层前部为宽廊及晒台，后部是堂与卧室，堂内设火塘和神龛（图 ）。广西壮族的干阑式住宅，有的面阔五间，高达三层。上层的堂，两侧各加过间，形成较大的空间。堂后置卧室数间，外部伸出，称为"挑廊"。并利用屋顶做成阁楼，巧妙地处理内部的空间。

用木材层层相压排成壁体的井干式住宅，仅见于云南和东北少数森林地区，数量极少。其中云南的井干式住宅，有平房与楼房二种，在平面上皆二间横列，无疑地是一种原始布局方法的残余（图　）。

藏族住宅由于地处西藏、青海、甘肃及四川西部，雨量稀少，而石材丰富。故外部用石墙，内部以密梁排成楼层和平屋顶。城市住宅往往以院落作为全宅的中心，如拉萨的二层住宅环绕着小院，下层布置起居室、接待室、卧室、库房，上层在接待室、卧室外，加经堂和储藏室。造型严整和装饰华丽是它的特点（图　）。乡间住宅多依山建造，很少有院落。一般高二、三层不等，而以三层较多。底层置牲畜房与草料房；二层为卧室、厨房、储藏室；三层以装修精致的经堂为主，附以晒台、厕所。而二、三层每有木构的挑楼伸出墙外。在造型上，由于善于结合地形，使房屋组合高低错落，有实有虚，既朴实优美，又饶于变化。

新疆维吾尔族的平顶住宅，大体分为二种类型。南疆的和阗、喀什等处用土坯外墙和木架、密肋相结合的结构，依地形组合为院落式住宅。在布局上，院子周围以平房和楼房相穿插，而前廊建列拱，空间开敞，故体形错落，灵活多变。房屋平面以前室与后室相结合，附以厨房、马厩等。因气候炎热干燥，一般不开侧窗，而自天窗采光。拱廊、墙面、壁龛、火炉与密肋、天花等处，雕饰精致，色彩华美动人（图　）。另一种为吐鲁番的土拱住宅，用土坯花墙及平台、拱门等划分为前、后院，院内以葡萄架加强绿化，并联系各组房屋。房屋布置也以前、后室相连，基本上与喀什一带的住宅相同，但室内外装饰比较简单。

蒙古、哈萨克等族为适应游牧生活而使用移动的毡包，往往二三成组，附近用土墙围为牲畜圈。毡包的直径自4米至6米不等，高2米余，以木条编为骨架，外覆羊毛毡，顶部装圆形天窗，供通风和采光之用（图　）。此外，因从事半农半牧而建造的固定住宅，有圆形、长方形和圆形与长方形相结合等等形式，也有在固定房屋之外再用毡包的。

这时期的私家园林，多集中在物资丰裕和文化发达的城市及其近郊。明朝除首都北京和陪都南京以外，苏州、杭州、松江、嘉兴四府是当时园林荟萃的地点。尤以明中叶以后，园林数量逐步增加，质量也在宋以来基础上不断提高，因而明末出现了我国第一部园林设计的著作《园冶》。到清朝中叶，扬州园林如异军突起，盛极一时，其他地点则互有兴废，惟苏州始终一贯维持五代以来的盛况。这些私家园林常是住宅的一部分，规模不大，而须在有限空间内创造较多的景物，因而在划分景区和造景方面，产生很多曲折细腻的手法。其中叠山艺术在这时期内有了不少新发展，出现一些不同的理论和作风。现存遗物如明·张南阳所叠上海豫园假山及清·戈裕良所叠苏州环秀山庄假山，都是具有高度艺术水平的杰作。房屋和花木以能与山池配合，达到"入画"的目的，故厅、廊、亭、榭的造型，秀丽玲珑，色调淡素，而又变化多端。花木的配植以少而精为主，其修整技艺也留下了很多优秀的做法。

现在江南地区还保存不少明、清二代创建的园林，可是多数在太平天国后经过不同程度的修理与改建。其中苏州寒碧山庄是公元1798年在明徐氏东园的废基上重建的。自1876年起又增建东、北、西三部分，改名留园。但其中部基本上保存寒碧山庄的布局情况，仍然是全园最精彩的一部分（图　）。

专此并问

近好。

刘敦桢
1964年6月17日夜灯下

再者：第184页第10～11行，"运河沿着城的西、南两面"，改为"运河环绕城外西、南二面"，已改。

季琦同志：

　　接本月十日惠书，悉有桂林之行，计程当已返京矣。第八稿鉴定委员人选，下走无意见，请按尊拟办理。序文不敢下笔，只写了一篇《编辑经过》附后，是否可用，还须请您斧正。至于遗漏部分（如总室参加绘图工作的同志，因不知姓名，未列入）请王世仁、傅熹年二同志代为添入为盼。

　　关于阶级观点，第三稿与《简史》都在书前有专文说明立场、观点。因梁先生主张不要写得太生硬，所以从六稿起，仅在绪论内略提一下，再在各章节内采用"边叙边论"的方式，并对都城、宫殿、寺庙、住宅、园林等，以目的、功能（包括生活与若干典章制度）烘托阶级性。我认为这种写法较好，问题是措词是否恰如其分？各部分详略是否平衡？例如绪论第1页第10行"建筑是人类在自然斗争和生产斗争中的产物，也是人类文化的一个组成部分"我认为就写得不够完整，应该改为"建筑是人类在自然斗争和生产斗争中的产物，具有明显的社会性与阶级性，同时也是人类文化的一个组成部分。"不知您以为如何？至于王世仁同志所写明、清宫殿、天坛、长城等，以典章制度为背景，烘托这些建筑的产生原因，使读者不会把这些建筑作为超阶级的东西看待，我认为写得较好。但是住宅、园林、寺庙则有相形见绌之感。是否应在某些建筑内加几句，某些建筑内减几句，不使差距过大，是为祷企。

　　此问

　　近好。

刘敦桢
1964年6月23日

熹年同志：

前械谅已达到。不妥之处，想代为更正矣。《八稿》本不想再改，可是昨夜偶阅宿白先生谈话记录，有三件事忘记写入稿内，我认为应当补充。写在下，祈费神录入原稿为感。

① 第 108 页第 4 行

"……的风景区。此外还在城外东南建东府城，西北建石头城，以巩卫都城。"

② 第 178 页第 17～18 行

"……宫殿和佛寺等。据辽祖州宫殿、寺庙遗址及现存大同华严寺都采取东向，与文献所载契丹民居东侧开门相符合。可知当时有些建筑的朝向尚保存原来习惯。不过建筑技术和艺术由于北方……"

③ 第 207 页第 11 行

"……数量渐多，其中奉弥勒佛为主的，仅在殿前建经幢一座，奉阿弥陀、释迦、药师三佛的，则以两座经幢分立于殿前。这时期……"

另附一函，祈转交汪主任为盼。此问

近好。

刘敦桢
1964 年 6 月 23 日

熹年同志：

《八稿》秦、汉长城有相片，无图。我已属戚德耀抄绘最近一期《文物》所载罗哲文的小方城和烽燧二图，摄影寄京，请加入原图号内为盼（不必另排新图号）。根据罗文，八稿有小错误，应该更正。

第88页第20行："沿城有戍所和烽火台"改为"沿着长城建城堡和烽火台"。

第89页第10行："敦煌附近汉边城"改为"玉门关一带的汉边城"。

唐代后期的佛光寺建筑，梁先生在《汇刊》七卷一期内说，原有七间三层弥勒阁一座，可能在会昌灭佛时所毁，所以僧诚愿在它的故基上建七间大殿。过去我一直相信如此，可是读最近一期《考古》，登有刘铭恕的《考古随笔二则》，引五代人所写敦煌经卷《五台山纪行》，则大殿与弥勒阁并存，可知不是在弥勒阁故基上建大殿。而大殿情况与现状居然符合，证明《五台山纪行》一文应作于诚愿建殿以后。问题是弥勒阁位于寺内什么地点？我想此寺第一层平台两侧，当时可能也建有左、右配殿。这平台进深不大，不可能再在两座礼殿之间建弥勒阁。我疑心弥勒阁建在第二层平台上，是当时全寺的中心。不过这纯粹是一种推测，不敢写在《八稿》内。我希望山西文管会去试掘一下。像这样面阔七间的三层大阁，不可能没有一点遗迹可寻。如果我的推测证明不错，那么证实隆恩寺和开封相国寺等以高大的楼阁为全寺中心，不是北宋所创造，而是在唐代后期佛寺的基础上发展起来的。

您劝我暂时把建筑史搁下来，但是我搁不下。我想这样胡思乱想还是有益处的。

此问

近好。

刘敦桢
1964年6月27日

熹年同志：

接本月二十六日手书，忻悉北京八宝山发现汉代墓表，不胜快慰之至。来信所谈诸事，奉复如下：

① 前函所寄《编辑经过》因事隔数年，我又年老健忘，一定有不少遗漏与错误，请您与王世仁同志及汪主任、范秘书看看，代为改正，不必征求我的同意。这文不宜置于书前而应置于书后，因内容不是序言也。

② 注释是一件大事情，工作是很大，请王偕才同志早日着手。因为免不了有遗漏及修改处，须反复看几次。我想他是生眼，一定注得很详细。如果我们自己做，保证有不少注释滑过去，将来使读者感到不便也。

③ 在原则上，我希望八稿尽量收集已发现的重要资料。即使在梁先生诸位审稿以后，只要未付印，仍然可以增补。别的事情我怕麻烦，独有这事是例外。无他，只是希望读者早日看到一些新资料，广见闻，开眼界而已。

④ 北京八宝山东汉墓表的发现，真是一件令人兴奋的事情，希望您赶快去测绘图样，并在第 86 页第 5 行汉墓阙之后加几行，说明这墓表的形制及其对南朝墓表及北齐石柱的影响。至于墓表与墓阙的区别，可能是等级关系。如果搞不清楚，不说明亦可。

⑤ 墓表之用束竹纹，早见于《水经注》及洛阳、济南二处古物保管处残柱，我在北齐石柱一文中已经介绍过。当时我想既有束竹纹，反过来就是凹槽纹，何必等到东西交通畅通以后，间接从印度、西亚学习希腊、罗马的柱型。现在证实了，请将第 95 页第 20 行文字予以补充为盼（加入凹槽纹）。

⑥ 近阅辜其一先生寄来四川汉阙与汉崖墓的图，彭山崖墓内的石柱平面有作长方形的，请将第 95 页第 17 行文字改为"柱的形状有八角形、圆形、方形和长方形四种"。

⑦ 宋朝的端门，根据《瑞鹤图》既然平面作门形，就请在第 181 页最下几行添几句为盼。

⑧ 佛光寺的弥勒阁虽不敢说一定位于第二层平台上，可是根据《戒坛图经》，当时佛寺已以三层的阁为中心。这事已写入绪论第 27 页第 11～12 行了。不过我翻阅唐、宋二部分的佛寺布局，反而未写，以致前、后不能呼应，应该予以补正。写在下面，请代录入八稿为盼。

第 146 页第 10～11 行改为"<u>据记载</u>，大寺可多至数十院，<u>且以二、三层楼阁为全寺的中心，但这些大组群都已不存在</u>，……"。

第 194 页第 20 行改为"无疑是由于<u>唐末以来</u>佛像很高，……"。

第 195 页第 2～3 行改为"反映了<u>唐末至北宋</u>期间高型佛寺建筑的特点"。

⑨ 前次寄上的明、清住宅的补充稿子，关于干阑式住宅的例子，我用郭湖生调查的云南竹楼相片与平面图，可是去年的《建筑学报》所登干阑式住宅诸图，更为美观，<u>我想掉换一下</u>。请您就近选择一图，画一张，交院里摄影，以省往返邮寄的手续。

⑩ 苏州报恩寺塔相片，左选右选都不好。有一张相片很全面，可惜有两个篮球架。其中一个正在当中。昨由朱家宝加工，居然不见了，真有趣。

此问
近好。

刘敦桢
1964 年 6 月 29 夜灯下

再此：这次北京拆城墙，想各城楼、箭楼一定保存，在不拆之列。记得营造学社时期，邵力工等人曾做过普查工作，以东直门城楼用料最好。建造年代我忘记了，大概不是明末，就是清初。可问问致平先生，也许他记得。您们可顺便去看看。

王偕才同志：

接傅熹年同志来信，知您已回来，而他于本月下乡劳动。关于《八稿》应做工作，由您负责处理，使我很放心。现将我答复傅熹年同志来信中的事情列举如下，请您办理。

① 六月底我寄熹年同志一信，估计本月初寄到，他已下乡了。这信请您代拆。信中应办的事请您直接处理，不必和他商量了。

② 北京八宝山新发现的东汉墓阙及墓表真是一个重要史料。傅熹年同志已写信告我，并寄来一幅示意图。据我的看法，目前证物还不够齐全。很难判断墓阙与墓表属于一人。因为《水经注》所述汉墓情况，有些有墓阙，有些有墓表，但没有兼具墓阙与墓表的。我推测墓阙与墓表之分，可能是等级关系，但目前证据不够，只有暂时不提它。虽然如此，八宝山墓表上题"汉故幽州书吏秦府君之神道"，肯定是东汉时物。而又较我写的《北齐石柱》所引洛阳、济南二墓表更为完整，所以十分可贵。现在请您先将《八稿》文字作如下增补，以便汪主任过目后，早日打印，将来再补一图样不迟。（请在图目内，汉阙后面，留一空号便可。）

第 86 页第 5 行改为"……典型作品（图形卡）。此外，东墓前还有建石制墓表的。下部在圆形覆盆石础上，浮雕二虎。其上立柱。柱的平面将正方形的四角砌成弧形，不是正圆形，柱上刻凹槽纹。上端以二虎承托矩形平板，镌刻墓主的官职和姓氏（图 ），但也有在柱身表面刻束竹纹的。这种墓表到南北朝时代，仍为南朝陵墓所使用。"

第 95 页第 17 行改为"柱的形状有八角形、圆形、方形和长方形四种"。

第 95 页第 19～20 行改为"……再上置栌斗，而墓表与崖墓中的柱，有在柱身表面刻束竹纹和凹槽纹的。"

③《八稿》明、清住宅部分，我又修改一次，稿子已寄给傅熹年同志。今天接他来信，对文字略有改正。我完全同意，请照他所改，录入《八稿》为盼。日内王世仁同志自山西回来后，再请他看看是否妥当，至要。

由于住宅部分略加详密，图样也随之增加四幅。第一，岭南客家住宅我是介绍闽、粤、赣三省整个情况，因此，须加平面前方后圆的住宅（围龙屋），图请在总室调查资料中选择一例为盼。第二，干阑式住宅原稿用了郭湖生调查的云南竹楼，只有平面图与相片，太简单。决计改用《建筑学报》1963 年 11 期《云南边境上傣族民居》一文中的第 6 图（包括平面、剖面及透视）。此外，还用《建筑学报》1963 年 1 期《广西壮族麻槛建筑简介》一文中的第 6 图（包括平面、立面、剖面各一）。这二幅图可依《建筑学报》的原图放大，请总室张宝玮同志执笔为盼。第三，藏族住宅大体分为二种。一种是有院落的，《八稿》已用了拉萨的例子。另一种是没有院落的，我打算用《简史》的 6-62 图甲、乙，可省绘图与制版，请代查原图补入为盼。

④《八稿》的注释是一件大事件，工作量不小。这事打算请您早日着手进行。如有问题可问王世仁、傅熹年二同志。我大约在本月 21 日到北京，届时也可为您提供若干资料的出处。

此问

近好。

刘敦桢
1964 年 7 月 3 日

另附一函，请代转交汪主任为盼。

季琦同志：

目前寄一函，托傅熹年同志转交，并附《八稿》的《编辑经过》一文，不但文字要请您代为斧正，文中所述各稿的编写人、绘图人及时间，可能有若干遗漏和错误，希望刘祥祯、范国骏二同志代为校核，同时还请王世仁等同志过目，至盼。我希望置于《八稿》后面，同时打印送审。

《八稿》明、清住宅部分，我感觉过于简单，另写一稿，寄傅熹年同志矣，想已代为录入原稿内。由于文字略为增加，图样也加四幅。其中岭南客家住宅一图，须利用总室调查资料。干阑式住宅二图，自《建筑学报》重抄（图号已告王偕才同志矣）。这三幅图不知可否请张宝玮同志代为描绘，请核夺为幸。另外一幅则引用《简史》的藏族住宅图，可拿旧图去制版，不必重画。

《八稿》的注释是一个工作量很大的事情，不知能否指定王偕才同志负责进行，也请裁夺是祷。

我定本月 21 日偕郭湖生赴京，与陆元鼎、侯幼彬二位讨论中建史教科书的编写工作。在京约三星期，必须赶回南京，料理《苏州园林》稿子及瞻园等工程。我希望在这时间内，能讨论东方建筑史研究工作的具体进行方案，其中越南建筑我是门外汉，且不懂法文，不知能以印度与越南对掉否？请予考虑为幸。其他还有许多杂事情，如分室同志的处理等，再当面和您与祥祯同志等仔细商量。此问

近祉，不一。

刘敦桢
1964 年 7 月 3 日

熹年、偕才二同志：

接本月四日熹年同志来信，奉复如下。

① 关于北京石景山东汉墓表，前天我致偕才同志函中主张先加文字，后补图，并附上文字一段，请您们代为斟酌。如无不妥之处，就请抄入《八稿》，以便打印。

② 熹年同志所提北宋福州街道资料，是过去谁也不知道的。同时，我翻阅《八稿》绪论第三节城市部分，忘记将若干城市的工程史料写入。现在补写一段如下。如《八稿》尚未打印，盼代补入。若已打印，那就作罢。

第37页第20行：此外，从唐末到北宋，成都、江夏、苏州、福州等城市陆续建造砖城；北宋起有些城市还在城垣外侧建马面；成都、苏州及江南若干城市用砖铺路；福州街道则有九轨、六轨、四轨、三轨、二轨五种不同宽度，路面用石块铺砌。说明这时期的城市工程曾有了不少进展。元朝虽拆毁很多城垣，可是明朝的大、小城市普遍修建砖城。这种现象，无疑地和火器攻具的使用及制砖手工业的发展具有密切的关系。

③《编辑经过》最后一段，忘记下列三句，请依时代先后代为添入为盼。

"傅熹年同志关于历代的城、阙"，"郭湖生、戚德耀同志关于北宋陵墓"，"北京市文管会关于东汉墓表"。

④ 总室方面既然人手缺乏，住宅部分图样，决计由分室负责绘制。其中干阑式二例，由戚德耀绘成后，拍照寄京。客家民居则用永定"大夫第"的图（平面、剖面、透视图及相片）。如果北京寄来的新图，比大夫第更好，当再掉换。这些图，可能由邮局寄京，也可能由我带来（21号到京）。

⑤ 明代衙署资料及其与住宅布局的关系，我想不加入《八稿》了。此问

近好。

刘敦桢
1964年7月8日

王世仁、傅熹年二同志：

　　回到南京已数天，杂务猬集，到今天才写这封信，您们一定久等了。熹年交我的注明出处表仔细看了，发现原文有错误，须更正。由此可见，追根注释是大有好处的。现在分为更正与注释二部分如下，供您们参考。此外，如还出现错误，请您们就近改正为幸。

　　甲、更正错误部分：

① 第21页17行

"接着魏、晋间士大夫阶级"改为"魏、晋、南北朝时期士大夫阶级"。

② 第22页12行

"到南北朝又沿着池岸"改为"到魏、晋、南北朝又沿着池岸"。

③ 第24页5行

"都是为了满足这些需要"改为"都是为了适应这些需要"。

④ 新加第四节第4页第10行

"反对一切改革"改为"为了巩固政权，反对任何改革"。

⑤ 第34页第19行至35页第1行

"时间稍晚的河南安阳县后岗遗址则多为圆形平面，直径在4米左右。室内中央有一个圆形或长方形的灶，是举炊的地点。如与仰韶文化……"改为"时间稍晚的河南安阳县后岗、濬县大赉店和永城、郑州、洛阳、渑池、陕县以及河北邯郸、安徽寿县等处的龙山文化居住遗址，则多是圆形平面，直径在4米左右。室内地面稍低，在草泥土上涂白灰面，中央有一个圆形的灶；有的在南面伸出一段白灰面，显然是进门的过道。河南偃师县灰咀还出现一个略呈长方形的房屋遗址，南北方向，东西宽4.2米，南北深2.7米，房基也稍低于室外地面。如[注]与仰韶文化……"

注：《中国考古学初稿》45～48页。

⑥ 第48页第17行

"和李冰父子兴修……"改为"和李冰兴修[注]……"。

注：《水经注》卷三十三·江水引《风俗通》。

（案：李冰之子二郎参加工作，出自传说。史无明文，故"父子"二字应删去。）

⑦ 第55页第10～12行

"东汉洛阳和邺城则设市场于城南，不同于《考工记》所载市场设在城北部的布局。这种集中市场是随着手工业和商业的发展而产生的。它是构成宋以前各代都城布局的一个重要组织部分。"改为"魏、晋洛阳则在宫西有金市，城东有马市，城南有羊市[注]。这些都不同于《考工记》所载市场设在城北部的布局，显然是随着手工业和商业的发展而产生的。它们是构成宋以前各代都城布局的重要组成部分。"

注：《历代帝王宅京记》卷八，旧洛阳有三市。注引陆机《洛阳记》。

⑧ 第60页第11～12行

"商朝的陵墓不起坟，仅在墓上植树以为标记。周朝陵墓始累坟植树，其规模较大的称为：陵"。改为"商和西周的墓葬是否累土为坟已不可考[注1]。春秋、战国间的墓则不仅垒坟，而且植树[注2]，其规模较大的称为：陵"[注3]。

注1：《墨子》："古者圣人制为葬埋之法……满埳而封。已葬，而牛马乘之。"

《历代陵寝备考》卷八："诚如郭玮所云，古帝王之冢，所在互有，多后人起土自为者。"

注2：《周礼》春官·冢人："先王之葬居中，……以爵等为封丘之度，与其树数。"

注3：见《史记》赵世家，秦本纪等。

⑨第76页第2～6行

"洛阳是东汉旧都，……魏、晋洛阳的布局较为严整。"一段文字，改为"三国时代曹魏都洛阳，依东汉旧规，建南、北二宫，并在城北部大营苑囿[注]。西晋续有兴建，但永嘉乱后这座都城次第被毁。"以下直接与"公元494年北魏孝文帝……"连为一段。

注：《历代帝王宅京记》卷七·洛阳（上）。

⑩第25页第11行

"这种布局方式经两晋……"改为"邺城的布局方式经两晋……"。

⑪第156页第18～19行

"宋代建筑的基础构造也有较大的进步，大建筑的地基一般用夯土筑成，当土质较差时，往往从他处掉换好土。"改为"从五代到北宋的基础构造也有较大的改进，除了一般地基用夯土筑成以外，当土质较差时，往往掉换从他处运来的好土，如后周的开封城垣和北宋的玉清昭应宫的地基就是如此"[注]。

注：李濂《汴京迹颐志》："周显德三年筑京城外城，自虎牢关取土。"

《容斋三笔》卷十一·宫室土木："大中祥符间……玉清、昭应之建……地多黑土疏恶，于京东北取良土易之，自三尺至一丈有六等。"

⑫第82页第2行

"这种塔在南北朝时代相当普遍，可以洛阳永宁寺塔为代表。"改为"据记载，这种塔首见于东汉末年[注]，到南北朝时代数量最多，成为当时佛塔的主流，可以洛阳永宁寺塔为其代表。"

注：《后汉书》卷一百三·陶谦传："笮融大起浮屠寺，上累金盘，下为重楼。"其建造年代据《中国营造学社汇刊》第四卷第一期刘敦桢《覆艾克教授论六朝之塔》，可能在灵帝中平五年至献帝初平四年之间（公元188～193年）。

乙、注释部分

再者：绪论第四节所引毛主席的著作，请注释来源为盼。

页	行	正文	注释
34	17	陕县庙底沟圆形袋穴	《中国考古学初稿》43～44页
60	9	东汉末灵帝时，可折叠的胡床虽传入中国	日人藤原？曾写过一篇《胡床考》，引用《后汉书》很多史料，译文登在商务印书馆的《史地小丛书》内。这书请至王世襄先生处查询。
77	2	南朝建康	朱偰《南京的六朝遗址》
79	1	梁湘东苑	《太平御览》一百九十六。（按此苑可能建于梁武帝太清间，即公元547～549年，萧绎（元帝）以湘东王任荆州刺史时）
91	4	北齐宫殿仍只有少数黄、绿琉璃瓦	《历代帝王宅京记》卷十二·邺南城·仙都苑·鹦鹉楼、鸳鸯楼注。

页	行	正文	注释
91	5	北齐宫殿……青瓦上涂核桃油	《历代帝王宅京记》卷十二·邺南城·宫室·太极殿及圣寿堂注引《邺中记》
94		唐末扬州等地的草市	
129	8	从北宋起路面多铺以砖	朱长文《吴郡图经续记》（上）城邑：近郊隘巷，悉甃以甓。
190	22	明代沿海设1622卫所	陈懋恒《明代倭寇考略》
197	9	拉萨的二层住宅	江道元《西藏高原的拉萨民居》（未刊稿）
209	10	云南傣族寺院	郭湖生、傅高杰等《云南少数民族建筑调查报告》（未刊稿）
18	8	夹桥建华表是东晋以来的传统方法	《汉书》卷九十·尹赏传·注，《晋书》卷二十九·五行志（下），《南史》卷四·齐高帝纪，《洛阳伽蓝记》宣阳门外永桥
62	19	以乐山崖墓规模最大	辜其一《四川乐山、彭山、内江东汉崖墓建筑初探》（未刊稿）
81	新增	玄奘所称的精舍……大精舍	刘敦桢《南北朝时期几种佛塔式样的来源》（未刊稿）
123	15~17	夜市、草市	夜市二字无明文，但据唐末张祜、杜牧二人的诗推测，应有夜市。汴州草市见唐末杜牧诗。德州灌家口草市见《唐会要》卷七十一。又唐长安进士会试时，有临时夜市，见徐松《西京城坊考》注。

以上各项，请您二位费神代为更正原文，与补充注释。同时还希望小王同志抄几份，以便上报及出版排印之用（虽然不知什么时候才批准出版）。

此函将发，又接到王世仁同志来信，附专题大纲及鉴定书一份。这份鉴定书费了您们二位许多时间，而且说得太好，感到有些惭愧。关于《参加人员表》我以为应该依工作多少来排顺序，所以把郭湖生调到最后。此问

近好

刘敦桢
1964年8月29日

世仁、熹年二同志：

八月二十九日寄一函，想已收到。现有四处文字，请代为增补及更正。

① 第49页13行

"汉武帝（刘彻）虽信神仙方士之说，但尊崇儒术"，改为"汉武帝（刘彻）虽信神仙方士之说，但罢黜百家，尊崇儒术"

② 第80页第15行～18行

"永宁寺正是这个时期佛寺布局的典型。到南北朝末期，有些佛寺在殿前左、右各建一塔，成为双塔对峙的形式；同时供奉佛像的佛殿逐渐成为寺院的主体。因而唐朝佛寺在传统的布局方面以外，有的在寺旁建塔，另成塔院；"改为"永宁寺正是这个时期佛寺布局的典型。可是东晋初期已出现双塔制度[注]，经南北朝到唐朝数目渐多，供奉佛像的佛殿也逐渐成为寺院的主体，因而唐朝佛寺在传统的两种布局方法以外，有的在寺旁建塔，另成塔院；"

注：《历代名画记》卷五，东晋元帝（公元317～322年）武昌昌乐寺有东、西二塔。

③ 第82页第17行

"塔内可能有贯通上下的中心柱。"之后，增加一小段文字："值得注意的，北魏中期出现了模仿木塔式样的石塔，规模相当宏大[注]，对唐以后楼阁式砖石塔的发展，给予一定的影响。"

注：《魏书》卷二十·释老志：皇兴中（公元469～470年）平城天宫寺构三级石佛图，榱栋楣楹，上下重结，大小皆石，镇固巧密，为京华壮观。

④ 第108页第18～19行

"从唐朝起，这种塔已显示它大有发展的前途，但还处于初步发展阶段，各层壁上虽然有柱、枋、斗栱，但是还没有平坐。在结构方面……"改为"这种塔从北魏中期开始到唐代陆续发展，各层外壁具有柱枋斗栱，只是还没有平坐。在结构方面……"

此问

近好。

刘敦桢
1964年9月1日

世仁、熹年二同志：

连寄二函，请代更正史稿，并加若干注释，想都已照办矣。顷阅第四章北魏洛阳宫殿一段文字，出现一个错误，非改不可。就是第 76 页第 11～12 行，说北魏洛阳宫室分南、北两宫，但我通查《历代帝王宅京记》、《水经注》、《洛阳伽蓝记》等书，根本未说有南、北二宫。这段文字系乔匀同志所写，我相信他根据《历代帝王宅京记》，不会有错误，谁知竟发生错误！！案《水经注》："渠水……又南流，东转迳阊阖门南。……魏明帝上法太极，于洛阳南宫起太极殿，于汉崇德殿（即东汉北宫主殿）之故处，改雉门为阊阖门"（似即北宫之正门）。由此可见曹魏之北宫，已缩短东汉北宫之南端矣。北魏宫室正门亦名阊阖门，可能是曹魏阊阖门地点，因此，我将 76 页原文修正如下。

"宫城在都城的中央偏北一带，基本上是曹魏时期的北宫地位；宫北的苑囿也是曹魏芳林园故处"。是否妥当，请您们再为审定，至盼。此问

　近好

刘敦桢
1964 年 9 月 1 日下午

世仁、熹年二同志：

连寄三函，想已收到。三天前接世仁同志来信，因忙于招待外宾，今天才作答复，甚歉。来信所询各事，可答复的列举如下。不能答复的，二三天后再作详细的回信。

1．62页与134页修改部分，我完全同意。如出现其他不妥、不足之处，请您二位随时代为改正为盼！！

2．关于资料来源问题。我认为如是单位供给的，应注明某某单位。例如山东蓬莱县明代水城，则注明为山东文物管理委员会。如是个人供给的，则注明某单位的某人，例如西藏拉萨住宅，则注明四川工业建筑设计院的江道源。未发表的资料也是如此，如佛宫寺木塔注明文物出版社陈明达，秦、汉长城资料注明文物局罗哲文。北京总室与南京分室似乎不应该分家（从前有本位主义，已经检讨了），统称为建研院历史室便可。我们几个人所收集及研究讨论的结果，我想可在《编写经过》内详细叙述（如有遗漏事项，祈代补充），似不必再在文中一一注释了。以上意见是否妥当，请与汪主任商量决定为感。

3．有些图样的出处，我也忘记了，已函询在苏州的叶菊华与詹永伟二人。二三天内可以详细奉告。

4．第42页第16行"加上规模巨大的奴隶劳动"请改为"加上大量的奴隶劳动"。

5．昨接陈从周先生来信，谓开封祐国寺铁塔的高度，据最近开封博物馆的修理纪录，不是58米，而是54.66米。请将第11页第18行及142页第15行的数字更正为盼。

6．又开封祐国寺的建造年代，陈先生来信说：《图书集成》卷四十六·释教部汇考（四），《引佛祖统记》卷四十六，此塔于庆历四年灾毁，皇祐元年诏再建，不是建于庆历四年。请核对卷末的"重要古建筑遗迹表"是否如此。

7．《重要古建筑遗迹表》最好改为依朝代先、后排列，与各章顺序大体符合，是为至盼。

8．前函借用《印度建筑史》能否借出，祈见复。

目前已届白露，而南京仍奇热，室内温度摄氏37度，室外更是挥汗如雨，幸我尚能对付，未生病。此问

近好。

刘敦桢
1964年9月6日

再者：去年喻维国告我，各方面寄给同济的资料，往往写上陈从周先生的名字，陈先生不肯借给大家看。因此，这次第八稿我写上同济历史教研组的名义。不过昨天陈先生来信，希望自己有一部。如果有余书，无妨寄他一份。否则请回我一信，我去答复他。

世仁、熹年二同志：

昨寄一函，想已收到。昨夜起重阅九稿，发现一些不妥的文句。原因是：原来的文字尚通顺，可是匆匆修改，反而使词意不完整或不通顺了。也有不应改的也改了。也有原来某部分改了，其他部分未通通改正。此外，还有少数句子，原来就不够明确的。兹开列如下，请您二位代为斟酌改正。

1．第1页倒数第1行

"坡陀起伏"是一个成语，不必改为"坡峦起伏"。

2．第25页12～13行

"长安的宫室、坛庙和重要的官署等位于南北纵轴线上的北端及其两侧，来强调统治阶级所需要的尊严感。城内以……"这句文字不完整，改为"长安规划的基本原则是将宫室、坛庙和重要的官署等置于南北纵轴线上的北端及其两侧，来强调统治阶级所需要的尊严感。其次，城内以……"

3．第25页第20行～第26页第1行

"可是从北宋起，由于手工业和商业的发展，封闭性街坊制已名存实亡，并取消集中市场，代以住宅和商业混合的街道形式，可是都城布局……"一句之中，用两个"可是"，不妥当，改为"从北宋起，由于手工业和商业的发展，封闭性街坊制已名存实亡，并取消集中市场，代以住宅和商业混合的街道形式，是中国古代都城规划的一个重要改革，可是都城布局……"

4．第42页新加一段的最末一句

"充分说明阶级差别表现在建筑上已是十分明显的。"语意不完整，改为"充分说明当时阶级差别对建筑发生了深刻的影响。"

5．第72页11行

"……'五胡十六国'时期，北方的民族矛盾和阶级矛盾呈现出综错复杂的形势。直到公元……"改为"……五胡十六国时期。这时北方的民族矛盾和阶级矛盾呈现出综错复杂的形势，直到公元……"

6．第82页第17行

关于南北朝时代楼阁式木塔使用中心柱的问题，日本飞鸟时代遗物多为三层或五层的塔，而中国文献则载当时有七层及九层的木塔。这种塔因高度关系，不可能觅得贯通上下的长料。因此，我们不能把问题说得太死。第82页第17页"塔内可能有贯通上下的中心柱"之后，再加一句"但如塔身过高，柱材供应困难，也可能采取其他结构方式。"其下接"值得注意的，北魏中期已出现了……"

7．第96页10～11行

"而且分区不整齐"，改为"而且宫殿、官署和闾里相间杂，分区不整齐"。

8．第105页新加部分

"据地形推测，阁可能建于……"改为"依地形推测，弥勒阁可能建于……"

9．第107页第8行

"结构构件等都形成"改为"结构构件等形成"。原因是一句中有两个"都"字，应取消一个。

10．第117页第2行

"而且从盛唐开始，模仿木建筑的结构式样，影响到宋塔的形制"。改为"而且从盛唐开始，模仿木建筑式样的砖塔不断增加，影响了宋朝砖塔的形制"。

11．第119页第3行

"中央五间面阔都相等，左、右二尽间略窄"。改为"中央五间面阔，也都是5米上下，但左、右二尽间略窄"。

12. 第135页第4～5行

"坤柔殿之后为寝殿，二者在当心间以廊房连成为工字形平面。这种工字形殿和两侧斜廊与周围回廊的组合"改为"坤柔殿之后为寝殿。寝殿与坤柔殿之间，以廊屋连成为工字形平面，与文献所载北宋东京宫殿大致相同。这种工字形殿和两侧斜廊及周围回廊相组合的方式……"

13. 第136页第16～18行

"这殿的外观很别致，殿身用重檐九脊殿顶，四抱厦也用九脊殿顶而以山面向前，所以立体上颇富于变化"（图114-3～4）。改为"这殿的外观很别致，殿身用重檐九脊殿顶，四抱厦也用九脊殿顶而以山面向前（图114-3～4），与传世的宋代绘画极相类似。"

14. 第140页第13行

"木塔平面采用方形，结构的稳定……"改为"木塔平面采用方形。据推测，中、小型木塔在结构上的稳定……"

15. 第140页第14行

"中心柱，而此塔……"改为"中心柱。此塔……"

16. 第140页第15行

"更为稳定。同时"改为"更为稳定；同时"

17. 第141页第14行

"设计规则的一种"改为"设计原则的一种"。

18. 第144页第18行

"使塔檐轮廓带有和缓的卷杀"改为"从而塔檐轮廓具有和缓的卷杀"。

19. 第147页第13行

"活泼遒劲，"改为"活泼、遒劲，"

20. 第148页第8行

"顶部为叠涩构成的六角形藻井。"改为"顶部用叠涩构成六角形藻井。"

21. 第160页第3行

"小巧精致，"改为"小巧、精致、"

22. 第162页第11行

"蒙古的入侵，"改为"蒙古统治阶级的南侵，"

23. 第168页第15～16行

曲阳北岳庙德宁殿重建于元至元七年（公元1270年），面阔9间，重檐庑殿顶。内部保存着当时的壁画，是一个重要例子。我们虽不必登载相片与平面图，但文字中应该提到。因此，"位于广胜下寺旁的水神庙是元朝的一个祠祀建筑（图141-1～2）。现存大殿建于……"改为"河北曲阳县北岳庙德宁殿和位于广胜下寺旁的水神庙，都是元朝祠祀建筑的重要作品。水神庙大殿（图141-1～2）建于……"

24. 第169页第9行

"梁架结构"改为"这殿的梁架结构"

25. 第172页第7行

"公元1616年建立起奴隶制国家（后金），"改为"公元1616年建立国家，称后金，"

26. 第176页第9行

"蒙古人的南侵，"改为"蒙古统治阶级的南侵，"

27. 第185页第141行新加部分

"与佛香阁组合在一起，显得过于呆板。"改为"与佛香阁组合在一起，显得大、小悬殊，而且造型过于呆板。"

28．第199页第17行

"池岸壁陡峭，"改为"池岸陡峭，"

29．第200页第4行

"花台小院"改为"花台、小院"

30．第202页第10行

"与之相应的建筑制度。"改为"与之相适应的建筑制度。"

31．第215页第5行

"平定新疆北部蒙古部族的叛乱"改为"再度战胜新疆北部蒙古部族后，"或完全删去亦可。

32．第217页第9～10行

"由中亚直接传入"改为"由中亚传入"

33．第218页第8行

"有着肃穆的气氛。"改为"有着静穆的气氛。"

34．第219页第15行

"面积太大时，"改为"面积较大时，"

35．第220页第1～2行

"如在太原永祚寺，苏州开元寺的无梁殿中所见的。"改为"如在太原永祚寺和苏州开元寺二处无梁殿中所见到的。"

36．第221页第9行

"在楼阁的整体性上"改为"在楼阁结构的整体性上"

此问

近好。

刘敦桢
1964年9月7日灯下

再此：《编写经过》尚有遗漏须补充，但我手中无原稿，请向王偕才同志处索取寄来为盼。

世仁、熹年二同志：

昨函想已收到。这几天，南工历史教研组的刘叙杰因上课关系利用第九稿，出现一些问题。我考虑后，有些问题确是九稿的缺点，应该改正。写在下面，请您们代为修改为盼。（文字如不妥，请代斟酌！）

1．第53页第9～13行

这段文字，一会儿叙述整个南郊礼制建筑，一会儿又说东端的明堂、辟雍遗址，一会儿又回到整个礼制建筑来，有颠三倒四的现象。现在作如下的更正。

"每个遗址的平面沿着纵、横二条轴线采用完全对称的布局方法。外面是方形围墙，每面辟门，而在四角配以曲尺形房屋。围墙以内，则在庭院中央建有高起的方形夯土台，个别台上还留下若干柱础，不难想像原来台上建有形制严整和体形雄大的木构建筑群。其中位于东端的遗址，在围墙外绕以圆形水渠，可能是西汉末年按照统治阶级的礼制要求而建造的明堂辟雍（图31-1～4）。这些建筑的布局方法是在沿着纵轴线组织……"

2．第56页第19～20行

这段文字作如下修改：

"没有等到竣工，秦朝就被农民革命所推翻。这所阿房宫和咸阳附近的其他大批宫苑都为农民革命军焚毁了。现在阿房宫只留下一个长方形的夯土台，东西……"

3．第62页第11～18行

这段语言文字未将空心砖和普通小砖墓的结构及其发展关系，说明清楚。实际上，图样表示很好，而文字未与图样相配合，是一个缺点。现在作如下改正：

"西汉初期仍广泛使用木椁墓；据文献所载，当时帝、后陵的墓室，用坚实的柏木为主要构材，防水措施依旧以沙层与木炭为主[注①]。可是另一方面，战国末年出现的空心砖逐步应用于墓葬方面。据河南洛阳一带发掘的坟墓，空心砖约长1.10米，宽0.40米，厚0.10米。砖的表面压印各种美丽的花纹，而砖的形式仅数种，每一墓室只用30块左右的空心砖，不但施工迅速，而且比木椁墓更能抗湿防腐，因而河南一带小型坟墓多采用这种预制拼装的砖墓。接着出现长0.25～0.379米，宽0.125～0.188米，厚0.04～0.09米的普通小砖，于是墓室结构改为墓壁用普通小砖，而墓顶用梁式空心砖。不久墓顶改为以二块斜置的空心砖自两侧墓壁支撑中央水平的空心砖，由此发展为多边形砖拱。到西汉末年，改进为半圆形筒拱结构的砖墓。东汉初年砖筒拱又发展为砖穹窿（图　）[注②]。至此，墓的布局不但数室相连，……"

注①：《中国营造学社汇刊》第三卷第四期：刘敦桢《大壮室笔记》。

注②：《洛阳烧沟汉墓》。

专此并问

近好

刘敦桢
1964年9月10日

世仁、熹年二同志：

1. 第49页第1～8行

这段文字（乔匀同志写的）推崇秦始皇的优点，未说他的缺点，不妥当。拟作如下修改。

"公元前221年，秦始皇灭六国，建立了中国历史上第一个中央集权的封建大帝国。他是一个残酷有名的暴君，为了统治和镇压人民，废封藩，置郡县，全国政令出自中央；统一了全国的文字、律令、货币、度量衡和车辆的轨辙；同时也修筑驰道，开鸿沟，凿灵渠，建万里长城。他为满足穷奢极欲的生活，采用征发大量的所谓'罪人'的强制劳动，集中了全国的巧匠和良材，用很短的时间，在首都咸阳附近建造了数量很多、规模很大的宫苑建筑。但在另方面，这些宫苑由于模仿战国时期各国的宫室建筑，使不同的建筑形式和技术经验初步得到了融合和发展。"

2. 第52页第15行

"并建未宫和北宫，"应是"并建未央宫和北宫。"

3. 第57页第7行

"与周代"应改为"与周朝"

4. 第93页第12行

"隋朝虽然时间短暂，但在建筑方面取得了不少成就。隋文帝代周的次年，"我认为不必这样的颂扬，改为"在建筑方面，隋文帝代周的次年，"

5. 第96页第1行

"唐朝就日益衰落。公元891年王建……"改为"藩镇割据，土地兼并，苛捐杂税和官僚资本的残酷剥削，引起了唐末黄巢领导的农民大起义。接着公元891年王建……"

6. 第102页第18行

"度其优游吟咏的生活。"改为"度其优游吟咏的剥削生活。"

此问

近好。

刘敦桢
1964年9月10日灯下

世仁、熹年二同志：

日来连接来信，并寄来《注释表》及《编写经过》各一份，甚慰。此外，陈宝华来信要我对《八稿》结论第四节再修改一次，打算登在《资料汇编》内。他对八稿中有些评论。说得太好，希望修正。我根据他说的去检查，果然发现有些句子应重新斟酌。可是从我回到南京后，此间酷热为多年未有。接着时冷时热气温变化很大。前周我终于病倒了。而校中会议不少，有时全天开会。因此，您们的来信，一直未答复。今天总算修改了绪论第四节，寄给陈宝华（主要对生产力的影响，加了若干句子），现在将注释部分答复如下。至于文字修正部分，明天起，陆续寄给您们。

看了《注释表》，不能不令我对熹年的工作细致，十分满意，也十分佩服。我在表内仅加了数条，可能还有遗漏。可请生眼看看，也许提出一些我们不注意的问题。由于重量关系，此表另包挂号寄回。现在将熹年来信所问各事，答复如下：

1. 注释的原则：第一过分生僻的事件；第二重要实例；第三关键性的叙述；第四未发表的资料及人家主动送来的和慷慨借用的资料。我看表中几乎都按这些原则处理得很好。至于有无遗漏，只有请生眼再看一遍，可能发现一些可补充的注释。

2. 注释应排在每页文字的下部。重复的注释就让它重复，不能省略。

3. 引用的书名、著者、出版处、年代等，表中排列很清楚，我完全同意。不过列在每页文字的下部，不能用表，而须用一直写下的方式。具体如何写，请熹年处理为感。

4. 注释当然不必引原文。

5. 除了《日本建筑史》以外，原则上不引用外国书，我同意。渤海国上京龙泉府的建筑，只有不提出处了。

6. 南唐铸广州双铁塔，我亲眼看过。可查《广州府志》，便知。

7. 北汉沧州铁狮，请查《沧州志》。

8. 北响堂石窟是北齐高欢的灵庙，有二件证物。一是《续高僧传》卷三十六·明芳传："仁寿下敕，令置塔于慈州之石窟寺，寺即齐文宣之所立也。大窟像背，文宣陵藏，中诸雕刻，骇动人鬼。"我已注入表中，请查阅。二是民国七年常乐寺募化启，述高欢曾在鼓山之麓建避暑宫。欢死，子高澄（即文宣）葬父于佛顶（应是山顶）。嗣开三石窟，名：石窟寺。这个募化启当然不能引用。请查河南《武安县志》，一定能得到更详细的资料。请将志书之名，列入表中为盼。

9. 秦与西汉在洛阳建宫殿，见《历代帝王宅京记》卷七·洛阳（上）汉洛阳南宫，注引《舆地志》。原文是"秦时已有南、北宫……自高帝迄于王莽，洛阳南、北宫、武库皆未尝废。盖秦虽都关中，犹仿周东都之制，建宫阙于洛阳。"我已注入表中。

10. 劳幹的《汉简考证》，我手中也没有。请问徐萍芳先生，考古所可能有此书。

11. 北齐修天龙山的文献，只有查《太原府志》一法。万历《山西通志》："天龙寺北齐间建"，是北京图书馆显微胶片。

12. 龙华塔的基础，是陈从周先生告我的。他只写了一篇短文，登在上海《新民晚报》上。我已注入表中了。

13. 秦、汉长城的起讫地点，只能写中国历史博物馆的供给资料。

14. 辽代各种坟墓的平面，记得过去《文物参考资料》内有几篇报告，不难查得。

15. 《中和》的资料当然不能引用。北京下水道的文献，只有不注释了。

16. 最近陈从周先生连来数函，曾开列一些古建筑的年代及文献出处问题。兹列举如下，请熹年代为添入，或改正原稿为盼。

"开封祐国寺铁塔的建造年代,据《图书集成》六十二卷·释典部·汇考(四),引《佛祖统记》,系庆历四年灾毁重建。此塔高度据开封博物馆重修时所测是 54.66 米。

赵城广胜下寺明应王殿 元大德九年(公元 1305 年)开工,泰定六年(公元 1324 年)完成(不是公元 1319 年)。

飞虹塔的年代,山西文管会根据塔入口的碑,定为明嘉靖六年(公元 1527 年)(但迄工于明正德十年)所建。此塔高度是 47.63 米。

杭州雷峰塔建于北宋开宝八年(公元 975 年),毁于公元 1924 年。

甲骨文的数字有多少,应据胡厚宣发表的统计为可靠。(我想这事可问陈梦家先生。)

上海豫园假山系明张南阳所叠,见陈竹蕴的《竹素堂集》;苏州环秀山庄的假山系戈裕良所叠,见钱泳《履园丛话》,请都予以注释。

苏州刘氏寒碧山庄假山,系明徐氏东园故物,为明周秉忠所叠,见袁宏道的《袁中郎集》。(不过现在的假山,经后代改修,已不是东园原物了。这条我不主张注入。)

以上各项,请您二位斟酌处理。夜深了,不能再写。明天又是全天开会。文字修改部分明夜再写吧。此问

近好。

刘敦桢
1964 年 9 月 23 日夜灯下

又陈先生来信,上海龙华塔建于北宋太平兴国二年(公元 977 年)吴越时期,不是南宋所建,我看此条可以采用。

世仁、熹年二同志：

关于注释问题，昨天寄上一信，并将《注释表》挂号寄回，想已收到。前几天陈宝华同志来信，说："史稿在绪论内笼统批判而以后各章具体事例都说是好的。"这个意见我认为是对的。因此古代建筑有好的一面，也有不好的一面，应该都提出来。可是我们对好的写得有点过火，而不好的写得太少，自然给人"厚古薄今"的印象。我想对《九稿》采取再一次的改正，就是过好的评语删去一些，加上一些批判。这样一减一加，可以纠正若干缺点。不过我所看到的不会完全，请汪主任与您二位看看多多修改。总之，我们既然写这本书，会要尽力之所及，做到缺点少些才对。（当然，一本书不可能无缺点，人人看了都满意。）在目前情况下，陈明达同志已下乡四清，何时再审稿不得而知。至于能否出版，更不得知。但我们只要将九稿与注释搞一个段落，责任已尽，其余不过问了。图样是否整理，我看等批准出版时再说，不知汪主任与您们的意思如何？

八稿既有余书，我看可以寄一份给陈从周，同时我通知他，八稿的缺点九稿已改正不少，请他不要随便引用。

南北朝塔的来源问题，我想还是应该服从政治需要，写了不发表为妥，所借之书，不久挂号寄还汪主任。

现在把再修改部分写在下面，请汪主任和您们代为斟酌为盼。

1. 第4页18～19行

"设立规制整齐的东、西市。"改为"并在城外设立东西二市。"

注：《历代帝王宅京记》卷八·北魏洛阳，卷十二·东魏邺。

2. 第11页5～6行

"木结构不但广泛用于一般建筑，还用于……"改为"木结构 仍然广泛地用于一般建筑，此外，还用于……"

2'. 第11页第18行

"宋朝用琉璃砖……"改为"北宋用琉璃砖……"

3. 第16页第6行之后，加下列一段文字。

"以宫殿、坛庙等大组群建筑的布局，虽然创造了不少特殊手法。但是除了浪费人力、物力以外，还带来了僵硬呆板、面积过大和交通不便等等缺点。因而中小型住宅尤其是山区住宅，往往使用各种经济而灵活的平面。这里，有力地说明建筑布局随着阶级的不同产生了很大差别。"

4. 第17页第15行

"……来加强艺术感染力。"之后，加以下几句。

"南方民间建筑由于平面布局往往不限于均衡对称，屋顶处理也比较灵活自由，构成一些复杂而轻快的艺术形象。"

5. 第17页第18行

"……来衬托主体建筑的重要性。春秋时期建于……"改为"……来衬托主体建筑的重要性。关于衬托性质的建筑，春秋时期建于……"

6. 第18页第12行

"宫殿正门一般采用崔巍壮丽的体形，"改为"在组群建筑本身，宫殿正门一般采用巨大的体形，"

7. 绪论第4节第1页第2行

"中国古代建筑是在……发展成熟起来的。因此必然受到……"改为"中国古代建筑主要是在……发展成熟起来的，因而受到……"

8. 绪论第 4 节第 1 页第 4 行

"……社会特点，也就是说，有着严重的……"改为"……社会特点和严重的"

9. 绪论第 4 节第 2 页第 3～4 行

"体量及至结构、装饰，"改为"体形乃至材料、结构、装饰"

10. 绪论第 4 节第 2 页第 11～12 行

"中国数量最多，分布最广的住宅建筑所以采用封闭的四合院形制，而且延续时间很长，"改为"中国数量最多，分布最广，而且延续时间很长的住宅建筑，其所以采用封闭的四合院的形制，"

11. 绪论第 4 节第 2 页第 15 行

"政治要求和生活情调"，改为"政治要求、思想意识和生活情调。"

12. 绪论第 4 节第 2 页第 18 行

"则反映着士大夫阶级的生活情调，"改为"则反映着士大夫阶级追求悠闲享乐的腐朽生活，"

13. 绪论第 4 节第 3 页第 7 行

"具有明显的阶级性。"改为"具有明显的社会性和阶级性。"

14. 绪论第 4 节第 3 页第 8～10 行

"第二，建筑技术发展缓慢。两千年来，从设计、施工方法，乃至材料、结构，虽然也有若干发展，但基本上没有大的变化。建筑结构以木结构的抬梁和穿斗两种方式为主，始终保持着……"改为"第二，建筑技术发展缓慢。主要原因是中国封建社会的生产力，无论农业与手工业都长期间停留在手工操作的范畴，尤以手工业未发展到大规模的机械生产，成为推进建筑发展的动力之一。一般房屋不需要十分高大的空间和承载很大的活荷重，更无须考虑在这空间内由活荷重引起构架的振动、偏斜、弯挠、破裂、崩溃等等问题，因此，广泛而长期地使用木构架结构的房屋。而这种木结构的材料、结构和施工，基本上没有大的变化。其中数量最多的抬梁式和穿斗式两种木构架，始终保持着……"

15. 绪论第 4 节第 3 页第 4 行

"但未作进一步的发展，"改为"但未得到进一步的发展，"

16. 绪论第 4 节第 4 页第 1 行

"用砖拱结构，但被木构架……所支配，没有发挥出……"改为"用了砖拱结构，但仍被木构架……所支配，没有充分发挥出……"

17. 绪论第 4 节第 4 页 8～9 行

"由于旧有的传统技术已发展到很成熟的程度，能够满足这些建筑的要求，"改为"但平面简单而体形不大，旧有的传统技术能够满足这些建筑在结构上和造型上的要求，"

18. 绪论第 4 节第 4 页第 15 行

"实际上是被控制在……"改为"基本上是一种被控制在……"

19. 绪论第 4 节第 5 页第 6 行

"这段文字深刻地说明中国古代工匠虽然有着高度的创作才能，但在封建制度的压迫下，不得不……"改为"这段文字深刻地揭露了在封建制度的压迫下，中国古代匠工虽然有着高度的创作才能，不得不……"

20. 绪论第 4 节第 6 页第 10 行

"以上所举的中国古代建筑历史局限性的几个方面，深刻地影响了……"改为"以上所举的中国古代建筑的几种历史局限，明显地反映着封建社会的阶级性和强烈的封建意识，深刻地影响了……"

21. 绪论第 4 节第 6 页第 15 行

"……以及由阶级局限性和时代局限性所产生的各种缺陷。对于缺点固然……才符合继承和革新的发展规律。这是我们……"改为"以及由社会性、阶级性所产生的各种缺陷。尤其是应该明确认识的,当社会性质改变以后,生产力和生产关系发生了根本变化,建筑的功能要求、审美观点以及材料、结构、施工方法等也都随之发生变化,因此,我们对于古代建筑的缺点固然……才符合继承和革新相结合而以革新为主的发展方针。这是我们……"

22. 第 44 页第 16 行

"……的城市遗址,确有以……"改为"的城市遗址,例如晋侯马、燕下都、赵邯郸王城等,确有以……"

23. 第 44 页第 19~20 行

"后来各朝代的都城建设,在这段记载的规划思想上,作了很多创造性发展,丰富了中国古代城市规划的内容。"改为

"汉以后有些朝代的都城,为了附会古制,在这段记载的规划思想上进行建设,并作出若干新发展。"

24. 第 46 页第 19 行

"这时板瓦以外,……"改为"这时除板瓦以外,……"

25. 第 49 页 16 行

"……都是周回十公里左右的大组群,"改为"……都是周围十公里左右的大建筑组群。"

26. 第 54 页第 13~14 行

"战国到三国期间,中国城市规划有着重要的发展。这些发展主要表现在当时都城规划方面。"这种提法是将都城的选择,宫城为中心的布局,市场、闾里等来代表当时一切城市规划的发展,有点不妥当。我想还是只讲都城为好。改为

"战国至三国期间,以宫室为主体的都城规划,有着下列几方面的特点。"

27. 第 56 页第 9~10 行

"……都是在十年内建成的。"改为"……都是用强制劳动的方式,征调人民,在十年内陆续建成的。"

28. 第 58 页第 6~7 行

"汉朝的住宅建筑有了相当大的发展。根据墓葬出土的画像石、画像砖、明器陶屋和各种文献记载,当时住宅有下列几种形式(图 33)。"这种提法有些语弊,改为

"汉朝的住宅建筑,根据墓葬出土的画像石、画像砖、明器陶屋和各种文献记载,有下列几种形式(图 33)。"

29. 第 58 页第 18 行

"用斗栱承托前檐,"改为"用插在柱内的斗栱承托前檐,"

30. 第 60 页第 16 行

"应是享堂或祭殿。由此可见秦、汉二代……"改为"应是享堂或祭殿。这种方式很像具体而微的高台建筑。后来秦、汉二朝……"

31. 第 67 页第 3~6 行

"但另一方面,统治阶级用许多贵重材料作建筑的装饰,如文献中有汉朝用铜做斗栱和阑干、做屋顶上装饰性凤凰,以及在室内装饰上采用黄金、玉、翡翠、明珠、锦绣等类的记载。"改为"在建筑装饰方面,两汉和新莽的统治阶级,竭民脂民膏以供少数人的享受,如文献中有用铜做斗栱、阑干和屋顶上的凤凰,以及用金、银、玉、翡翠、明珠、锦绣等贵重材料作室内、外装饰的记载。"

注:《汉书》外戚传、王莽传,《后汉书》董卓传,《三辅黄图》等。

32. 第 70 页第 11~12 行

"……有28种不同的花纹。楚国墓葬……"改为"……有28种不同的花纹,其中有用文字作装饰图案的。楚国墓葬……"

33. 第71页第6～7行

"墙壁涂紫色或绘有壁画；……瓦件等都因材施色,五彩缤纷,十分华丽。"改为

"墙壁涂以青紫或绘有壁画；……瓦件等也都因材施色。"

以上抄至第三章为止。第四章起,明天陆续抄寄。此问

近好。

汪主任均此问候。

刘敦桢

1964年9月25夜灯下

世仁、熹年二同志：

第四章起，作如下的修改和补充，请汪主任和您二位代为斟酌为幸。

34．第74页第9行

"两晋、南北朝时期在继承秦、汉……"改为"两晋、南北朝时期的匠工在继承秦、汉……"

35．第74页第11行

"……的大发展奠定了基础。"改为"……的发展奠定了基础。"

36．第75页第3～4行

"这些宫殿、台观，高大华丽，远距邺城60里（约26公里）即可望见。但是只经过……"改为"这些高大华丽的宫殿、台观，只经过……"

37．第79页第3行

"脱离现实"改为"逃避现实"

38．第80页第1～2行

"……改建而成的，公元2世纪末……"改为"……改建而成的。文献中虽载东汉时曾建有印度式样的浮图祠[注]，但缺乏实物，尚无法证实。公元2世纪末……"

注：《魏书》志二十·释老志

39．第86页第10行

"这一外来宗教建筑的民族化过程。"改为"这一外来宗教建筑的中国化过程。"

40．第87页第9～10行

"并有预制拼装的狮子图案，很生动精美。"改为"并有生动的狮子图案，是用预制拼装的。"

41．第87页第17～18行

"柱的形状简洁秀美，雕饰虽多而无繁琐的弊病（图66-2～3）。"改为"其中萧景墓表的形制简洁秀美，雕饰虽多而无繁琐的弊病（图66-2～3），是汉以来墓表中最精美的一个。"

42．第88页第12行

"这柱基本上保存汉以来墓表的形制，除具有优秀的比例和轮廓外，雕刻精致的小殿……"改为"这柱形体耸秀，基本上保存汉以来墓表的形制，而雕刻精致的小殿……"

43．第89页第3行

"可能用中心柱贯通上下，"改为"而中、小型木塔可能用中心柱贯通上下，"

44．第89页第8～9行

"嵩岳寺塔还未运用发券的方法来解决塔内楼层的问题，可以看到当时技术上的局限性。"改为"嵩岳寺塔并未运用汉朝已创造的发券和穹窿结构，来解决塔内的楼层问题，而这时期的墓葬也很少使用这两种结构，可见在封建制度下，即使有了先进的建筑技术，也不容易得到发展和提高。"

45．第94页第14行

"……中国古代文化最灿烂的时期，"改为"……中国古代文化的灿烂时期，"

46．第94页第16～17行

"……都建有许多宏伟壮丽的宫殿。"改为"……建有大批宫殿、官署、兵营、寺观，商业相当繁荣，但物质供应仰给各方面，基本上是消费性城市。"

47．第95页第2行

"伊斯兰教建筑则有广州怀圣寺等。"改为"伊斯兰、景、祆、摩尼等宗教都在唐朝传入中国。现存伊斯兰教的广州怀圣寺即创始于唐末、五代间。"

48. 第 95 页第 13 行

"使用也比南北朝……"改为"使用范围也比南北朝……"

48'. 第 95 页第 21 行

"以后藩镇割据、土地兼并,苛捐杂税和……"改为"以后,外则藩镇割据,内则党派倾轧,以及土地兼并,苛捐杂税和……"

49. 第 98 页第 5 行

"殿宽十一间,巍峨高大。其前有……"改为"殿宽十一间,其前有……"

50. 第 98 页第 14 行

"显得十分庄严壮丽。"改为"衬托中央的大殿。"

51. 第 102 页第 10 行

"……简单三合院（图 80-3）。值得注意的,"改为"……简单三合院（80-3）,布局比较紧凑,与上述廊院式住宅形成鲜明的对比。值得注意的,"

52. 第 102 页第 16 行

"往往将其生活与思想情调寄托于'诗情画意'中"改为"往往将其脱离现实的思想情调寄托于所谓'诗情画意'中,"

53. 第 103 页第 2~3 行

"可见此园的布局以水、竹为主,并使用划分景区和借景的方法了。至于……"改为"可见此园的布局以水、竹为主,并使用划分景区和借景的方法,是和白氏诗文中反映的各种意境,具有密切关系。至于……"

54. 第 103 页 6~7 行

"所谓高士的生活、意趣以及房屋和山石花木相结合的情况（图 80-4）。"改为"所谓高士沉溺于悠闲享受的生活意趣中,而房屋、山石、花木的组合,无非为了适应这种生活意趣而产生的（图 80-4）。"

55. 第 103 页 11 行

"在隋、唐时期已逐步普及全国。"改为"在隋、唐时期从上层阶级起,逐步普及全国。"

56. 第 104 页第 8 行

"可是这样的大组群都不存在,"改为"可是这样的大建筑组群都已不存在,"

57. 第 104 页第 10 行

"但可能是典型的。"改为"但也可能是典型的。"

58. 第 104 页第 11 行

"有很大成就。"改为"作了很大发展。"

59. 第 104 页第 15 行

"杨惠之等都参加工作,佛教艺术达到前所未有的盛况。"改为"杨惠之以及其他雕塑家对佛教艺术作了不少贡献。"

60. 第 106 页第 1~2 行

"佛光寺大殿在创造佛殿建筑特有的艺术面貌方面,表现了结构和艺术的高度统一,"改为"佛光寺大殿在创造佛殿建筑艺术方面,表现了结构和艺术的统一,"

61. 106 页第 3~6 行

"这是中国古代建筑最优秀的传统之一。殿的柱网排列成为内、外两槽,为了适应着平面,结构构件也形成内、外两个部分。这两部分的构件在结构上的作用，主要是连系柱子和支承天花，而在天花上还有另一套承重结构。因此，这些露明的构件——明栿和斗栱，就可充分地……"改为

"这是中国古代建筑的优秀传统之一。这殿为了适应内、外槽平面布局，在结构上以列柱和柱上的阑额构成内、外两圈的柱架，再在柱上用斗栱、明乳栿、明栿、柱头枋等将这两圈柱架紧密连系起来，以支承内、外槽的天花，形成了大、小不同的内、外两个空间，而在天花以上部分还有另一套承重结构。这样，天花以下露明的构件——明乳栿、明栿和斗栱等就可充分地……"

62．第107页第17行

"艺术形象上发挥重要作用，给人异常深刻的印象。"改为

"艺术形象上发挥了重要作用。"

63．第108页第1行

"大殿的结构也表现了唐朝匠师的高度技巧。所有结构构件……"改为

"所有结构构件……"

64．第108页8～9行

"唐朝全盛时期的建筑面的雄浑气概。"改为

"唐朝全盛时期的建筑具有雄浑而又相当华丽的面貌。"

65．第108页12～13行

"起着重要的作用。"改为"起着一定的作用。"

66．第108页第17行

"楼阁式砖塔是以砖结构模仿木塔形式的产物。当砖的质量和用砖……"改为"当砖的产量和用砖……"

67．第108页第20行

"各层外壁有柱、枋、斗栱，只是没有平座。"改为

"各层外壁逐层收进，并隐起柱、枋、斗栱，覆以腰檐，只是没有平座。"

68．第112页第16行

"……摩崖大像都覆以倚崖建造的……"改为

"……摩崖大像是唐以前所未有的。这些大像都覆以倚崖建造的……"

69．第116页第14行

"达到到熟练的程度。"改为"达到熟练的程度。"

70．第116页第15～16行

"不能不惊异当时技术成就之高。"改为"显示就地取材和因材致用的技术成就。"

71．第117页第4～5行

"……方面的已达到十分精美的水平，"改为"……方面的具有过去未有的精美水平。"

72．第120页第1行

"简洁雄伟的……"改为"简洁雄浑的……"

73．第121页第1行

"及飞仙等装饰图案，给人以富丽丰满和气势磅礴的印象（图104）。"改为"及飞仙等富丽丰满的装饰图案（图104）。"

74．第121页第2行

"气魄雄浑，格调高迈；整齐……"改为"气魄雄浑，整齐……"

75．第121页第4行

"顾炎武（明末清初人）曾说过："改为"顾炎武（明末清初人）曾说："

76．第121页第6～9行

"这是很确切的描述。唐朝的建筑艺术，在南北朝吸收外来影响而加以创造的基础上，又进一步融化创造，成为成熟而和谐的统一风格。这和文学、绘画、雕塑、音乐各方面的发展相一致，也是和唐朝政治上的国际地位完全相称的。"梁先生的这段文字，有三个问题。①南北朝吸收外来影响有点重复。②"成熟"二字有语弊。③涉及政治，有歌颂统治阶级的毛病。但这段文字写得很美丽，我几次想改，都舍不得。现在决心改变：

"不失为确切的描述。这是因为唐朝的建筑艺术，在继承南北朝艺术的基础上，进一步融化提高，达到灿烂而和谐的统一风格。它既反映了当时高度发展的中国封建文化，同时也显示了匠工们卓越的创造才能。"

此问

近好。

刘敦桢

1964年9月26日下午

世仁、熹年二同志：

昨函所修正的部分，有一处不妥当，即第 95 页第二行"现存伊斯兰教的广州怀圣寺即创始于唐末五代间。"改为"如伊斯兰教的广州怀圣寺即创始于此时。"

宋、辽、金建筑的评价，有些实在过高。除《营造法式》外，还有二处提到"前所未有的水平"。但实际上缺乏宋代以前的资料，这种提法是不够妥当的。关于侯马金墓的彩画，提到二次，已删去一处。其他增省部分，请代斟酌为幸。又错字不少，如"迥然"打印成"迴然"，不止一二处，请注意改正是祷。

1．第 122 页第 6 行

"金、元对峙时期。"改为"金、元对峙的时期。"

2．第 122 页第 11 行

"公元 12 世纪，居住在……"应是"公元 12 世纪初，居住在……"

3．第 127 页第 7～9 行

"宫城又称大内，是在原来唐朝节度使治所的基础上发展的，周 2.5 公里，为宫室所在地（图 105）。"改为"宫城是宫室所在地，又称'大内'，是在原来唐朝节度使治所的基础上发展的，周约 2.5 公里（图 105）。"

4．第 127 页第 19～20 行

"所以组群布局既规整，又灵活，有主有从，体形华丽，制作精巧。"改为"所以组群布局既规整，又具有灵活和华丽、精巧的特点。"

5．第 130 页第 1 行

"都对后世衙署、王府有深远影响；"改为"对于后代王府、衙署等发生了深远影响。"

6．第 131 页 8～9 行

"但有些地主、富商并不完全遵守。如河南禹县白沙宋墓的主人，只是一个普通的地主商人，墓内却用了五彩遍装的斗栱和藻井。"改为

"但事实上有些地主富商并不完全遵守。"（以下一句删去。）

7．第 133 页第 13 行

"晋祠圣母庙是带有园林风味的……"改为

"晋祠圣母庙是一组带有园林风味的……"

8．第 134 页第 8 行

"是十分巧妙的设计手法"改为"是善于利用地形的设计手法"

8'．第 136 页第 1 行

"楼阁殿亭等建筑所构成……"改为"楼、阁、殿、亭等所构成……"

9．第 136 页第 3～4 行

"全寺建筑依中轴线而布置；殿宇重叠，院落互变，高低错落，主次分明。"改为

"全寺建筑依着中轴线作纵深的布置；自外而内，殿宇重叠，院落互变，高低错落，主次分明。"

9'．第 136 页第 12 行

"也与辽独乐寺"改为"却与辽独乐寺"

10．第 141 页第 15～16 行

"而且在造型和结构上都达到了……"改为

"而且在当时社会条件下，这塔的造型和结构都达到了……"

11. 第142页第4～5行

"没有什么分别。"改为"没有多大分别。"

12. 第144页第10行

"须弥座束腰部分"改为"须弥座的束腰部分。"

13. 第144页第11行

"形制十分精美"改为"形制都十分精美。"

14. 第144页第11行

"平座以上为莲瓣三层以承塔身"改为"平座以上用莲瓣三层承托塔身"

15. 第144页第14行

"中央设中柱"改为"中央建中柱"

16. 第144页第15～16行

"整个塔的造型富于变化，而主要手法是以上、下两部分……"改为"整个塔的造型，主要以上、下两部分……"

17. 第145页行9行

"形制最美"改为"而且形象华丽，雕刻精美"

18. 第145页第11行

"赵县经幢全部石造"改为"赵县经幢建于公元1038年，全部石造"

19. 第145页第16～17行

"这幢建于公元1038年，比例匀妥，雕刻精美，表现了高度的艺术水平"这句完全删去。

20. 第146页第5行

"这与宋以前陵墓采取不集中的方式，有显著不同之处"改为"这与汉、唐陵墓有显著不同之处"

21. 第146页第6～7行

"北宋时，在这里设永安县（今芝田镇），管理陵区，驻军防护"这句完全删去。

22. 第146页第16行

"唐代诸陵的尺度和石象生数目"改为"唐朝诸陵的尺度与石象生的数目"

23. 第147页第2行

"规模就受到限制"改为"陵的规模就受到限制"

24. 第147页

"但不失为严谨之作"改为"但不失为谨严之作"

25. 第148页第3行

"即由此演变而成。"改为"即由此演变而成，"

26. 第148页第10行

"表现了唐、宋以来"改为"表现了唐末以来"

27. 第148页第11～12行

"壁画的题材，前室用为饮宴、奏乐等，后室用为梳洗、整理财宝等，可能前室表现为起居、会客的堂，后室为卧室，"改为"壁画的题材，前室为饮宴、奏乐等，后室为梳洗、整理财宝等。可能前室是起居、会客的堂，后室是卧室，"

28. 第148页第16行

"至金代更加华丽，"改为"至金代，墓内雕饰更加丰富，"

29．第148页第17～18行

"四壁满布精致的雕刻，模仿木构斗栱、槅扇，极尽华丽的能事，"改为"四壁的砖雕，模仿木构斗栱和槅扇，极为华丽细致，"

30．第148页最末一行

"都是这时期的重要遗物。"改为"是宋、金之际的重要例证。"

31．第149页第11行

"……通用的名称，从而确定书中……"改为"……通用的名称以及书中……"

32．第149页第16行

"……和位置等。"增加一句"……和位置等。这里，充分反映了当时森严的封建等级制度。"

33．第149页第18行至150页第3行

"首先规定：'凡构屋之制，皆材为祖。材有八等，度屋之大小，因而用之。'一切大木作的尺寸和比例，都是用材作为基本模数而制定之。"改为"首先规定：造屋以'材'为祖，而'材'有八等，随房屋的等级和大小而决定。一切大木作的尺寸和比例都是用材作为基本模数来制定的。"

34．第150页第9行

"石作、大木作、……"改为"及石作、大木作……"

35．第150页第13～15行

"大木作制度规定'材'分八等，设计时可按房屋的等级和大小选择用材的等级。又规定'材'的高度分为十五分°，以十分°为其厚，实际上就是栱的断面比例。"改为

"大木作制度的'材'，实际上就是栱的断面比例。材的高度又分为十五分°，而以十分°为其厚。"

36．第150页第16行

"大木作中一切构件……"改为"大木作的一切构件……"

37．第150页第17～18行

"这里充分反映了斗栱在中国古代建筑中的重要性。"这句删去。

38．第151页第3行

"明确而精密的规定，"改为"明确而细致的规定，"

39．第151页第11行

"同时柱的高度，"改为"同时柱有'升起'，就是柱的高度……"

40．第151页第12行

"从而增加了构架的稳定性。"改为"增加构架的稳定性。"

41．第152页第1行

"斗栱等构件，在规定如何决定它们在结构上……"改为"斗栱等构件，在规定它们在结构上……"

42．第153页第4行

"……日趋奢靡，在建筑方面，建造……"改为"……日趋奢靡，建造……"

43．第153页第11行

"从这些历史、社会背景……"改为"从这些社会背景……"

44．第153页第16～18行

"因此，在建筑的技术和艺术方面，这部书是北宋中原地区的宫殿、寺庙、官署、府第等高级建筑普遍使用的方法，在一定程度上反映了当时的技术水平。"改为

"就是说：这部书叙述北宋统治阶级的宫殿、寺庙、官署、府第等木构架建筑所使用的方法，在一定

程度上反映了当时中原地区的建筑技术和艺术的水平。"为什么说"一定程度？"因为这书不但对一般住宅和塔、桥、陵墓等只字未提，就是宫殿、庙宇的布局和造型也付之阙如。内容既不全面，评论当然不能太高。

45．第153页第19～20行

"具有重要的意义，也是人类文化遗产中极珍贵的建筑文献之一。"改为

"提供了重要资料，也是人类建筑遗产中的一份珍贵的文献。"

46．第154页第10行

"公元1041年～1048年建造的……"改为"公元1044年灾毁后重建的……"

47．第154页第13行

"一个卓越成就。"改为"发展汉以来预制贴面砖的一个重要成就。"

48．155页第20行～156页第1行

"标准化、定型化已达到了前所未有的水平，反映了当时木构架体系的高度成熟；同时也便于估工、备料，提高了设计、施工的速度。"改为

"标准化、定型化已达到了一定水平，便于估工备料，和提高设计、施工的速度。"

49．第156页第14行

"与辽朝楼阁结构相同。"改为"与辽朝的楼阁建筑的结构相同。"

50．第157页第3行

"建于南宋的上海龙华塔……"改为"建于北宋初期（公元977年）的上海龙华塔……"

51．第158页第2行

"五代末到宋初建造的……"改为"五代末开始到宋初（公元960年）完成的……"

52．第158页第3行

"到了北宋，逐步发展为……"改为"到了北宋中叶又发展为……"（如定县开元寺料敌塔等）

53．第160页第1行

"都按照规定的比例和构图方法取得满意的艺术效果。"改为"……的比例、构图和色彩都取得了一定的艺术效果。"

54．第160页第15行

"但由于比例不同，"改为"但由于开间和柱、枋、斗栱的比例不同，"

55．第162页第1行

"小木作达到前所未有的精致程度，如……"改为"这时期的小木作如……"（此条依10月7日函改），因为句末谈到华美精致，不必再重复了。

56．第162页第11行

"使彩画颜色对比，"改为"使彩画颜色的对比，"

此问

近好。

刘敦桢
1964年9月27日灯下

世仁、熹年二同志：

为了整理《九稿》，曾连寄三函，想都已收到。现在将元、明、清部分再改了一次，主要是①删去若干形容词，将评论的调门放低一些；②语义重复的句，合并为一；③整理并补充一些句子，是否妥当，还请汪主任和您二位代为斟酌。我从现在起到11月底止，将集中力量修改《苏州的庭园》，再也没有时间整理这份史稿了。

1．第164页第4行

"元朝在中国建筑史上有许多重要的成就。城市建设方面，"改为"在这些复杂的社会条件下，元朝建筑仍作了很多发展。首先是城市建设方面，"

2．第164页第6～7行

"这些城堡面积不大，但其中有不少用砖、瓦建造的房屋。"此句意义不大，请删去。

3．第164页第10～18行文字作如下修改（为节约时间，不抄原文）。

"……广州、杭州等。为了沟通南自长江北达沽口（天津）的水运，元朝改造了山东境内的运河，向北直抵沽口，因而促进了沿河各地的繁荣，产生了一些新的城镇。"（这段文字原在后面，现在移前。）

"在上述手工业和商业繁盛的城市里，进一步发展了宋朝以来……等娱乐性建筑。还值得注意的，是这时有些手工业建筑为了适应生产要求，产生了比较复杂的结构。如……东晋、唐以来传统水碾的基础上改进的。"

4．第164页第20行

"增加了不少新因素。"改为"增加了若干新因素。"

5．第165页第2行

"带来了若干新的"改为"带来了一些新的"

6．第165页第19行

"城外有护城河。"改为"城外绕以护城河。"

7．第166页第2行

"中心台为全城"改为"中心台是全城"

8．第166页第9～10行

"大都的排水系统按规划修建，全部由砖砌筑，干道与支道分工明确，在中国古代城市建设中是最出色的排水工程。"评价稍高，故改为"大都的排水系统全部用砖砌筑，干道与支道分工明确，计划性很强。"

9．第167页第3行

"大都的宫殿都很华丽，采用了……"改为"大都的宫殿穷极奢侈，使用了……"

10．第176页第10行

"巨大庙宇。"改为"大型庙宇。"

11．第176页第11行

"……改建，原貌改变很大，但由现存……"改为"……改建，但由现存……"

12．第168页第7～9行文字有重复处，改为

"第一，殿内使用减柱和移柱法，柱子分隔的间数少于上部梁架的间数，所以梁架不直接放在柱上，而是在内柱上置横向的大内额以承各缝梁架。"

13．第168页第13行

"……特色。其中有成功的，也有失败的，"改为"……特色。其中有成功的，但因当时还没有科学

的计算方法，所以也有失败的。"

14．第 168 页第 16 行

"公元 1319 年，"改为"公元 1324 年"

15．第 168 页第 19 行

"元朝以来祠祀建筑特有的形式。"改为"元以来祠祀建筑的特有形式。"

16．第 168 页第 21 行～第 169 页第 1 行

"到明、清时期的戏曲进一步发展，"改为"到明、清时期，戏曲进一步发展，"

16'．第 169 页第 4 行

"中央的主要部分。"改为"中央部分的主要建筑。"

17．第 169 页第 6 行

"后面殿的体积和院落逐渐缩小"改为"自此往后，建筑的体量和院落的面积都逐渐缩小"

18．第 169 页第 7 行

"保持宋朝建筑特色"改为"保持宋朝建筑的特点"

19．第 170 页第 12～13 行

"可以看出汉、藏两民族建筑的交流与融合情况"改为"由此可以看出当时汉、藏两族建筑交流与融合的情况"

20．第 170 页第 18～19 行

"塔顶在青铜盖盘与流苏之上，其上原置宝瓶。但现在是一个小喇嘛塔。"改为"塔顶在青铜宝盖与流苏之上，原来应是宝瓶，但现在安置一个小喇嘛塔。"

21．第 171 页第 7 行

"……手法，给予明、清建筑……"改为"……手法给予明、清建筑……"

22．第 171 页第 12 行

"就主要是……"改为"主要是……"

23．第 172 页第 13 行

"因此明朝的手工业……"改为"因此明朝初期的手工业……"

24．第 172 页第 15 行

"由于生产力……"改为"由于手工业生产力……"

25．第 172 页第 16 行

"大量人口流入城市"改为"再加农村中土地兼并，赋税繁重，人口流入城市。"

26．第 172 页第 19 行

"把手工业工人定为工奴，"改为"控制纺织手工业，垄断盐、茶，"

27．第 173 页第 11～12 行

"创造了不少辉煌成就，"改为"获得了不少成就，"

28．第 173 页第 18 行

"为了防止倭寇，从明朝初期起在……"改为"从明朝初期起，为了防止倭寇在……"

29．第 174 页第 1～3 行

"这时候的祠祀建筑也有大量的兴建，不但在都城内修建了许多大型坛庙，从明朝起各地方也建造了大量的祠庙和表彰封建道德和功绩的牌坊、碑亭等。明、清二代的宗教建筑……"改为

"明、清时期的祠祀建筑，由于统治阶级的提倡，不但在都城内修建许多大型坛庙，各地方也建造了

大批祠庙和表彰封建道德与功绩的牌坊、碑亭等。明、清的宗教建筑……"

30. 第174页第4~5行

"富于创造性的伟大建筑,"改为"富于创造性的建筑,"

31. 第174页第9行

"……乡村中,书院、会馆、宗祠……等公共使用的建筑大量出现。"改为"……乡村中,增加了许多书院、会馆、宗祠……等公共使用的建筑。"

32. 第174页第10~13行

"民间建筑的质量也有很大提高,二、三层的楼房比较普遍,其中广东、福建、安徽、四川的住宅有高达三、四层的,大量的砖瓦和雕饰丰富的木、石、砖装饰也用于一般住宅。这些都是以往任何时期所未有的情况。"改为

"民间建筑的质量也不断提高,除了二、三层楼房以外,广东、福建、安徽、四川的住宅有高达三、四层的,雕饰丰富的木、石、砖装饰较普遍地用于中、大型住宅中。"

33. 第174页第13~15行

"由于各地区民间建筑的普遍发展,使中国建筑的地区特色由明代起更加显著了,同时民间建筑也开始走向程式化,如……"改为

"由于各地区民间建筑的发展,使中国建筑的地区特色从明朝起更加显著了,同时开始走向程式化,如……"

34. 第174页第16~17行

"明、清时期私家园林的发展是空前的,由于数量多,园林艺术不断发展,在明代末年也出现了……"改为

"明、清时期的私家园林,由于数量多,园林艺术不断发展,在明朝末年出现了……"

35. 第175页第2行

"少数民族的建筑也有很大发展。"改为

"少数兄弟民族的建筑也都有了继续不断的发展。"

36. 第175页第14~16行

"琉璃的烧制技术提高了,胚中加陶土,提高硬度,色粉纹样也更加丰富细致。夯土技术也有很高成就,如四川、福建、陕西有许多四层楼房……"改为

"琉璃砖、瓦的烧制技术,在胚中加陶土,提高了硬度,色彩和纹样也更加丰富细致。这时期的夯土技术,如四川、福建、陕西有不少三、四层楼房……"

(两个提高改为一个)。

37. 第176页第1行

"限制了某些建筑在艺术上有更多的创造。"改为

"限制了官式建筑作更多的创造。"

38. 第176页第6~7行

"它是明、清两朝在继承历代……"改为

"它是在继承历代……"

39. 第176页第12行

"……的东南部,使城市更接近城西南……"改为

"……的东南部,更接近城西南……"

40．第 177 页第 7 行

"城的四角有华丽的角楼"改为

"城的四角建有形制华丽的角楼"

41．第 176 页第 9～18 行文字有重复处，作如下修改。

"……的规划思想。它承继过去传统，以一条自南而北长达 7.5 公里的中轴线为全城的骨干，所有城内的宫殿及其他重要建筑都沿着这条轴线结合在一起。这条轴线以南端的外城正门永定门为起点，至内城正门的正阳门为止，建造一条宽而直的大街，两旁布置两个大建筑组群：东为天坛，两为先农坛。大街再向北引延。经正阳门、大明门到天安门，则是为全城中心的皇宫作前引。在大明门与天安门之间，有一条宽阔平直的石板御路，两侧配以整齐的廊庑，称：千步廊。廊的外侧，隔着街道建有东西向的衙署多所。天安门前的御街则横向展开，在门前配以……"

42．第 176 页第 20 行

"……集结在中轴线上。"改为

"……集结在这轴线上。"

43．第 176 页第 21 行

"表现出中轴线的布署发展达到最高峰。"改为

"表现中轴线的部署发展到最高峰。"

44．第 178 页第 1～2 行

"最后以巍峨的钟楼、鼓楼"改为

"最后以体形高大的钟楼、鼓楼"

45．第 178 页第 4～5 行

"分布在以皇宫、衙署为主体的中轴线的两侧。"改为

"分布在皇宫、衙署的两侧。"

46．第 178 页第 13 行

"无论在系统性或工程技术上都有着很高水平。"这句文字因缺乏可引用的图及文献，请删去。

47．第 178 页第 21 行

"与郊区西山秀色联系起来，"改为

"与郊区的西山遥相联系，"

48．第 179 页第 1～2 行

"构成一座美丽的城市轮廓。"改为

"构成了参差起伏的城市轮廓。"

49．第 181 页第 15～16 行

"是中国古代建筑中常用的手法。其次，在明、清故宫的总体艺术处理手法中，依着中轴线……"改为

"是中国古代建筑常用的手法。其次，明、清故宫依着中轴线……"

50．第 181 页第 17～18 行

"甚至御花园也不能例外。"这事在下面 183 页第 5 行也提到。为了不重复，将这句删去。

51．第 182 页第 11 页

"同时表明它们……"改为

"同时表示它们……"

52. 第 182 页第 15 行～183 页第 1 行，这段文字有重复处，作如下修改。

"……的色彩是一个重要因素。除少数个别建筑外，单体建筑都接着高度规格化的官式建筑做法进行建造，因而体形比较简单，屋顶形式只有几种，构件种类也不多，只是依靠有节奏的空间组合与体量的差别，创造了有规律的轮廓线。而大片黄色琉璃瓦屋顶与红墙、红柱以及规格化的彩画等，把全部建筑披上了金碧辉煌的色彩，获得了丰富而统一的艺术效果。此外，还利用……"

53. 第 184 页第 1 行

"皇家园林都拥有……"改为

"苑囿多半拥有……"

54. 第 184 页第 5～6 行

"……模仿它们。各个景区虽然各有特点，但并不是彼此孤立的，而是在参差错落的景色中，或拱卫……"改为

"……模仿它们。但在小范围的景区内，比例笨重的官式建筑，往往不能和曲折的风景相调和（如故宫乾隆花园）；也有景区划分过多，使自然风景受到一定损失的（如避暑山庄如意湖）。一般说来，各个景区虽然各有特点，却能在参差错落的景色中互相呼应，拱卫……"

（优点以外应提些缺点。）

55. 第 184 页第 8 行

"成一个整体。"加下面一句：

"成为一个整体。但也有各景区的特点过分突出，产生不调和的情况，如圆明园的西藏建筑，长春园的西方巴洛克建筑和颐和园的轮船，对于整个园林风格都是不恰当的。"

（加点缺点。）

56. 第 184 页第 12～14 行

这三行文字与后面第 186 页第 15～17 行相重复，建议删去。

57. 第 185 页第 16 行

"极为幽静，"改为"形成幽静的环境，"

58. 第 186 页第 15～17 行文字作如下修改。

"和其他清朝苑囿一样，颐和园也使用大量官式建筑，但具有各种不同的体形，而且通过巧妙的组合，与地形和山石树木相配合，创造一种富丽堂皇而又饶于变化的艺术风格，表现了苑囿建筑的特点。"

59. 第 196 页第 17 行

"又悬殊甚大。"改为

"又是悬殊很大。"

60. 第 199 页第 14 行

"除远翠阁外，均已不存。"改为

"除远翠阁外均已不存。"

61. 第 199 页第 18 行

"……的影响。池东、南两侧……"改为

"……的影响。据记载，徐氏东园原有画家周秉忠所叠造的石屏，蜚声一时[注]。这山可能是其遗迹，但原状已难追述了。池东、南两侧……"

注：明·袁宏道《袁中郎集》。

62. 第 201 页第 1 行

"达到了很高成就。"改为

"作了不少新创造。"

63．第201页第13行

"民间家具较少有此种弊病。"改为

"民间家具以实用、经济为主，很少有这种弊病。"

64．第201页第18行

"多取平衡格局；"改为

"多数取平衡格局，"

65．第203页第8行

"饲养祭祀用的牛、羊、兔等牺牲所"改为

"饲养祭祀用牲畜的牺牲所"

66．第203页第14～15行

"气概十分庄严而开朗，并在……"改为

"造型简单、庄严而开朗，并在……"

67．第206页第2～3行

"布置成为一个气势磅礴的整体"改为

"组成一个巨大的陵区。"

68．第206页14～15行

"布置成三重复院。"改为

"布置三重庭院。"

69．第206页第21行

"因此气魄稍逊。"改为

"因而气魄稍逊。"

70．第207页第3行

"1.7米。"补充一句

"1.7米，是其他古代木构架遗物所未有的。"

71．第212页第1～2行

"佛殿以其高耸的体型，在全寺建筑群中成为非常触目的形象"改为

"而佛殿以其高大的体型，成为全寺的主体。"

72．第212页第4～5行

"……为最多，但不论任何一种，塔总是以其高耸的形象成为寺院中突出的标记。西藏江孜白居寺班根塔就是一座最大的塔。塔建于……"改为

"……为最多。这时塔的形制，随着教派的改变，已与元朝喇嘛塔有所不同。就是塔身下以方涩数层代替莲瓣，塔身和十三天的比例都是瘦而高，宝盖以上不用宝瓶，而累叠月盘、日盘和宝珠[注]；同时塔在寺院中，仍以其高耸的形象成为突出的标记。此外，西藏江孜白居寺班根塔建于……"

注：布敦《大菩提塔样尺寸法》。

73．第212页第7行

"造型极为雄壮"改为

"在喇嘛塔中，造型较为特殊"

74．第 215 页第 18 行
"极为壮观。"改为
"很为壮观。"

75．第 216 页第 2 行
"在模仿藏族寺院……"改为
"并在模仿藏族寺院……"

76．第 216 页第 13 行
称"密那塔。"改为
称"密那塔"或"光塔"

77．第 218 页第 7～8 行　（这两句连用两个稳重，故合并为一。）
"……用塔楼固定。建筑造型稳重简錬。外面用绿琉璃镶面和部分白墙面相组合，使建筑造型在稳重中不呆板。"改为
"……用塔楼固定，外面用绿琉璃镶面和部分白墙面相组合，整个建筑造型稳重简练而不呆板。"
（稿中"简练"误为"简錬"不止一二处，须更正。）

78．第 218 页第 19 行
"……棂条的组合更是非常精致多样。"改为
"……棂条的组合使用各种精巧的几何形纹样，是伊斯兰教建筑的特点之一。"
案初期伊斯兰教建筑还用马、孔雀等少数动物作装饰。公元 9 世纪以后，全部用几何形花纹，不用动物。因此，几何形纹样特别发达，超过任何国家的建筑。

79．第 218 页第 15 行
"起了很大的作用。"改为
"起了不少作用。"

80．第 218 页第 20 行
"最出色的……"改为
"而最出色的……"

81．第 221 页第 4～7 行
"……得到成熟的发展。最重要的是斗栱结构机能的减弱；原来唐、宋斗栱的下昂，从元朝起有些已成为纯装饰性的构件。梁外端做成巨大的耍头，伸出斗栱外侧，以承托挑檐檩。内檐各节点上的……"改为
"……得到了进一步的发展。最重要的是斗栱结构机能发生了变化，就是将梁的外端做成巨大的耍头，伸出斗栱外侧，直接承托挑檐檩，梁下的昂自然失去了原来的结构意义；而平身科的昂也多数不延长到后侧，成为纯装饰性构件。因此，斗栱比例可以减小，排列更为稠密。内檐各节点上的……"

82．第 221 页第 13～14 行
"节点简单牢固；斗栱中特别是平身科，由于几乎没有多大的结构机能，所以比例可以减小，构造更加简化；宋、元时期……"改为（这段文字专谈简化构件，而斗栱比例减小，不是简化，所以移至前面。）
"节点简单牢固；并将宋、元时期……"

83．第 223 页第 4～5 行
"……的做法，恰当地安排这些标准房屋，把各种不同大小，不同形式的建筑妙巧地进行组合，"改为
"……的做法所产生的各种不同大小、形式的房屋，巧妙地组合在一起，"

84. 第 223 页第 6 行

"又取得愉悦的效果。"改为

"又取得愉悦的艺术效果。"

85. 第 223 页第 11～12 行

"在广阔的地段上进行巨大的空间组织和巧妙地运用建筑体量的无比智慧,"改为

"在各种不同的地段上,灵活而妥善地运用各种建筑体型进行空间组织,"

此问

近好

刘敦桢

1964 年 9 月 29 日夜

世仁、熹年二同志：

前月连寄数函，想已收到。昨天接世仁同志9月29日来函，并附陈明达先生致汪主任信一件。甚谢。本来《八稿》与中建史教科书不是我能担任的，可是各方面需要这样一本书，尤其是全国建筑学专业与城乡规划专业有二千学生缺乏教材，因此，我决心①在困难面前不做逃兵；②努力工作；③虚心接受各方面的意见，改进工作。由于您二位和杨、郭等同志的合作，总算《八稿》交卷了。当然，我们的水平都不高，《八稿》的缺点是无可讳言的，审委会的意思是正确的，我们必须再修改这份稿子。有人说刘先生这大年纪，尚且摔了跤，丢面子。可见写建筑史不是一件容易事，大有"谈虎色变"之慨，但我不同意这种看法。第一，中国建筑史总是要写的。事物的发展总是由低级发展到高级的。我们既然干了，就应该干到底。第二，世界上没有一本任何人都同意的书。批评意见只要对工作有利，就应该虚心接受。第三，从个人得失出发，确实是丢面子，但从严肃的任务来看问题，就无所谓面子不面子了。鲁迅先生说"俯首甘为孺子牛"即是这个意思（我有一颗"孺子牛"的图章）。至于受批评那是应该的，我没有任何情绪。现在我除努力完成任务以外，什么也不考虑。

陈明达先生说《八稿》批评少，赞赏多，一点也不错。这是因为我们未拿阶级观点看问题，而是从纯艺术观点出发，把艺术和政治分家的结果。所谓唐朝建筑的雄浑，宋朝建筑的柔和，绚丽，只是统治阶级的建筑如是，不能拿来代表当时整个中国建筑的风格。昨天起，我又尽一天二夜之力，删改了一些文字，供您们作参考。至于出版与否？从这稿的质量来说，我以为暂时作为资料保存起来，是比较妥当的。学术问题不到"水到渠成"，勉强是没有好处的，请转达汪主任为感。

陈从周先生处，我另函说明不能寄书的原因，您们可以不答复他。《八稿》修改如下：

1．第4页第12行

"汉末曹操又营造了规制整然的邺城。中国建筑作为……"改为

"汉末营造的邺城，在城市分区方面比长安、洛阳有所改进。中国古代建筑作为……"

2．第4页第19～20行

"……作了很大发展，出现了大量宏伟、华丽的寺、塔……"改为

"……发展很快，出现了大量巨大的寺、塔……"

3．第5页第10～11行

"具有高度的艺术和技术水平，"改为"具有较高的艺术和技术水平。"

4．第5页第12行

"证明中国建筑……"改为"证明中国封建社会的建筑……"

5．第5页第20行～第6页第1行

"建筑群的布局和形象出现若干新手法，建筑风格趋向于柔和、绚丽。装修、彩画……"改为"宫殿、寺庙等为统治阶级服务的建筑群，在布局上出现若干新手法，艺术形象趋向于柔和、绚丽；装修、彩画……"

6．第6页第4～5行

"总结这些经验的一部杰出的著作。"改为"总结这些经验的重要文献。"

7．第9页第1行

"满足短时间内建造大量房屋的要求。"改为"满足了统治阶级在短时间内建造大量房屋的要求。"

8．第12页第3～4行

"中国古代石结构的高度水平。"改为"中国古代匠师在石结构方面具有高度水平。"

9. 第 13 页 7～8 行

"丰富了内部的艺术形象。"改为"成为内部艺术形象的因素之一。"

10. 第 12 页第 17 行

"从而殿堂"改为"从而楼阁、殿堂"

11. 第 13 页第 8 行

"以殿堂最为严谨,"改为"以殿阁、殿堂最为整齐,"

12. 第 13 页第 9～10 行

"变化更多,不能一一列举。"改为"变化很多。在这里,建筑的社会性和阶级性表现得十分明显突出。"

13. 第 15 页第 15 行

"规模宏巨的组群"改为"规模宏巨的大组群,"

14. 第 16 页第 4 行

"形成美丽如画而又十分庄严的外观"改为"就是一个重要例证。"

15. 第 16 页第 12 行

"卓越成就之一。"改为"特点之一。"

16. 第 17 页第 15 行

"产生了一些复杂而轻快的艺术形象。"改为"构成一些复杂而轻快的艺术形象。"

17. 第 19 页第 17～19 行

"统治阶级的家具,造型简洁优美,并进而综合房屋结构、装饰、雕刻、家具和字画陈设等融合一体,而装修、家具与大量美术工艺相结合,也是这时期的特点。其中宫殿的……"改为

"统治阶级的家具虽然有些造型简洁优美,并将房屋结构、装修、家具和字画陈设等作为一个整体来处理,但是家具和装修往往使用大量奢侈的美术工艺如玉、螺钿、珐琅、雕漆等,花纹繁密堆砌,违反了原来功能上、艺术上的目的。此外,宫殿的……"

18.(整理者按:原稿中即缺此段)。

19. 第 20 页第 2 行

"天花与雕刻精美的藻井。"改为"天花与藻井。"

20. 第 20 页第 4 行

"说明社会阶级性对建筑装饰和家具的影响,何等严重而深刻。"改为"符合实用和经济的原则,保持了正常发展的情况。"

21. 第 20 页第 7 行

"创造了不少优秀手法。"改为"累积了不少经验。"

22. 第 20 页第 8 行

"或柱、枋、斗栱绘有华丽的彩画,"改为"或在柱、枋、斗栱上绘有各种彩画,"

23. 第 20 页第 11 行

"用金碧交辉的彩画,"改为"用金、青、绿等色的彩画,"

24. 第 20 页第 12 行

"创造一种堂皇富丽的和绚烂夺目的艺术风格。"这句删去。

25. 第 22 页第 13 行

"各种建筑,构成风景优雅的景区。自此以后"改为"各种建筑,自此以后,"

26. 第 22 页第 14 行

"……的优秀传统。"改为"……传统方法。"

27．第 24 页第 1 行

"……而发展起来的，具有很大的局限性，"改为"……而发展起来的。这些意境在思想上是反动的，而且多半只适于小面积的园林，具有很大的局限性。"

28．第 24 页第 9 行

"这些城市都善于因地制宜，并按着当时需要有计划地进行建设。"这句删去。

29．第 24 页第 13 行

"中央集权与政令统一的"改为"中央集权的"

30．第 26 页第 7 行

"明南京的宫室和官署布局谨严，"改为"明南京宫室和官署的布局，"

31．第 26 页第 16～17 行

"充分说明当时规划的完整性和严密性。"这句删去。

32．第 27 页第 4 行

"有着密切的关系。"改为"具有不可分割的关系。"

33．第 27 页第 6～8 行，作如下修改

"中国古代的工官制度主要是掌握统治阶级城市和建筑的设计、征工、征料与施工组织管理等，但对于总结经验、统一做法、进行建筑'标准化'也曾发生若干推进作用。这是中国古代建筑……"

34．第 27 页第 16 行

"明朝还有不少……"改为"明朝还有少数……"

35．第 28 页第 9 行

"是工官制度的巨大贡献之一。"改为"是工官制度的产物之一。"

36．第 49 页第 3 行

"为了统治和镇压人民，"改为"为了统治、镇压人民和六国的上层分子，"

37．第 49 页第 4 行

"统一了全国文字、律令、币制、度量衡和车辆的轨辙；"这句删去。

38．第 52 页第 2～3 行

"说明这些规划整齐的小城市在战国时期已大量兴建起来了。"改为"可见战国时期已有若干小城市具有整齐的规划了。"

38′．第 52 页第 5～6 行

"可想像当时咸阳城及其附近宫苑规模是十分宏大的。"改为"不难看出当时统治阶级的极端奢靡和阶级内部矛盾的尖锐。"

39．第 53 页第 4～5 行

"据文献，当时街道都植有树木。"改为"街道两侧都植有树木。"

40．第 53 页第 12～13 行

"不难想像……"改为"可推测……"

41．第 55 页第 5～6 行

"是一个重要发展。"改为"后来南北朝和隋、唐的都城规划都是在这基础上发展起来的。"

42．第 60 页第 16～17 行

"……高台建筑。后来秦、汉两代帝王的陵墓制度，在这时候已经初具雏形了。"改为"……高台建筑，

同时对秦、汉两朝的陵墓制度，可能发生一些影响。"

43．第 61 页第 5 行

"规模最宏大的陵墓。"改为"体形最大的陵墓。"

44．第 61 页第 15 行

"汉族贵族们的"改为"汉族贵族、官僚们的"

45．第 61 页第 17 行

"阙身都镂刻"改"阙身都浮雕"

46．第 61 页第 18～19 行

"形制精美华丽，"改为"形制和雕刻最为精美，"

47．第 62 页第 3 行

"墓主的"改为"死者的"

48．第 62 页第 11～12 行

"用坚实的柏木为主要构材；"改为"用柏木作主要构件；"

49．第 63 页第 9 行

"提供了很多重要参考资料"改为"提供了若干参考资料"

50．第 64 页第 19 行

"中国建筑的"改为"中国古代建筑的"

51．第 65 页第 3 行

"坚实度和色泽以及半圆形"改为"坚实度和半圆形"

52．第 65 页第 16～17 行

"如东汉末年……"改为"如前述东汉末年……"

53．第 67 页第 9 行

"当时一般建筑的形象。"改为"当时高级的和一般的建筑形象。"

54．第 67 页第 15 行

"商朝后期已有"改为"商朝后期宫室已有"

55．第 67 页 19 行～第 68 页第 1 行

"衬托巍然高举的中央主要部分，"改为"衬托中央的主要部分，"

56．第 68 页第 12 行

"加强整个组群建筑的隆重感。"改为"以加强统治阶级对整个组群建筑所要求的隆重感。"

57．第 68 页第 18 行

"台基主要在……"改为"台基表面主要在……"

58．第 69 页第 13 行

"有些刻斗栱，"改为"有些浮雕斗栱，"

59．第 69 页第 14 行

"有些仅刻"改为"有些仅浮雕"

60．第 71 页第 8～10 行

"文字等艺术成就，作为各种构件的装饰，达到了结构与装饰的有机组合。这是一项重要成就，成为以后两千多年中国建筑的优良传统。"改为

"文字等作各种构件的装饰，达到结构与装饰的有机组合，成为以后中国古代建筑的传统手法之一。"

61．第 74 页第 8 行

"一份极为宝贵的艺术遗产。"改为"一份宝贵的艺术遗产。"

62．第 74 页第 18 行

"建筑起来，而建筑更为华美壮丽。"改"建造起来。"下面一句删去。

63．第 75 页第 3～4 行

"据文献记载，这些高大华丽的宫殿、台观，只经过……"改为"但是这些宫殿、台观只经过……"

64．第 75 页第 18 行

"这座宏丽的都城"改为"这座都城"

65．第 77 页第 16～17 行

"此外，还在城外东南建东府城，西北建石头城，以拱卫都城。"改为
"此外，为了军事需要，又在城外东南建东府城，西北建石头城。"

66．第 78 页第 7～8 行

"后来规模宏大，规划严整的……"改为
"后来规模巨大，规划整齐的……"

67．第 81 页第 1 行

"胡灵太后所建，平面方形。"改为
"胡灵太后所建。《洛阳伽蓝记》载这寺平面方形。"

68．第 81 页第 4～5 行

"翠竹香草，布护阶墀"删去。

69．第 81 页第 5～7 行

"这个佛寺建筑的雄伟美丽，使波斯人菩提摩看见后，认为"历涉诸国，靡不周遍，而此寺精丽，阎浮所无，极佛境界，未之有也。"删去。

70．第 83 页第 11 行

"形制十分雄健，"改为"形制雄健，全部用石造"

71．第 83 页第 12 行

"……曲线组成，又十分秀丽。"改为"……曲线所组成，十分秀丽。"

72．第 85 页第 11 行

"第 5 至第 12 窟"改为"第 5 至第 8 窟"

73．第 86 页第 19～20 行

"比例瘦长清秀，且有……"改为"比例瘦长，具有……"

74．第 87 页第 2 行

"已达到了完善的程度"改为"已达到相当完善的程度"

75．第 87 页第 10 行

"贵族的坟"改为"贵族的墓葬"

76．第 89 页第 18 行

"虽然敦煌石窟保存着仅存的一组斗栱，可是完整的"
改为"仅敦煌石窟保存着几个单栱，完整的"

77．第 90 页第 4 行

"寺庙的组合中，"改为"寺庙和大型住宅的组合中，"

78．第 90 页第 14 行

"补充间铺作，"改为"补间铺作，"

79．第 91 页 10 行

"……五彩缤纷的彩画。"后面加如下一句：

"石窟的阑额上刻有几个长方形小块，可知北魏中叶已经有了七朱八白的刷饰了。"

80．第 92 页第 3 行

"甚至柱身中段……"改为"柱身中段……"

81．第 94 页第 17 行

"建有大批宫殿、官署和寺观，"改为"建有大批规模巨大的宫殿、官署和寺观，"

82．第 94 页第 14 行

"中国古代文化"改为"中国封建文化"

83．第 96 页第 1 行

"……农民大起义，"改为"……农民革命，"

84．第 96 页第 21 行

"体现了封建皇朝统治者的理想和要求。"改为"充分体现了封建统治者的理想和要求。"

85．第 98 页第 14～15 行

"是唐以前建筑所未有的"改为"在一定程度上反映了唐朝大型建筑的组合情况。"

86．第 100 页第 9～10 行之间，加如下一段文字

"总之，隋、唐长安城虽有不少优点，但地形选择不够恰当，工程技术又不能适应大城市的各种具体要求，都是重大的缺点。"

87．第 101 页第 19 行

"更为紧凑"改为"比较紧凑"

88．第 102 页第 2 行

"以园林而著名的"改为"以园林著名的"

89．第 102 页第 4 行

"文献所述规模宏丽的"改为"文献所述的"

90．第 104 页第 19 行

"一座极小的佛殿，"改为"一座较小的佛殿，"

91．第 105 页第 4 行

"五台山是中国佛教圣地之一，"改为"五台山是唐朝佛教华严宗的重要基地，"

92．第 106 页第 18 行

"突出了这三间的"改为"增加了这三间的"

93．第 107 页第 8 行

"……等都形成恰当的比例，都是精心竭虑的艺术处理手法"改为

"……等形成恰当的比例"下面一句删去。

94．第 107 页第 9 行

"是非常成功的。"改为"是相当成功的。"

95．第 107 页第 18 行

"稳健、庄严而又十分雄丽的风格。"改为"稳健而雄丽的风格。"

96．第 107 页第 20 行

"由此形成的外观也就与唐朝迥然不同"改为"由此形成的外观也就与唐朝建筑具有显著的差别"

97．第 108 页第 5～6 行

"这些都防止了材料的浪费。"改为"在一定程度上防止了材料的浪费。"

98．第 108 页第 7～9 行

这三行文字删去。

99．第 111 页第 3 行

"但体积都不大，"改为"墓塔的体积都不大，"

100．第 112 页第 2 行

"是中国文化遗产中最珍贵的一部分，"改为"是中国古代文化的珍贵遗产，"

101．第 115 页第 11～12 行

"更重要的是它的工程技术和艺术形象上的伟大创造。"改为

"同时它在工程技术和艺术形象方面是一个重大的创造。"

102．第 115 页第 16～18 行

"节约工料。李春在当时社会条件下，创造这种简洁明确的结构，解决了以前未能解决的问题，是值得后人学习的。"改为"节约工料，解决了以前未能解决的问题。"

103．第 116 页第 10～11 行

"它们是隋朝雕刻中最优秀的作品"改为"这些栏板都是隋朝雕刻中的优秀作品。"

104．第 119 页第 11 行

"盛行石制的栏干"改为"使用石制的栏干"

105．第 119 页第 21 行～第 120 页第 1 行

"……十分明确，再加上斗栱雄大与出檐深远，因而成为构成唐代……"改为

"……十分明确；再加上开间较窄、柱身较矮与斗栱雄大、出檐深远等，因而成为构成唐朝……"

106．第 120 页第 3～4 行

"更使斗栱突出，加强它在室内结构上和形象上的作用。"改为

"使斗栱在室内结构上和形象上的作用更为突出，也和宋朝建筑不同。"

107．第 120 页第 17～18 行

"在组群建筑中，往往将各种不同形式的屋顶组合为复杂而华丽的形象。"改为

"在组群建筑中则往往将各种不同形式的屋顶组合为主次分明而又相当复杂、华丽的形象。"

108．第 121 页第 2 行～9 行一段文字，作如下修改

"总的说来，唐朝的城市布局和建筑风格的特点，是规模宏大、整齐而不呆板，华美而不纤巧。不仅都城、宫殿、陵墓、寺庙如此，全国各地的城市和衙署也莫不皆然[注]。由此可见唐朝统治者不惜浪费人力物力，以建筑作为精神统治工具的企图。至于唐朝的建筑艺术在承继南北朝成就的基础上，使建筑与雕刻装饰进一步融化提高，达到灿烂而和谐的风格。这种风格既反映了当时中国建筑文化的发展情况，同时也显示了匠工们的高度创造才能。"

注：顾炎武《日知录》

现在先将第一册修改部分寄上，第二册将于一二日内补写。陈先生来信，届时一并寄回。

关于典章制度问题，从第一稿至第六稿都未写入。结果，不能从功能上烘托宫殿、陵墓、寺庙的阶级性，

反而使这些建筑成为纯艺术作品。不但宿白先生提了意见，郭湖生也不赞成。现在陈明达先生提出了反对意见，是不是我们对典章制度写得太多了。请您二位和汪主任研究，作适当修改。完全不写，恐怕也不妥当。此问

  近好。

刘敦桢
1964 年 10 月 5 日

世仁、熹年二同志：

昨函想已收到。根据陈明达先生的意见，我对第六、七两章又修改一次。其中关于宋代建筑柔和、绚烂作风的来源，《八稿》的确未说明清楚。我想当时经济、文化的发展及民间手法应是这种作风的根源。《清明上河图》便可作证，同时也纠正了以宫殿、庙宇来代表当时全部建筑的毛病。此外，还删改了若干形容词过多及前、后重复部分。抄录附后，请代为斟酌为盼。又绪论略有补充，一并抄寄如后。

本来写史是一件困难工作。过去范文澜先生写《中国通史》，第一稿侧重阶级性，人家说他"过左"；后来侧重历史性，人家又说他"过右"，这是写史过程中不可避免的事情。何况我们的水平很低，而建筑史除阶级性、历史性以外，还牵涉到材料、结构、艺术等，真是难上加难。但是客观上需要一本中国建筑史，我们只有摸索前进，一稿又一稿写下来，不能抱其他幻想。工作中我欢迎任何批评，对困难则绝不气馁。当然，《九稿》质量距出版要求还有很大差距，您们又马上参加社会主义教育，不能和我一起继续工作。可是南工担任写教材的任务，我是要继续干下去的。我希望能将《八稿》的图样、相片制一副本，供写作参考，请代转达汪、刘二主任为盼。据说全国人代会将于12月间开会，您们虽然离京，但汪、刘二位仍然可以见面的。此问

近好。

刘敦桢
1964年10月6日

《八稿》绪论第三节各种特点，主要讲优点，而于第四节历史局限性才指出缺点，我认为有点生硬。现在在谈特点时，就提出精华和糟粕，适当地加了一些缺点，也许和第四节结合较好，不知您们以为如何？

绪论：

1. 第1页第10行

"由于各族劳动人民的不断努力，"改为"由于各种需要和各族劳动人民的不断努力，"

2. 第7页第7行作如下补充：

"中国古代建筑随着社会发展，逐步形成下列几方面的特点。这些特点最初胎息于广大民间建筑中，历代匠工的辛勤创造，提高到更高的水平。因此，民间建筑是中国古代建筑的主要根源，而劳动人民是推进中国古代建筑不断发展的基本动力之一。但是由于历史条件所局限，这些特点之中，既有精华，也有糟粕。"

3. 第7页第9行

"中国古代建筑从原始社会起，"改为"中国古代建筑从原始社会末期起，"

4. 第7页第11行

"木构架又有抬梁、穿斗、井干三种……"改为"据现在了解，中国古代木构架有抬梁、穿斗、井干三种……"

5. 第8页第3行

"木构架结构……"改为"这种木构架结构……"

6. 第8页第5行

"由于等级制度，只有宫殿……"改为"由于等级制度，使上述抬梁式木构架的组合和用料产生很大差

别，其中最显著的就是只有宫殿……"

7．第9页第13行

"为中国南方诸省所普遍采用，"改为"为中国南方诸省建筑所普遍采用。"

8．第11页9～10行

"汉朝除已有了砖券墓和预制拼装的空心砖墓以外，"改为"汉朝除已有了预制拼装的空心砖墓和砖券墓、砖穹窿墓以外，"

9．第16页第8～9行

"中国古代建筑的艺术处理，经过长期努力和经验累积，创造了丰富多彩的艺术形象。概括地说，有如下几方面的特点。"改为

"中国古代建筑具有丰富多彩的艺术形象。它们的发展和提高虽然和历代统治阶级的需要有关，但也带来了不少缺点，主要表现在以下四个方面。"

10．第16页第12行

"……特点之一。房屋下部的……"改为

"……特点之一。其中民间建筑的艺术处理比较朴素、灵活，而宫殿、庙宇、邸宅等高级建筑则往往趋向于繁琐堆砌，过于华丽。一般来说，房屋下部的……"

11．第16页第15行

"他如梭柱、月梁……"改为"至于高级建筑常用的梭柱、月梁……"

12．第16页第16～17行

"因而元以前……"改为"如元代以前……"

13．第16页第17行

"起着很大的装饰作用。"改为"起着很好的装饰作用。"

14．第17页第2行

"一个重要组成部分。"改为"一个组成部分。"

第七、八章

15．第123页第4行后面加如下一句。

"……增加到四十多个。在这些社会条件下，市民生活也多样化起来，促进了民间建筑的多方面发展，同时在宫殿、寺庙等高级建筑的创作中，成为主要的根源。"

16．第123页第5行

"可是在政治方面，"改为"在政治方面，"

17．第123页第6～7行

"……腐化生活；因而随着城市经济的繁荣，市民生活也多样化起来。"改为

"……腐化生活。"下面一句删去。

18．第123页第7～8行

"这种消极的政治局面和市民的生活风尚，很自然地"改为"这种消极的政治局面很自然地"

19．第123页第12行

"除少数具有豪迈的气概外，"改为"其中仅少数具有豪迈的气概，"

20．第123页第14行

"上述经济、政治和社会意识形态显著地在建筑方面反映出来。首先是……"改为"上述政治和社会

意识形态虽然具有若干消极因素，但是由于社会经济的发展与生产技术和工具的进步，推动了整个社会的前进。在建筑方面反映出来的，首先是……"

（宋朝经济是发展的，不能说是消极因素。根据陈明达先生的意见，予以改正。）

21．第 124 页第 11 行

"两部著名的建筑著作。"改为"两部具有历史价值的建筑文献。"

22．第 124 页第 15 行

"但创造了一些优美的手法，"改为"创造了一些因地制宜的手法，"

23．第 125 页第 9 行

"有不少具有历史……"改为"有若干具有历史……"

24．第 126 页第 3 行

"但其中有不少作品流于繁琐堆砌。"改为"其中有不少作品流于繁琐、堆砌。"

25．第 130 页第 13～14 行

"……长方形平面，覆以悬山或歇山屋顶，或在屋顶上加建天窗，或屋顶用瓦而山面的两厦和正面的庇檐使用竹篷。"改为

"……长方形平面。梁架、栏干、棂格、悬鱼、惹草等具有朴素而灵活的形体。屋顶多用悬山或歇山顶，除草苫与瓦苫外，山面的两厦和正面的庇檐（或称：引檐）则多用竹篷；或在屋顶上加建天窗，而转角屋顶往往将两面正脊建长，构成十字相交的两个气窗。"

26．第 130 页第 16 行

"美化环境。"后面加如下一句

"美化环境。由此可见当时宫殿、庙宇、邸宅等高级建筑的艺术处理，是在广大民间建筑的基础上提炼和发展起来的。"

27．第 139 页第 14 行

"高达 66.67 米，"改为"高达 67.31 米，"

28．第 14 页第 19 行

"同时，因为全塔的"改为"在用料方面，由于全塔的"

29．第 141 页第 2 行

"比较经济的。"后面加如下一句：

"比较经济的。惟一缺点是当时缺乏科学的计算方法，以致上部集中荷重将个别坐斗压扁或陷入梁、枋内，后来不得不在下部加支柱，防止梁、枋的折断。"

30．第 141 页第 16 行

"在当时社会条件下，塔的造型和结构都达到了很高的水平，"改为

"在当时技术条件下，塔的造型和结构能达到了较高水平，"

31．第 154 页第 9 行

"实物方面还留下了一座辉煌的范例，就是"改为"实物方面留下了一座。"

32．第 155 页第 2 行

"应是唐朝楼阁的遗风。"改为"应是唐朝楼阁建筑的遗风。"

33．第 155 页第 11 行

"增多，以致影响到整个构造发生一定变化。阁楼建筑方面，"改为

"开始增多，使整个构造发生若干变化。在楼阁建筑方面，"

34. 第155页第14行

"惟一方式。"改为"惟一结构方式。"

35. 第156页第3行

"在金朝更加盛行,"改为"在金朝遗物中数见不鲜,"

36. 第156页第5～6行

"……的布置要比辽朝建筑灵活得多(图132-1)。其中如文殊殿、弥陀殿均因"改为"……的布置比辽朝建筑更为灵活(图132-1)。其中文殊殿、弥陀殿都因"

37. 第156页第12行

"流行而更加复杂;而宋朝柱高加大,"改为"使用,而且更加复杂。至于宋朝建筑柱身加高。"

38. 第156页第13行

"也得到体现。至于楼阁建筑,现存的大同"改为"也都得到体现,只是楼阁建筑如现在大同"

39. 第156页第16行

"开始使用"改为"使用"

40. 第157页第11行

"圆拱构成。……多数拱还是"改为"半圆拱构成。……多数拱券还是"

41. 第158页第3行

"塔心室已使用砖叠涩,"改为"塔心室全部使用砖叠涩和砖斗栱相结合的方法,"

42. 第158页第10行

"这时期的总体布局和唐朝一个重要区别的是"改为"这时期统治阶级建筑的总体布局和唐朝不同的是"

43. 第158页第18行

"组成雄健美丽而富于变化的外观,"改为"组成富于变化的外观"

44. 第159页第5～6行

"利用地形和环境巧妙结合起来,饶有"改为"利用地形,饶有"

45. 第159页第8行

"从中央的当心间向左、右两侧逐渐缩小"改为"从中央的当心间起,向左、右两侧逐渐减小"

46. 第159页第10～12行

"补间铺作加多,使得斗栱在外观上具有明显的装饰作用,其艺术效果与唐代有很大的差别。除建筑的形体变化以外,装修的变化也对造型发生很大的影响。这时期……"改为"补间铺作加多,因而艺术形象与唐朝建筑发生差别。此外,在装修方面,这时期……"。

(宋朝建筑的开间加大后,补间铺作尺度不得不加大,数量也变为1～3朵,不完全是装饰品。)

47. 第159页第13～15行

"与直棂窗比较,大大改变了建筑的外貌,同时改善了室内的通风和采光。房屋下部建有雕刻精美的须弥座;柱础形式也是呈现着丰富多彩盛况;"改为"与直棂窗相比较,不仅改变了建筑的外貌,而且改善了室内的通风和采光。房屋下部的须弥座和佛殿内部的佛座多为石造,构图丰富多彩,雕刻也很精美。柱础的形式与雕刻趋向于多样化。"

48. 第159页行16～17行

"建筑的室内出现了许多精美的家具和小木作等"改为"建筑内部出现了成套的精美家具与统一和谐的小木作装修"

49．第 159 页第 19 行

"卷杀的方法。屋顶上……"改为"卷杀的方法。屋顶坡度是构成组群建筑形象的一个重要因素，因而规定了房屋越大，屋顶坡度越陡峻的原则和比例，就是从最低的 1:2 到最高的 1:1.5 之比。屋顶上……"

50．第 160 页第 4～7 行

这四行文字内容已移前，请删去，以免重复。

51．第 160 页第 10～11 行

"辽、宋建筑各具有迥然不同的风格。"改为"辽、宋建筑具有迥然不同的形象"

52．第 160 页第 16 行

"摩尼殿的轮廓线更与宋代建筑相似"改为"摩尼殿的轮廓则与宋朝建筑相接近"

53．第 160 页第 19 行

这行文字内容已移前，请删去，以免重复。

54．第 161 页第 18 行

"有极其富丽的三角纹，"改为"有构图富丽的三角纹"

55．第 162 页第 1 行

"小木作达到前所未有的精致程度。如山西"改为"这时期的小木作不仅雕刻精美，而且富于变化，如山西"

56．第 162 页第 4～5 行

"都是雕刻精美、细致的模仿木构建筑的精品"改为"都是模仿木构建筑的形式而雕刻华美、细致的精品"

57．第 162 页第 13 行

"适合于大量建筑的要求，不能不说是一个重要创造"改为"适合于统治阶级大量建造的要求"

58．第 162 页第 15～17 行

这三行文字内容已移前，请删去，以免重复。

59．第 162 页第 18 行

"《营造法式》中可以看到，从北宋开始，建筑风格就向柔和绚丽……"改为"《营造法式》及各种绘画中，可以看到从北宋起，宫殿、庙宇和民间建筑的风格都向秀丽而绚烂……"

60．第 174 页第 7 行

"民间建筑有较大的"改为"民间建筑作了较大的"

61．第 200 页第 9～10 行

"家具制作的水平达到了过去未有的高峰。"这句删去，因后面也提到，不能重复。

62．第 200 页第 10～11 行

"成为大规模的家具生产中心"改为"成为制作家具中心"

63．第 201 页第 9～10 行

"的传统，同时又吸取了当时的工艺美术的成就，漆家具多雕漆、填漆、描金，木家具装饰雕刻增多"改为"的传统，但宫廷家具的造型趋向于复杂，同时吸收工艺美术的成就，出现了雕漆、填漆、描金的家具，木家具的的装饰和雕刻也大量增多"

64．第 201 页第 11～12 行

"镶嵌，外观十分华丽（图 ）。是清朝后期的宫廷家具有装饰雕刻过于繁锁的倾向，但"改为"镶嵌，破坏了家具的整体形象、比例和色调的统一和谐（图 ），而这种趋向到清朝后期更为显著，但是"

65．第 222 页第 11 行

"在建筑艺术方面，明、清的官式建筑由于"改为"在建筑艺术方面，明、清二代统治阶级的官式建筑由于"

（以下将明、清官式建筑的评价略为降低，则 223 ～ 224 页最后一段民间建筑艺术的比重就自然增大了。）

66．第 222 页第 14 ～ 16 行

"谨严的风格。这和唐朝的宏伟、豪放，宋朝的柔和、绚丽的风格，具有迥然不同的差别"改为"谨严的风格，而与唐、宋建筑发生很大的差别"

67．第 223 页第 3 行

"仍然表现了他们的卓越才能"改为"获得了不少成就"

68．第 223 页第 5 ～ 6 行

"使它们既适应功能要求，又取得愉悦的艺术效果。在宫廷建筑方面"这段文字删去。

69．第 223 页第 7 行

"天坛等优秀的组群便是证明"改为"天坛等，便是证明"

70．第 223 页第 15 ～ 16 行

"主体建筑，从而创造了一定的艺术气氛。北京故宫、天坛就是这种院落组合的卓越范例"改为"主体建筑，如北京故宫、天坛等就是这种院落组合的典型"

71．第 223 页第 17 行

"明、清的民间住宅和园林"改为"在另方面，明、清的民间建筑和园林"

1964 年 10 月 7 号灯下

附陈明达先生致汪主任函一件，请代转交。

1. 第7页第5～8行之间作以下补充与修改（因文字过多，请交原稿补贴）
"……半殖民地半封建社会的历史时期。"

"以上面几个发展阶段可清楚地看出中国封建社会的各个王朝的初期，统治阶级慑于农民革命的威力，适当地减轻剥削，缓和阶级矛盾，社会生产力随之恢复，促进了经济和文化的发展。可是到这些王朝的中期，由于统治阶级奢侈享受，加重剥削，社会经济由停滞走向衰落，阶级矛盾日益尖锐，又引起了农民革命。就是由恢复、发展到灭亡，是各个封建王朝的发展规律，而农民革命是推进中国社会发展的真正动力[注1]。在建筑方面毫无例外地遵循着这个规律而不断前进的。最初，各个封建王朝总是大兴土木，营造新都城和大批宫殿、祠庙、陵墓、衙署等。但是整个中国建筑是在这些王朝的中期，社会生产相当繁荣，累积了大量财富以后，才作出多方面发展。同时封建等级制度对于商人、中小地主和边远地区的建筑，约束力并不很大[注2]，使得广大民间建筑的技术和艺术出现了很多优秀手法。这些手法经各王朝的后期至下一王朝的初期，由于匠工们的辛勤创造，提高到更高的水平。因此，民间建筑是中国古代建筑的主要根源，而劳动人民是推动中国建筑发展的基本力量之一。"

[注1] 毛泽东《中国革命与中国共产党》。
[注2] 《汉书》卷四十八·贾谊传。《礼记》："礼不及于庶人。"

第四节 中国古代建筑的特点
"中国古代建筑随着中国社会的发展，逐步形成下列几个方面的特点。但是由于历史条件所局限，这些特点中既有精华，也有糟粕。"
一．结构
"中国古代建筑自原始社会末期起，一脉相承，以木构架……"
2．第8页第5行
"产生了很大差别"改为"产生了很多差别"
3．第16页第9行
"但也带来了若干缺点"改为"但也带来了不少缺点"
4．第21页第1行
"掘地造山"应是"掘池造山"
5．第27页第8行作如下修改
"进行建筑'标准化'，发挥了一定的推进作用。如《营造法式》的编著就是工官制度的产物。这是中国古代建筑的特点之一。"
6．第28页第7～12行作如下修改
"……至二三十万人，甚至个别例子竟达二百万人[注]。这种大规模的征工往往造成匠工、军工、民工的大量死亡和流离失所[注]，是封建剥削制度下的极端残暴行为，说明中国历史上许多巨大工程以及集中民间优秀人才、优秀手法、提高技术、总结经验等等成就，是无数劳动人民的血汗和生命换来的。再次，工官还负有主要建筑材料的征调、采购和制造的职务。在营建某些重大工程时，其工作范围和动用的人力、物力都是非常巨大的。至于专业匠师被封建统治者编为世袭的户籍，子孙不得转业。如清朝的雷发达一门七代，长期间主持宫廷建筑的设计，在累积经验、巩固和发展建筑技术方面虽然起着一定作用，但是这种强制性剥削制度，仅使少数人掌握建筑设计，妨碍了建筑的普遍发展和提高。此外，从唐朝起，……"

7. 第 61 页第 7 行作如下补充

"可是这陵刚刚建成，秦朝就被农民革命所倾覆，这陵也被发掘[注]，反映了当时人民的愤怒心情。"

8. 第 75 页第 3～4 行作如下补充

"此外，又建华林园及台观四十余所，工役死者数万人[注]。但是这些宫殿、台观只经过十几年……"

9. 第 80 页第 8 行作如下补充

"耗费了无数人力物力，当时就有人民卖儿贴妇、罪高浮图的记载[注]。同时佛寺……"

10. 第 93 页第 18～19 行修改如下

"隋炀帝大业元年（公元605年）又营东京洛阳。而大业间（公元605～618年）名匠李春……"

11. 第 94 页第 1 行

"隋朝另一个突出的……"改为"隋朝的一个突出的……"

12. 第 100 页第 15 行

"宇文恺和牛弘等……"改为"宇文恺、封德彝和牛弘等……"

13. 第 101 页第 1 行作如下补充

"的布局方式。当时为了完成这个巨大工程，每月役使工丁二百万人，而督役严急，死者竟达十之四五。运尸的车辆，东至城皋，北至河阳，相望于道。"

14. 第 123 页第 20 行作如下补充

"接着宋朝设置厢军，并建立保甲制度监视人民，所以取消里坊和夜禁制度，……"

15. 第 124 页第 2 行作如下补充

"显示工商业发展使得市民生活、城市面貌和政治机构都发生变化，……"

16. 第 126 页第 6 行作如下补充修改

"若干中型城市，但宋朝普遍设置厢军，并施行保甲制控制人民，基本上不在城内再建子城，从而城市的布局发生若干变化。"

17. 第 130 页第 16 行作如下修改（原加的一句请删去）

"……美化环境。此外，王希孟《千里江山图》所绘住宅多所，都有大门及东西厢房，而主要部分是由前厅、穿廊、后寝所构成的工字屋；除后寝用茅屋外，其余均覆以瓦顶。另有少数稍大住宅则在大门内建照壁，前堂左、右附以挟屋。这些都在一定程度上反映了当时大、中地主住宅的情况。"

18. 第 153 页第 6～7 行

"在公元11世纪70年代，一位政治革新家王安石执政，"改为

"在公元11世纪70年代王安石执政，"

（因为王安石创保甲制度，是一个反动人物，不能称为政治革新家。）

以上修改部分，两天前已写好，因为学习很忙，而且患伤风，所以到今天才寄出。忙中未将寄来资料一一补入，请代审核添补。如发现新资料，也请随时录入，以免遗忘。

刘敦桢

1964 年 10 月 17 日

世仁、熹年二同志：

月初接世仁同志来信，云本月十日前后参加社会主义教育运动，我以为已经离开北京了，昨接来信，始知仍继续搞未完成的专题。日前寄熹年同志函中所提诸事，盼您二位代为斟酌为盼。《八稿》虽经数次修改，阶级观点仍未完全解决，只有暂时搁置，等一个时期再说。但是，《八稿》在资料上仍有若干错误和一些较重要的遗漏。现在我因学习很忙，不去改订。写在下面，以免遗忘，并供您二位的参考。

1. 据最近夏鼐先生的《五年考古新收获》，《八稿》原始社会一章须仔细核对一番以免错误。又郑州洛达庙的早期文化遗存可能属于夏代，有无建筑遗址，应查问清楚。春秋城市除晋新田城及17座建筑遗址外，还有若干小城市，都须调查，加入《八稿》内，以弥补奴隶时代末期城市这个重要空白点。

2. 这几天，我偶然审阅过去抄集的文献资料，发现有些资料应该补入《八稿》内。如春秋时期鲁国的宗庙（太室）已是重屋，而我们只从战国铜器说起，是一个遗漏。战国的宫室如秦孝王所营咸阳宫室，北抵泾，南达渭，周围数十里，是始皇大营宫室的先声，应补充进去。始皇建长城，征民夫四十余万人，亦应补入。始皇营阿房宫与骊山陵，共征民夫七十余万人，而我们都属之骊山陵，是一个错误。世仁同志所提东汉高台建筑所以减少，与农民革命屡兴因而不便征调大量民夫有关系，我忘记写进去。东汉洛阳南宫内的云台是周代建筑，可证此宫肇源于周。秦与西汉是在周朝宫室的基础上修建的，应予说明。又南宫正门即洛阳南门——平城门，可见洛阳最初布局与西汉长安相类似。洛阳的北宫建设迟于南宫，其规模亦不若南宫大，如警卫的官吏与卫士，南宫设卫士令一人，员吏95人，卫士537人；而北宫设有卫士令一人，员吏72人，卫士472人，可作证明。洛阳街道二十四，行道树种栗、漆、梓、桐，比长安更切合实用。晋、魏洛阳的马市已见于东汉记载。由此可见曹魏邺城将宫室置于城的北部，是在东汉洛阳的基础上进一步发展，不是空想出来的。

杨乃济同志来信，嘱寄陕西文管会的相片，已交戚德耀办理矣。请代转告为盼。南工的社会主义教育先从党员干部轮训开始。第一批原定2周，现在改为3周。我是参加第一批的。下月十号左右结束后，就着手搞一般师生的运动。因此，苏州园林稿子受到很大影响。我已写信请汪主任延长此稿交稿日期一个月，不知院领导意见如何？希望早日给我一个回信。此问

近好。

刘敦桢
1964年10月21夜灯下

百忙中写此信，潦乱万状，希原谅。

世仁、熹年二同志：

现在我从轮训班回到本岗位，和分室同志们赶编《苏州古典庭园》，预计十一月底可以完成送京。前函所称《纲要》中若干错落与遗漏部分，为了不遗忘起见，仍抽功夫写在下面，请代录入原稿内为感。

1. 第25页第20行

"从北宋起，由于手工业和商业的发展，封闭性里坊制已名存实亡，并取消集中市场，"改为"从北宋起，由于手工业和商业的发展及利用厢军与保甲严密监视人民，因而取消封闭性坊墙，坊里制成为名存实亡，并取消集中市场。"

2. 第31页第3行作如下补充：

"除了天然山洞以外，河南安阳、开封和广东阳春等处还发现旧石器时代晚期的洞穴遗址[注]，而中国古代文献中也……"

注：《考古》1964年10月份夏鼐《我国近五年来的考古新收获》。

3. 第34页第1行作如下修改：

"此外，仰韶文化与龙山文化之间的居住遗迹[注]，如陕西庙底沟……"

注：夏鼐《我国近五年来的考古新收获》。

4. 第34页第5行

"说明当时建筑正在不断改进中。"改为"说明当时建筑正处于不断改进的阶段中。"

5. 第34页第7行，根据夏鼐先生的文章，大汶口墓葬属于龙山文化早期，原文应作如下补充：

"……进入龙山文化的父系氏族公社时期以后，某些墓葬的随葬品表示已有贫富的差别了[注]。这时氏族聚落……"

注：夏鼐《我国近五年来的考古新收获》。

6. 第38页第5~6行

"从山东大汶口龙山文化晚期墓葬的随葬品中，"改为"从若干龙山文化墓葬的随葬品中，"（因为大汶口墓葬属于龙山文化早期，不必明显指出。）

7. 第44页第17行

"某些小城遗址……"改为"若干小城遗址……"

8. 第45页第5~6行

"……外朝布局。同时，从汉朝起，许多祭祀建筑如太庙、社稷、明堂、辟雍等也多依据周朝流传下来的文献进行建造。"改为：

"……外朝布局。至于当时内廷宫室的布局虽不明瞭，但是春秋时期的鲁国已有东、西二宫[注1]。鲁国的宗庙则前堂称'大庙'，中央有重檐的太室屋，可能后部还有建筑[注2]。从汉朝起，统治阶级的祭祀建筑如太庙、社稷、明堂、辟雍等也大都依据周朝流传下来的文献进行建造。"

注1：《汉书》卷二十七·五行志第七（上），鲁厘公二十年条。

注2：《汉书》卷二十七·五行志第七（中之上），鲁文公十三年条。

9. 第45条第8~9行

"生产逐步提高。特别是由于各国间战争频繁，因而用夯土筑城是当时一项重要国防工程。"改为

"生产水平逐步提高，能维持不断增长的城市人口的消费，而财富也集中于城市中，再加上各国之间战争频繁，用夯土筑城自然成为当时一项重要的国防工程。"

10. 第46页第11行

"十字棂格（图 26）"。后面加如下一句。

"十字棂格（图 26）。屋顶式样据文献所载，春秋时期已经使用重屋[注]。"

注：《汉书》卷二十七·五行志第七（中之上），鲁文公十三年条。

11．第 48 页第 13～14 行

"大规模高台建筑的兴建，"改为"大规模宫室和高台建筑的兴建，"

12．第 49 页第 8 行

"使不同的建筑形式和……"改为"使当时各种不同的建筑形式和……"

13．第 50 页第 1～2 行

"在工程技术方面，建筑的平面和外观日趋复杂，高台建筑日益减少，楼阁建筑逐步增加，并已大量使用成组的斗栱。"改为

"在工程技术方面，东汉建筑的平面和外观日趋复杂，而高台建筑一方面因统治阶级吸取西汉末年农民革命的教训，不敢强制征调大批民工，进行大规模的夯土工程；另方面由于木结构技术的不断进步，因而这种建筑日益减少，楼阁建筑逐步增多，并且大量使用了成组的斗栱。"

14．第 52 页第 4～6 行，作如下修改：

"秦朝的首都咸阳创于战国中期秦孝公十二年（公元前 350 年）。当时咸阳宫室南临渭水，北达泾水[注1]。秦始皇灭六国后，又役使所谓'徒刑者'七十余万人，在渭水南岸建造大批宫室和骊山陵，并迁富豪十二万户于咸阳[注2]，可是这些穷奢极侈的宫室不久即为秦末农民革命所焚毁，充分表示社会阶级斗争在建筑方面的尖锐情况。"

注 1：《史记》卷五·秦纪。

注 2：《史记》卷六·秦始皇纪。

15．第 53 页第 16～20 行，根据新查得的资料，作如下修改：

"洛阳原是东周都城'成周'的故址，秦与西汉都建有宫殿[注1]，其中个别建筑还是东周遗物[注2]。在地形上，洛阳北依邙山，南临洛水，而穀水支流从西而东横贯城中。东汉光武帝（刘秀）因长安残破，建都于此，在城的纵轴线上，依西汉旧宫经营南、北二宫，以复道三条联系这两部分。东汉中叶以后，又在北宫以北陆续建造苑囿，直抵城的北垣，故其规模比南宫为大[注3]。这样的布局……"

注 1：顾炎武《历代帝王宅京记》。

注 2：《后汉书》卷二十四·五行（二），灵帝中平二年南宫云台灾条。

注 3：《后汉书》卷三十五·百官（二）所载南、北二宫卫士令、吏员、卫士人数，反映了二宫的规模。

16．第 54 页第 1 行

"东西交通很不方便。"后面加如下二句：

"东西交通很不方便。洛阳除宫苑、官署外，有里闾及二十四街，街的两侧植栗、漆、梓、桐四种街道树[注]。"

注：《后汉书》卷三十七·百官（四），注引《汉官篇》及蔡质《汉仪》。

17．第 61 页第 6 行

"曾征发七十万人，"改为"曾奴役大量徒刑者，最多时达七十余万人[注]，"

注：《史记》本纪六·秦始皇纪："隐宫徒刑者七十余万人，乃分作阿房宫或作骊山（陵），……"

18．第 61 页第 8 行

"西汉继承秦朝制度，建造大规模的陵墓。这些陵墓大部分位于……"改为：

"西汉继承秦朝制度，建造大规模的陵墓，往往一陵使役数万人，工作数年[注]。这些陵墓大部分

位于……"

注：《汉书》卷二十七·五行志第七（上），成帝起昌陵条。

19．第61页第9～11行

"最大的方上约高二十余米，其顶部发现少数柱础，方上的斜面也有大量瓦片堆积，可知其上原有建筑物。"改为：

"最大的方上约高二十余米（图36-1～2）。据记载，陵上有宫墙、象生及殿屋[注]，现在某些方上顶部还残留少数柱础，方上的斜面也堆积很多瓦片，可证其上确有建筑。"

注：《汉书》卷十二·平帝纪，义陵殿中条，如淳注。

20．第61页第12～14行

"号称'陵邑'，实际上是将富豪、大地主集中于长安附近，便于控制，反映了统治阶级内部的尖锐矛盾（图36-1～2）。"改为：

"号称'陵邑'，实际上是为了解决当时统治阶级的内部矛盾，将富豪、大地主集中于首都附近，便于控制。后来东汉帝、后多葬于洛阳邙山上，废止陵邑，方上的体量也远不及两汉诸陵的宏巨。这显然是西汉末年农民革命后，生产关系有所改变，统治者不能用强制方式，征调大量民工，从事巨大的夯土工程了。"

21．第64页第12～14行

"牺牲了很多生命建成的。在当时曾经起着防御外族侵扰的作用，对中国古代社会的发展是有重大功绩的。"改为

"牺牲了很多生命建成的，在当时曾经起着防御外族侵扰的作用。"删去有重大功绩一句。

22．第65页第19行

"根据文献和遗址，战国时期统治阶级的宫室多使用高台建筑；同时据某些铜器纹样所示，已有二、三层的房屋。西汉时期高台建筑仍然流行，……"改为：

"根据文献和遗址，春秋时期统治阶级已建造重屋和高台建筑；战国时期不仅进一步发展了高台建筑，某些铜器上还镂刻若干二、三层房屋。西汉时期高台建筑虽仍然流行，……"

23．第131页第18～19行

"如洛阳丛春园中有丛春亭，由亭中南可望嵩山、龙门，北可览洛水及宫殿、楼阙，选地极佳。"改为：

"如洛阳丛春园中有丛春亭，可北望洛水；环溪有多景楼，可南眺嵩山、龙门，风月台可以览宫殿楼阙，都是选地极佳。"

（这条因陈从周先生来信指摘，根据李格非《洛阳名园记》予以更正。）

此问

近好。

刘敦桢
1964年10月26夜灯下